江苏设施葡萄气象灾害机理与防控

杨再强　王明田　李永秀　张　琪　著

气象出版社
China Meteorological Press

内 容 简 介

设施葡萄栽培是提高葡萄品质和产量的主要途径之一,近年来设施葡萄气象服务尚处于起步阶段,气象灾害指标和监测预警技术方法较为缺乏。《江苏设施葡萄气象灾害机理与防控》一书综合了植物生理学、作物栽培学、植物保护学、农业气象学、园艺学、灾害学等多个学科的知识,对设施葡萄气象灾害机理、小气候预报、生长发育预报、风险评价及灾害防御等进行了全面系统地研究和论述。本书以设施葡萄为重点研究对象,第 1 章简要介绍了江苏省设施葡萄生产及气候资源;第 2 章介绍了设施葡萄生长发育与气象条件的关系;第 3 章到第 6 章利用多年科研试验结果,阐明了低温、寡照、高温、高湿等气象灾害对设施葡萄的致灾机理、设施小气候预报、设施葡萄生长发育模拟、设施葡萄病害等级预报;第 7 章主要对江苏省设施葡萄不同发育阶段的气象灾害进行风险评价;第 8 章论述了设施葡萄气象灾害的防御技术及环境调控技术。

该书可供农业气象、设施栽培领域的相关学者及应用气象服务业务的技术人员作为参考书使用。

图书在版编目(CIP)数据

江苏设施葡萄气象灾害机理与防控/杨再强等著
. —北京:气象出版社,2019.5
ISBN 978-7-5029-6892-2

Ⅰ.①江… Ⅱ.①杨… Ⅲ.①葡萄栽培-设施农业-气象灾害-灾害防治-江苏 Ⅳ.①S42

中国版本图书馆 CIP 数据核字(2018)第 288614 号

JIANGSU SHESHI PUTAO QIXIANG ZAIHAI JILI YU FANGKONG

江苏设施葡萄气象灾害机理与防控

杨再强　王明田　李永秀　张　琪　著

出版发行:气象出版社		
地　　址:北京市海淀区中关村南大街 46 号	**邮政编码:**100081	
电　　话:010-68407112(总编室)　010-68408042(发行部)		
网　　址:http://www.qxcbs.com	**E-mail:**qxcbs@cma.gov.cn	
责任编辑:黄红丽	**终　　审:**吴晓鹏	
责任校对:王丽梅	**责任技编:**赵相宁	
封面设计:博雅思企划		
印　　刷:北京中石油彩色印刷有限责任公司		
开　　本:787 mm×1092 mm　1/16	**印　　张:**13.75	
字　　数:355 千字		
版　　次:2019 年 5 月第 1 版	**印　　次:**2019 年 5 月第 1 次印刷	
定　　价:80.00 元		

前　言

　　葡萄的产量及栽培面积一直居于世界果品生产的首位,中国的葡萄栽培面积为世界第一。设施葡萄作为江苏省主要水果产品之一,附加值较高,对气象灾害较为敏感,一旦遭受气象灾害,葡萄产量下降,果农的经济损失较大。在气候变化背景下,江苏省地处副热带高压区域,高温、低温、寡照、持续阴雨等气象灾害重发频发,严重制约了江苏省设施葡萄产业的发展,影响农村经济收入。近年来,关于设施葡萄气象灾害监测预报及气象服务处于起步阶段,有关设施葡萄气象灾害机理的研究较少、气象灾害预警指标缺乏、设施葡萄环境调控技术少有报道。为此,在江苏省科技支撑计划(社会发展项目)、四川省气象局2018重点科技项目和国家科技部重点研发计划的资助下,系统开展了设施葡萄气象灾害机理及防控技术研究。该书总结了多年研究成果,创新了设施葡萄气象灾害监测预警和气象服务方法,拓展了农业气象服务的领域,提高了设施葡萄气象灾害的风险预警和防灾减灾能力,对提高设施葡萄产量和品质、促进农村经济发展具有重要意义。

　　本书重点针对设施葡萄生产中高温、低温、寡照、干旱、病害等致灾机理和气象灾害监测预报服务中存在的关键技术问题,通过多年的人工环境控制试验和设施葡萄栽培试验,在分析气象灾害对设施葡萄生长发育影响的光合机理、衰老机理和蛋白表达影响的基础上,提取了设施葡萄不同气象灾害等级指标。分析设温室小气候特征并构建了设施小气候预报模型及室内气温逐时模拟模型。利用光温指标建立设施葡萄生长发育模拟模型和病害等级预报模型。分析江苏省设施葡萄不同生育期气象灾害发生规律,开展设施葡萄气象灾害风险评价。提出了设施葡萄灾害防御与环境调控技术,构建设施葡萄气象灾害监测预警系统。本书第1章简要介绍了江苏省设施葡萄种植情况及气候条件,第2章分析了温、光、水等气象条件在设施葡萄不同生育期对生长发育的影响,第3章分析了设施葡萄大棚内的小气候特征并建立了设施小气候预报模型,第4章针对江苏省较为频发的寡照、低温、高温、高湿和干旱进行了人工环境控制试验,并提取了设施葡萄气象灾害等级指标,第5章建立了设施葡萄的物候、生长、品质模拟模型和产量预报模型,第6章以霜霉病为例分析了病害对设施葡萄叶片的光谱特征和叶绿素含量的影响,构建了设施葡萄病害等级预报模型,第7章分析了江苏省设施葡萄不同生育期的主要气象灾害风险分布特征并对江苏省设施葡萄气象灾害风险进行评价,第8章提出设施葡萄环境调控方法及气象灾害防御技术,开发了设施葡萄大棚气象灾害监测预警系统。

　　全书由杨再强教授主编,执笔编写了第1章、第4章和第5章内容,审定大纲和统稿,王明田研究员负责编写第3章和第8章内容,李永秀副教授负责编写第2章、第6章,张琪副教授负责编写第 7 章内容。在该书编写过程中得到了南京信息工程大学肖芳、徐超和孙擎博士,宋洋、李凯伟、薛思佳、王琳、杨世琼、刘伟、朱雨晴、李佳帅等硕士在开展控制试验、数据处理、资料收集等方面的大力支持,本书中部分内容为研究生学位论文研究内容,在此一并致以衷心的感谢。由于作者水平限制,书中错误和不妥之处恳请批评指正。

作者

2019 年 4 月于南京

目　录

第1章 江苏省设施葡萄生产及气候资源

1.1 葡萄栽培的起源

1.1.1 国外葡萄栽培

葡萄属于葡萄科(*Vitaceae*)葡萄属(*Vitis L.*),是世界上最古老的被子植物之一。在距今6700万年至1.3亿年的中生代白垩纪地质层中发现了葡萄科植物。早在新生代第三纪乃至更早的年代,地球上已经存在葡萄科植物。在新生代第三纪(距今约6500万年)的化石中,考古学家发现了葡萄属植物的叶片和种子的化石。这一发现证实了早在新生代第三纪,葡萄属植物(如奥瑞基葡萄,*Vitisolrikii Heer.*)已遍布欧亚大陆北部和格陵兰西部。1万年前的新石器时代,在濒临黑海的外高加索地区,即现在的安纳托利亚(Aratolia)(古称小亚细亚)、格鲁吉亚和亚美尼亚,都发现了积存的大量的葡萄种子化石。在长期的进化过程中,葡萄逐渐获得了许多有利于攀援的习性,如根压大、输导组织发达等。现代栽培葡萄起源于野生森林葡萄,广泛分布于世界温带和亚热带地区。全世界所有葡萄种都来源于同一祖先,但由于大陆分离和冰川的影响,使其分隔在不同的地区,进而经过长期的自然选择,葡萄种之间存在明显的区别,形成了欧亚种群、美洲种群和东亚种群。由于长期对生存环境的适应,使原本具有共同祖先的葡萄种形成了三大种群。

欧洲葡萄(Vitis viniferaL)是世界上人工驯化栽培最早的果树种类之一。根据在里海和黑海之间的某些区域至今仍有这个种的野生类型这一事实,植物学家们认为这里是欧洲葡萄的发源地(Snyder,1937)。据德·康多尔(A P de Candolle)和瓦维洛夫(Н И Вавилов)的考察资料,南高加索与中亚细亚的南部,以及阿富汗、伊朗、小亚细亚邻近地区是栽培葡萄的原产地。在5000～7000年以前,葡萄就广泛地栽培在高加索、中亚细亚、叙利亚、美索不达米亚和埃及。大约在3000年以前,葡萄栽培业在希腊已相当兴盛,以后沿地中海传播至欧洲各地。15世纪后陆续传入美洲、南非、澳大利亚和新西兰。向东则是沿古丝绸之路传至新疆再传至东亚、朝鲜、日本。至今,葡萄已是世界上分布最广、栽培面积最大的果树作物。欧洲和中亚遭受冰川侵袭最严重,导致大部分葡萄种在欧洲绝迹,如曾在法国发现的泰托尼卡葡萄(*Vitis tentonica A. Br.*)。仅有在北欧南部的少量森林葡萄(*Vitis vinifera ssp. Silvestris Gmel.*)保存下来,成为后来普遍栽培的欧亚种葡萄的原始祖先。当地也因而成为欧洲葡萄的发源地。欧亚种群目前仅留1种,即欧亚种葡萄,是栽培价值很高的品种,拥有许多优良品种,广泛分布于世界各地。欧亚种起源于欧洲地中海沿岸及西亚的夏干气候区。欧亚种葡萄的抗寒性较弱,易染真菌病害,不抗根瘤蚜,抗石灰质能力较强。在抗旱、抗盐及对土壤的适应性等方面,不同品种有差异。

东亚地区受冰川侵袭较轻,保存下来的葡萄种较多,约 40 余种,其中绝大多数原产于中国(贺普超,2003)。目前,第三纪保留下来的东亚种群的葡萄野生种,适应了冰川的严寒而保存下来,有些在当地居民的无意识和有意识选择下形成了一些比较原始的栽培类型,是葡萄属中最大的东亚种群。生长在中国、朝鲜、日本、俄罗斯远东等地的森林、山地、河岸及海岸旁,其中中国约有 30 种。东亚种生长期较短,具有抗寒或耐湿热等特性。

北美洲受冰川的侵袭程度较轻,因而保存下来近 30 个葡萄种(贺普超,2003),因长期生存在不同的环境下,逐渐形成了许多种,如河岸葡萄、美洲葡萄、沙地葡萄、山平氏葡萄、夏葡萄等。由于北美洲东南部是葡萄根瘤蚜、霜霉病、白粉病等病害的发源地,因而美洲葡萄种群在长期的进化过程中,多具有较强的抗病性。生长在美洲大陆北部的种类具有较高的抗寒性,生长在南部的种类则具有较强的抗旱性、抗盐性和抗根瘤蚜性能。

1.1.2 国内葡萄栽培

我国的葡萄栽培历史悠久,有关葡萄的最早文字记载见于《诗经》。《诗·王风·葛藟》记载到:"绵绵葛藟,在河之浒。终远兄弟,谓他人父。谓他人父,亦莫我顾。"此外,《诗·豳风·七月》记载到:"六月食郁及薁,七月亨葵及菽。八月剥枣,十月获稻,为此春酒,以介眉寿。"这表明:早在殷商时代,我国劳动人民已经知道采集并食用各种野葡萄了,并认为葡萄是延年益寿的珍品。这也从侧面反映,早在殷商时代我国已存在野生葡萄。约 3000 年以前的周朝,我国就存在了人工栽培的葡萄园。《周礼·地官司徒》中记载:"场人,掌国人之场圃,而树之果、珍异之物,以时敛而藏之。"不过,那时葡萄的栽培还未普及,仅作为皇家果园的珍稀果品。

葡萄在全世界的果品生产中,产量及栽培面积一直居于首位,其果实除了作为鲜食用外,主要还可用于酿酒,也可以制成葡萄汁、葡萄干和罐头等加工品。葡萄不仅美味可口,而且营养价值较高,成熟的浆果中含有 15%~25% 的葡萄糖和果糖以及多种对人体有益的矿物质和维生素,所以受到世界各国人民的喜爱。葡萄具有高产、结果早、适应性强、寿命长的特点,这决定了它具有很高的经济价值。2015 年,全球葡萄园面积已经增至 753.4 万 hm^2,西班牙的葡萄园面积依然保持绝对的领先位置,其面积超过 100 万 hm^2,为 102.1 万 hm^2;中国的葡萄园面积增至 82 万 hm^2,居世界第二,中国葡萄产量 1366.9 万吨,葡萄酒产量 114 万吨。我国葡萄栽培目前仍以鲜食为主,占栽培总面积的 80%;酿酒葡萄约占 15%,制干葡萄约占 5%,制汁葡萄极少。其中鲜食品种,欧美品系以巨峰、夏黑、藤稔等为主,欧亚品系主要有红地球、无核白、玫瑰香、维多利亚、美人指等。酿酒葡萄品种以赤霞珠、蛇龙珠、梅鹿辄、霞多丽和西拉等为主。近年在我国发展较好的品种有夏黑、瑞都香玉、瑞都翠霞、巨玫瑰、火焰无核、阳光玫瑰、金手指、克瑞森无核等。

根据我国葡萄栽培现状、适栽葡萄种群、品种的生态表现,以及温度、降水等气候指标,可将全国划分为 7 个主要的葡萄栽培区,分别是:

(1)西北栽培区,包括新疆、甘肃、宁夏、内蒙古西部等,属于干旱和半干旱气候区,主要靠河水、雪水灌溉栽培葡萄;

(2)黄土高原栽培区,包括陕西、山西,除汉中地区属亚热带湿润区外,大部分地区气候温

暖湿润,少数地区属半干旱地区;

(3)环渤海湾栽培区,包括河北省、山东省和京津地区以及辽宁省,这里受海洋影响,气温温和,雨量适中,是优质的葡萄产区;

(4)黄河故道栽培区,包括河南、山东鲁西南地区、江苏北部和安徽北部,除河南南阳盆地属亚热带湿润区外,均属暖温带半湿润区;

(5)南方栽培区,包括安徽、江苏、浙江、上海、重庆、湖北、湖南、江西、福建、广西等省(区、市)的大部地区,为亚热带、热带湿润区,气候多雨湿热,属于葡萄非适宜或次适宜区,该区设施栽培较多;

(6)西南栽培区,云贵高原、川西高原及金沙江沿岸河谷地区地形复杂,小气候多样,其中一些地方日照充足、热量充沛、日温差大,降雨量较少而且多为阵雨,云雾少,年日照时数在2000 小时以上,也适合栽植葡萄;

(7)东北中北部栽培区,主要包括吉林、黑龙江,该区域属于寒冷半湿润气候,这里土壤肥沃,冬季严寒,欧亚种葡萄不能完全成熟,要采用抗寒砧木栽培,冬季枝蔓下架埋土防寒。

葡萄设施栽培是指在不适宜葡萄生长发育的季节或地区,利用温室、塑料大棚和避雨棚等保护设施,改善或控制设施内的环境因子(包括光照、温度、湿度和 CO_2 浓度等),为葡萄的生长发育提供适宜的环境条件,进而达到葡萄生产目标的人工调节的栽培模式。我国葡萄设施栽培始于 20 世纪 50 年代,真正规模化的生产栽培则兴起于 80 年代末 90 年代初,1994 年全国葡萄设施栽培面积达 30000 亩[①]以上,占全球总栽培面积的 1.76%,种植葡萄成为社会发展的新趋势。葡萄设施栽培是依靠科技进步而形成的农业高新技术产业,是葡萄由传统栽培向现代化栽培发展的重要转折,是实现葡萄高产、优质、安全、高效的有效途径之一。近三十年来,随着人民生活水平的提高以及葡萄优质高效安全栽培技术的发展,设施园艺资材的改进和果品淡季供应的超高效益,使我国葡萄设施栽培得到迅猛发展,截至 2017 年,我国葡萄设施栽培面积已达 2.3 万 hm^2 左右,居世界第一位。

1.2 江苏省设施葡萄生产概况

1.2.1 江苏省设施葡萄发展历史与现状

江苏省位于亚洲大陆东岸中纬度地带,属东亚季风气候区,处于亚热带和暖温带的气候过渡区。受季风影响,江苏省春秋季较短,冬夏季偏长。全省年平均气温介于 13.6~16.1 ℃之间,其中春季平均气温为 14.9 ℃,夏季平均气温为 25.9 ℃,秋季平均气温为16.4 ℃,冬季平均气温为 3.0 ℃,最高气温一般出现在夏季的 7—8 月,春秋两季气温相对温和。全省年日照时数介于 1816~2503 h 之间,分布呈由北向南逐渐递减趋势。全省年降水量为 704~1250 mm,其中夏季降水量较为集中,约占全年降水量的 50%,冬季降水量较少,仅占全年降水量的 10%左右。尤其进入夏季 6—7 月之后,受东亚季风的影响,淮河以南地区进入梅雨期,高温高湿的气候条件严重制约了江苏省葡萄产业的发展。近年来,随着葡萄避雨栽

① 1 亩=1/15 公顷,下同。

培技术的逐步发展,以及适宜栽培品种的推广应用,江苏省葡萄产业取得了较大的发展,早、中、晚熟葡萄生产均获得了良好的经济效益(王海波 等,2009)。

(1)江苏省葡萄产业发展历史

江苏省早在20世纪60年代全省已有多个地区进行葡萄种植。1961年江苏省葡萄种植面积达到6万亩,到了80年代初期,随着"红提"葡萄的引进,全省开始了葡萄的规模化种植,到80年代中后期,伴随着"黑奥林""高墨""先锋""京超""红富士""龙宝"等红提系品种引进,全省葡萄种植面积的提升达到了一个高峰。到了90年代初期,随着"藤稔"葡萄的引进,全省葡萄种植面积又经历了一次迅速扩大期。1997年,"森田尼无核""红地球""维多利亚""美人指"等欧亚种葡萄的进一步引入,全省葡萄的种植面积达到了7.35万亩。21世纪初期,"夏黑""白罗莎里奥""红罗莎里奥""魏可""巨玫瑰""醉金香"等优质葡萄品种的继续引入,江苏省葡萄栽培面积得到迅速扩大,由2000年的6667 hm² 猛增到1.73万 hm²,增幅达到160%(王西成 等,2015)。

(2)江苏省葡萄产业发展现状

① 种植面积和产量稳步增加

2011年江苏葡萄栽培面积突破2万 hm²,2012年葡萄种植面积2.95万 hm²,葡萄产量46.7万吨,占全国葡萄产量的2.24%,按种植面积排名靠前的县(市、区)有:溧阳市(2360 hm²)、武进区(2083 hm²)、东海县(1943 hm²)、广陵区(1027 hm²)、常熟市(774 hm²)。2014年底,江苏省葡萄种植总面积为3.6万 hm²,总产量为54.6万吨,分别均居江苏省鲜食果品面积和产量的第3位和第4位,与2013年相比分别上涨了4.0%和5.8%。值得注意的是,受连续降雨的影响,2014年全省葡萄总销售额约为43.5亿元,与2013年的45.8亿元相比,同比下降了5.0%(表1-1)(王西成 等,2015)。

表1-1　2011—2014年江苏省葡萄种植总面积、总产量及总销售额

年份	总面积(万 hm²)	总产量(万吨)	总销售额(亿元)
2014	3.60	54.6	43.5
2013	3.46	51.6	45.8
2012	2.95	46.7	37.2
2011	2.62	38.9	23.9

② 栽培技术日趋完善

通过多年的发展以及大量试验的分析,目前已总结出一整套适宜于江苏地区优质葡萄种植的配套栽培技术:适时定植、合理密植、水平棚架、设施栽培、沟施底肥、定干留果、综合防治。同时,随着疏花疏果、果实套袋、叶面施肥、病虫害生物防治等先进实用技术的推广应用,江苏省葡萄果实品质和食用安全性得到了有效提高。栽培模式有露地栽培、避雨栽培和设施栽培3种模式。

(3)江苏省主要葡萄产区葡萄产业生产现状

① 镇江市

镇江市历史上无葡萄商品栽培,20世纪80年代初引进红提葡萄品种,以单壁篱架栽培为主,当时由于产量高、果型大,尽管没有长成紫黑色,即使是带青的果实,也仍然比当地的葡萄

口味好,在市场曾风靡一时,葡萄种植户取得了较高的经济效益,镇江郊区发展到种植面积达到 66.7 hm² 的规模。由于经济效益高,在一批葡萄种植大户的带动下,仅句容市采用水平网架式栽培的红提葡萄面积已发展到 200 多 hm²,产值达 15 万元/hm²。进入新世纪,镇江在露地葡萄水平网架优质栽培技术大面积推广的基础上,又成功推广了优质高档欧亚种葡萄美人指、贵公子等新品种及避雨栽培新技术,净收益取得了 15 万元/hm² 以上的高效益。镇江已成为江苏优质鲜食葡萄的主要产区(芮东明 等,2012)。2017 年镇江市葡萄种植面积达 6 万亩,年产量 8.4 万吨,产值 7.4 亿元,仅句容葡萄面积达 4.5 万亩,总产量 7.0 万吨。以夏黑、巨峰、金手指等葡萄为主。寡照,多雨、高温是影响葡萄生产的主要气象灾害。

② 连云港市

连云港市属于温带湿润季风气候,年均气温 14.1 ℃,1 月平均气温 −0.4 ℃,7 月平均气温 26.5 ℃,该区域日照充足,雨热同季,四季分明,特别适宜葡萄种植。葡萄栽培面积较大,2017 年,栽培面积超过 7.0 万余亩,其中,东海县达到 4.8 万亩,素有"苏北吐鲁番"美誉的东海县石梁河镇,被中国果品流动协会授予"中国优质葡萄基地乡镇"称号,种植于 20 世纪 80 年代,葡萄种植面积达 1.6 万亩,年产葡萄 3 万吨;灌南县也是连云港市栽培葡萄面积较大的县,全县总种植面积 2 万余亩,葡萄总产量超 3 万吨。连云港栽植葡萄品种有阳光玫瑰、红亚历山大、醉金香、早黑宝、巨玫瑰、京亚、维多利亚、美人指、藤稔、金手指、夏黑等早、中、晚熟品种 20 余个。该区域主要以低温寡照、高温为主的气象灾害影响葡萄产量和品质。

③ 扬州市

在扬州地区鲜食水果中,葡萄种植面积最大,产量也最多。2012 年扬州市葡萄种植面积有 1.5 万多亩。2017 年葡萄栽种面积超过 2.5 万多亩。随着葡萄种植技术的成熟以及现代农业发展,设施葡萄面积也越来越大,2018 年扬州市的设施葡萄种植面积也超过了 1 万亩。

④ 苏州市

苏州市葡萄产业发展迅猛,种植面积从 2005 年的 0.6 万亩增加到 2010 年的 3.3 万亩,产量 3 万吨,2017 年栽培面积达到 4 万亩,产量达到 4.5 万吨。夏黑是苏州鲜食葡萄中产量较大的一个品种,该区域连阴秋雨、高温高湿是该地区设施葡萄主要气象灾害。

此外,江苏其他地区葡萄种植面积较大的有:南通市 2017 年达到 4.5 万亩,淮安市葡萄面积 3.2 万亩,宿迁市、泰州市、盐城市葡萄种植面积均达 1.2 万亩以上。

1.2.2 江苏省葡萄产业发展优势条件

(1)气候条件优越,成熟期早

江苏省年日照时数在 1980～2640 h 之间,与华北及西北地区相比,气温回升快,高温来得早,江苏冬季无严寒,葡萄植株在自然条件下即可安全越冬,不易发生葡萄植株冻害,江苏葡萄提早成熟,这一时间差则是江苏鲜食葡萄生产的时间优势,当然也有利于葡萄加工原料的提前供应。

(2)经济发达,交通条件好

江苏是我国经济最发达省份之一,人均收入高、购买能力强,因此,葡萄等水果的市场空间大。江苏有铁路、航空、航运等发达的运输条件,为发展本省的外向型葡萄产业提供了有利条件。江苏省强大的经济基础则是发展葡萄产业的另一优势保障。

(3)科技基础好,加工技术先进

江苏省境内的农业高校以及农业研究机构的密度在全国较高,农民科技意识强,这无疑是葡萄生产的重要技术保障,同时也有利于栽培管理技术的提高与推广。江苏的工业基础好,农产品加工企业较多,并且已建成葡萄酿造工厂多个。在加工技术的引进、推广以及企业管理方面具有较先进的水平。这不仅有利于葡萄产品附加值的提高,而且能保证企业的良性发展(房经贵 等,2001)。

1.2.3　江苏省设施葡萄栽培模式

(1)日光温室(大棚)促成栽培模式

经过几年来的研究摸索,鲜食葡萄日光温室(大棚)促成栽培技术已日趋成熟,并在生产中发挥了显著的经济效益。

① 塑料大棚

塑料大棚是用竹木或钢架结构形成棚架,覆盖塑料薄膜而成。一般每个大棚占地 666.7平方米左右,可单独建棚,也可多个大棚联结成连栋大棚,棚的结构、构件有各种不同的类型。大棚内葡萄多用篱架栽植。塑料大棚建造较为方便,棚内空间较大,光照条件较好,人工操作较为方便,但塑料大棚四周仅靠塑料薄膜覆盖保温,用草帘覆盖较为困难,保温效果较差,因此,在提早植株生长发育和果实成熟上效果不十分显著,一般仅能提早 10～15 天。南方各地用大棚进行避雨栽培有明显的防雨效果。

② 塑料覆盖日光温室

由原来的玻璃覆盖的一面坡式日光温室发展而来,温室的北、东、西三面有砖石结构的宽厚墙体,南面向阳面覆盖塑料薄膜,所以接收日光能较为充分,加之温室便于进行草帘覆盖,所以保温性能较好,促成栽培提早成熟的效果也比较显著,是当前葡萄设施栽培中应用最多的设施类型。塑料薄膜覆盖的日光温室根据加温方式可分为日光温室和人工加温温室两种。江苏陇海线以铜山、邳州、东海、赣榆为轴线,采用紫珍香、京玉、京秀、京亚、87-1、超级无核、里扎马特等早熟品种,采用一年一栽或多年一栽两种模式进行日光温室栽培,葡萄果实可提早到 5 月上旬成熟,亩产值达 2 万～3 万元,纯收入 1.5 万～2.5 万元/亩。

(2)大棚避雨栽培模式

避雨栽培是以防止和减轻葡萄病害发生,提高葡萄品质和生产效率的一种栽培技术,一般在葡萄生长季节用塑料大棚将葡萄扣起来。葡萄栽植行距的宽窄和选用的架式,一般可用以下两种。①窄棚:棚宽 2.8 m,棚高 2.6 m,棚长 50～100 m,适用于行距 3 m 的单篱架、双篱架和双十字丫形架的葡萄园。建棚时不另立棚柱,只在设计和浇制篱架的钢筋水泥桩时,顶端比露地栽培的桩柱加长 60 cm,并在加长处的中心留一直径 2.5～3 cm 的圆孔,建棚时以桩柱为中心,从圆孔中穿进一根等径粗 2.8 m 长的镀锌钢管或钢筋作横梁,并在四周灌进水泥浆凝固或用木楔塞紧固定,横梁两端用水泥桩,顶上用钢筋或竹竿、木杆从头至尾连接起来,作为棚檐和中梁,其上每隔 50 cm 横搭一根竹竿或细钢筋,绑缚牢固,覆上薄膜压紧即成。②宽棚:棚宽4～6 m,棚高 3.0～3.6 m,棚长 50～80 m,适用于行距 2 m 的篱架、平顶棚架和屋脊式架栽培。建棚时,在确定的雨棚两边,每隔 6 m 立一根直径 6 cm、埋入土中深 60 cm、露出地面高

2.3~2.8 m 的钢筋水泥柱,在柱上顺焊直径 2.5~3.0 cm 粗的钢管或搭竹竿连成棚檐,横向两柱上焊接弧形钢管作为棚拱,棚拱中间再焊接钢管或搭木杆连成中梁,中梁至两边棚檐上每隔 50~60 cm 用弧形钢筋或竹竿搭成棚肋,其上覆盖棚膜压紧即成。这种模式主要适用于藤稔、红提、夏黑、里扎马特、奥古斯特、矢富罗莎等早熟早中熟品种以及美人指、白罗莎里奥、红罗莎里等高档欧亚种品种。江阴兴旺葡萄园采取联栋大棚加防虫网全园套袋栽培美人指,达到连年丰产优质高效。

(3)日本平棚架栽培模式

日本葡萄平棚架式,其优点为大多数葡萄种植区几乎每年都受台风的影响,水平棚架可有效将风害降到最低;6月和7月初光照弱,平棚可以更有效地利用太阳能,提高光能利用,促进浆果发育,延迟病害的蔓延;棚架系统使树冠扩大能更好地控制枝条生长;便于农事操作,如赤霉素处理、疏果、套袋等。葡萄的修剪有两种模式:长梢修剪(留 10~15 个芽)和短梢修剪(留 1~2 个芽),这取决于栽培种的特性(新梢基部芽是否饱满)和种植地区的栽培技术。长梢修剪多采用 X 字形树形,短梢修剪多采用 H 字形或 T 字形树形。这种模式主要选用抗病的欧美杂种,稀植平棚架,强化花期管理,控制产量,全园套袋,从而达到优质标准化生产。这种模式的典范即为江苏省镇江以句容市传统葡萄园生产模式,近十年来通过这种模式生产的葡萄品质优良稳定,市场销售通畅,经济效益良好,同时生产成本较低廉,适合广大生产者采用。

1.2.4 江苏省设施葡萄产业中存在的问题

葡萄种植业作为农业生产的一支柱产业,在江苏地区备受关注,但也不难发现葡萄种植业在江苏省也存在一系列问题,如因果农技术参差不齐,受益差异较大,现对江苏省设施葡萄产业中存在问题做一浅析。

(1)专业技术缺乏

理论与实践的脱节导致技术服务不到位,直接影响到了葡萄的生产数量和质量,这种粗放式的管理,致使葡萄种植效益大大降低。部分果农盲目使用膨大剂,造成严重裂果。比如一个生长季节,高频次使用宝美灵、比效隆等膨大剂,破坏了果实表面的保护层,造成了大量的裂果、落果。近年来江苏省葡萄保鲜技术虽取得了一定进步,但与发达国家相比仍有较大差距,鲜食葡萄贮藏能力相对薄弱。葡萄的商品价值体现在整穗果品上,但目前对于葡萄保鲜贮藏技术的研发重点仍集中在果实上,对穗轴和果梗的保护并未引起足够重视。果穗中活动最活跃的部分是葡萄果梗,它与葡萄果实不同,有呼吸跃变,且呼吸强度可达到果实的 8~14 倍。此外,穗轴和果梗的重量仅占整个果穗重量的 2%~6%,但是经过它们损失的水分却占整株果穗蒸发的 49%~66%。对穗轴和果梗保鲜的忽视使其更容易受到损坏,从而造成葡萄脱粒、褐变。同时,果蒂与果粒交界处轻微的伤痕,不但加速了葡萄水分的流失,而且也更易引起霉菌侵入。上述种种现象均严重地影响了葡萄的贮藏和保鲜。

(2)栽培管理技术落后

有的农户片面追求高产,每 667 m² 追求产量达 3000~4000 kg,造成果实不着色,颗粒小,果实商品率低,造成了丰产却不丰收的现象。

病虫害管理上,打药不及时,存在侥幸心理,也是管理不科学的重要表现。葡萄人为栽植第5年后,病害将逐年加重,特别是一些不适宜地区,因为湿度大、雨水多,往往会加重病虫害的发生。还有另外一种现象,那就是一部分果农,受到不科学的引导,受劣质农药之害,贻误病虫害防治最佳时机,造成病虫害大发生,而导致重大经济损失。果农因为不注重细节,套袋时,选择劣质袋甚至有二次套袋的行为。一些劣质袋往往通风、透光都相对较差,一遇见雨就会发生变形,于是,也就起不到套袋作用,不仅浪费了人力、物力,同时有害于葡萄生长。需要注意的是,二次袋消毒不彻底,携带病毒,这对于葡萄的生长有害无利,往往会随时间的推移,加重了果实的病害。一些果农对葡萄植株的生长习性和自然生长规律了解不够,盲目的采用传统的篱架栽培,造成枝条生长过强,但又不得不控制树势,需要反复摘心,费工费时,耗费成本,效果不明显;另外篱架栽培使果实完全暴露在阳光下,日烧严重。据数据分析,在2013年,我国某地有些葡萄种植园,因为日烧的缘故,几乎绝产,损失惨重(罗月越 等,2015)。

(3)栽培品种缺乏

目前,江苏省保存各类葡萄品种资源160余份,种质资源较为丰富,但在生产上应用且有较大种植面积的品种仅有20余个。种植面积较大的品种主要包括:"夏黑""巨玫瑰""藤稔""醉金香""红提""金手指"等抗病性较强的欧美杂种,该部分品种多为国外或省外引进,而江苏省自主选育的新品种种植面积仍较小。葡萄品种较少,难以满足消费者的多样化需求。而且目前设施葡萄生产所用品种基本上是从现有露地栽培品种中筛选的,盲目性大,对其设施栽培适应性了解甚少,甚至有些品种不适合设施栽培,因此,引进和选育葡萄设施栽培适用品种已成为当务之急。

(4)经营规模小,产业化程度不高

产业化程度不高是影响江苏省葡萄产业发展的突出问题。目前江苏省葡萄生产多以家庭为单位,果农的种植与管理水平参差不齐,果实品质差异较大,只有样品,缺乏商品。而在销售过程中,果农往往既是生产者又是销售者,葡萄流通方式主要是以本地市场为主,鲜果流通基本处于无序状态,分流渠道不畅,缺乏开拓市场和抵御市场风险的能力,难以满足现代果品市场竞争需要。

(5)设施结构不合理

大多数设施葡萄生产设施除避雨棚外仍旧沿用蔬菜大棚的结构模式,以日光温室和塑料大棚为主,这些设施虽然结构简单,成本低,投资少,保温性能好,但存在明显的缺陷。如建造方位不合理、前屋面角和后坡仰角较小、墙体厚度不够、通风口设置不当、空间利用率低、光照不良且分布不均、操作费时费力、抵抗自然灾害的能力低的缺点。同时,目前设施葡萄生产中缺乏适宜设施葡萄生产使用的透光、保温、抗老化的设施专用棚膜,而且保温材料多为传统草苫,其保温性能差、沉重、易造成棚膜破损。

(6)气象服务关键技术缺乏

葡萄在长期的生长发育中形成了不同的生态类型,因而对生态环境条件的要求也各不相同,而灾害性环境条件对葡萄种植生产的影响也很大。江苏地区地处长江下游,夏季降雨量较大,高温高湿的气候条件不但有利于病害的发生,同时灾害性天气(如台风、冰雹、晚霜等)也时有发生,如不制定一套完整的气象灾害预防体系,一旦遇上自然灾害将无法从容应对,从而导致当年葡萄减产甚至绝收,例如 2015 年,江苏省多地发生了冰雹灾害,给葡萄生产带来了巨大影响,导致多地葡萄产量的大幅降低。同时,晚霜、台风、持续阴雨等灾害性天气严重影响葡萄产量和品质。目前,设施葡萄气象灾害指标缺乏,气象服务产品针对性不强,缺乏设施葡萄气象服务关键技术。

1.2.5　江苏省设施葡萄发展对策

(1)优化品种结构,促进葡萄产业发展

在品种结构调整中,要始终贯彻因地制宜的原则,立足突出区域特色、品种特色、产品特色和市场特色,加强葡萄新优品种的引进、选育及现有栽培品种的调整和更新,选育适用于设施栽培的专用品种和抗性砧木,加大国外设施优良品种和适宜砧木的引进和筛选,改变品种单一的格局,实现葡萄鲜果时令性和连续性,并使其维持在一个适当的发展比例,使江苏省早、中、晚熟葡萄生产比例保持在合理范围(芮东明 等,2012)。加强葡萄良种苗木标准化繁育体系建设,培育优良葡萄种苗。为培育出适合江苏的葡萄特色品种,需加大对全省野生葡萄资源的调查与挖掘力度,通过对其进行改造与加工,最终实现对相关资源的利用。同时,结合国际鲜食葡萄无核化的发展趋势,以及江苏省葡萄种植中病害问题难以解决的实际情况,重点培育无核、大粒、高抗、优质的鲜食葡萄新品种。

(2)完善栽培管理体系,提升果实品质

在鲜食葡萄生产上,应该进一步注重产品的质量和安全,科学合理地使用农药和化肥,选用激素类物质时要慎重;以限产、提质、节本、增效为目标,严格控制单位面积产量,提高质量;实施葡萄生产的“三化”(标准化、科学化、规范化)管理,并通过平衡施肥、综合防控病虫害、简化修剪等技术途径,来提高葡萄的质量和安全水平。采用综合农业技术,生产符合国际标准的高档优质产品。

加强树体管理,开展摘心、疏花、疏果、果穗套袋等技术应用。在正常生长情况下,未经摘心新梢的养分主要是向新梢顶端生长点运送,促使新梢向前延伸生长。摘心后,前端的生长点被掐去,新梢也就停止向前延伸,养分的运送方向也由前端转向被摘心部位以下的枝、叶等各部位。因此摘心后的营养物质就可用于叶片的增大、加厚,防止落花落果以提高着果率,并对促使芽眼饱满、花芽分化、枝蔓充实、改善光照条件等均有良好作用;疏花穗与花穗修整,为使葡萄高产优质,在开花前人为疏去一部分多余的、发育欠佳的花穗,以减少花穗之间在开花期的养分竞争,提高留下优质花穗的坐果率,再经过花穗修整、调节结果量、疏粒等措施,使穗与叶面积(新梢)保持合理比例;果穗套袋,即在葡萄坐果后,果粒似大豆大小时,用专用纸袋或旧报纸等制成的纸袋将果穗套住,加以保护,套袋能有效地防止或减轻黑痘病、白腐病、炭疽病和日灼的感染和为害,尤其是预防炭疽病的特效措施,对预防白腐病效果也很明显,能有效地防止或减轻各种害虫,如蜂、蝇、蚊、粉蚧、蓟马、金龟子、吸果夜蛾和鸟等为害果穗;能有效地避免或减轻果实受药物污染和残毒积累;能使果皮光洁细嫩,果粉浓厚,提高果色鲜艳度,果实美观,商品性高。

(3)积极开拓市场,解决葡萄生产与销售难题

开展葡萄一体化经营模式,走“基地＋协会＋农户”的产业化发展路子,让葡萄种植户、市场供应、市场营销形成一体化经营模式。充分发挥现代市场营销方式,比如建立葡萄专

业合作社,强化其信息沟通、技术交流、行业监管、对外宣传的功能,提供准确、及时、有效的信息服务和技术服务。实行农资统一订购,果品统一销售的方式,降低生产成本,增加销售收入。形成葡萄产业区域化布局、集约化栽培、产业化经营的发展模式,带动越来越多的农民增收致富。

(4)拓展气象服务领域,增强气象灾害防御能力

拓展气象服务领域,开展葡萄气象灾害指标体系研究,加强葡萄气象灾害监测预警,提供精细化气象服务产品。通过各种宣传途径,提高果农对自然灾害(如晚霜、冰雹、台风等)的防范意识,使其充分认识到自然灾害对葡萄种植的危害性,从而积极主动地采取有效的预防措施,一旦灾害来临能将损失控制在最低水平。

(5)鼓励发展休闲农业,延伸产业链

随着经济水平的提高,习惯于都市生活的市民正寻求原生态、淳朴自然的乡间旅游,特别青睐新鲜优质的农产品,优质葡萄越来越受到出游市民的欢迎。由于葡萄自古以来就有极高的美学价值,为加快其产业链的延伸,各地区可根据当地的实际情况,将葡萄园区建设与当地的旅游景点相结合,通过举办各种形式的葡萄文化节,积极打造以创意休闲旅游为主题的景点建设,实现葡萄生产、旅游观光、休闲度假相结合,进而提高葡萄生产的经济效益、社会效益和生态效益,实现生态、科普、休闲的同步发展。

1.3 江苏省气候资源概况

1.3.1 气候变化对农业的影响

江苏省位于亚洲大陆东岸中纬度地带,属东亚季风气候区,处在亚热带和暖温带的气候过渡地带。一般以淮河、苏北灌溉总渠一线为界,以北地区属暖温带湿润、半湿润季风气候;以南地区属亚热带湿润季风气候。江苏拥有1000多千米长的海岸线,海洋对江苏的气候有着显著的影响。在太阳辐射、大气环流以及江苏特定的地理位置、地貌特征的综合影响下,江苏基本气候特点是:气候温和、四季分明、季风显著、冬冷夏热、春温多变、秋高气爽、雨热同季、雨量充沛、降水集中、梅雨显著,光热充沛。以秦岭淮河为分界线,江苏南方是亚热带季风气候,江苏北方是温带季风气候,主要的气象灾害有暴雨、台风、强对流(包括大风、冰雹、龙卷风等)、雷电、洪涝、干旱、寒潮、雪灾、高温、大雾、连阴雨等。

IPCC第五次气候变化报告指出,预计到21世纪末,全球地表气温将比21世纪初升高0.3~4.8 ℃(Stocker et al.,2014)。研究表明近50年江苏省的平均温度呈上升趋势(朱宝 等,2012;朱敏和袁建辉,2013;张宗磊 等,2011)。近60年长江流域季节降水量也发生明显变化,春季降水明显减少,夏季降水增多(齐冬梅 等,2013)。江淮地区近半个世纪,光、热、水资源发生了明显改变,导致稻麦产量及生育期发生改变(潘敖大 等,2013;黄爱军 等,2011)。江苏省稻麦种植模式在我国种植面积广、比重大,气候变化对江苏省冬小麦生长发育和产量有所影响(耿婷 等,2012;陈书涛 等,2011;商兆堂,2009)。近30年气候变暖使长江中下游水稻生育期缩短产量下降(葛道阔 等,2009),未来变化趋势还将持续(杨沈斌 等,2010)。国外研究也表明,水稻产量与温度密切相关,平均气温上升1 ℃时,产量下降

6.1%～18.6%(Peng,2004),但也有研究表明水稻产量呈增加趋势。温度是影响作物发育速度的关键因子,温度高低决定了生育期长短。温度升高作物生育期普遍缩短。平均气温升高 1 ℃,水稻生育期日数平均缩短 7.6 d,温度增加导致一季稻、早稻的生育期缩短。但气温升高对不同熟性的水稻品种生长发育的影响不一致。近年广东省潮州水稻生育期积温增加,早稻各发育期均有不同程度的提早,晚稻的发育期持续推迟,早稻、晚稻的全生育期日数均在逐渐缩短。且影响主要表现在生育前期,1961—2008 年河南省信阳地区水稻生长季内 4—5 月变暖趋势最为显著,使得水稻播种、移栽日期显著提前,移栽—抽穗长度显著延长。

20 世纪以来,中国年降水量变化总体趋势不明显,但年代际波动较大,近年来全国降水呈增加趋势。从季节上看,近年中国秋季降水量略为减少,而春季降水量稍有增加。近年中国年降水量趋势变化存在明显的区域差异。一年间,长江中下游和东南地区年降水量平均增加了 1 mm,西部大部分地区的年降水量增加也比较明显,内蒙古大部分地区和东北北部的年降水量有一定程度的增加。但是,华北、西北东部、东北南部等地区年降水量出现下降趋势,其中黄河、海河、辽河和淮河流域平均年降水量在一年间大约减少了 1 mm。

1.3.2 江苏省气候资源特点

(1)季风气候,四季分明

全省年平均气温在 13.6～16.1 ℃之间,分布为自南向北递减,全省年平均气温最高值出现在南部的东山,最低值出现在北部的赣榆。全省冬季的平均气温为 3.0 ℃,各地的极端最低气温通常出现在冬季的 1 月或 2 月,极端最低气温为－23.4 ℃(宿迁,1969 年 2 月 5 日);全省夏季的平均气温为 25.9 ℃,各地极端最高气温通常出现在盛夏的 7 月或 8 月,极端最高气温为 41.0 ℃(泗洪,1988 年 7 月 9 日);全省春季平均气温为 14.9 ℃;秋季平均气温为 16.4 ℃;气候学通常将候平均气温稳定≤10 ℃定义为冬季开始,稳定≥22 ℃为夏季开始,介于两者之间为春、秋季。江苏省受季风影响,春秋较短,冬夏偏长,南北温差明显。春季平均起始时间为 3 月 31 日,平均长度为 68 d 左右;夏季平均起始时间为 6 月 7 日,平均长度为 104 d;秋季平均起始时间为 9 月 19 日,平均长度为 61 d;冬季平均起始时间为 11 月 19 日,平均长度为 134 d。江苏的北部和南部在季节起止时间上有比较明显的差别,一般淮北地区和苏南地区会相差一周左右的时间。

(2)降水丰沛,雨热同季

全省年降水量为 704～1250 mm,江淮中部到洪泽湖以北地区降水量少于 1000 mm,以南地区降水量在 1000 mm 以上,降水分布是南部多于北部,沿海多于内陆。年降水量最多的地区在江苏最南部的宜溧山区,最少的地区在西北部的丰县。全年降水量季节分布特征明显,其中夏季降水量集中,基本占全年降水量的一半,冬季降水量最少,占全年降水量的十分之一左右,春季和秋季降水量各占全年降水量的 20%左右。夏季 6 月和 7 月间,受东亚季风的影响,淮河以南地区进入梅雨期,梅雨期降水量常年平均值大部地区在 250 mm 左右,一般在江淮梅雨开始之后的一周左右,江苏省淮北地区进入"淮北雨季",此时往往是江苏省暴雨频发,强降水集中的时段。

(3)灾害频发,影响严重

江苏省气象灾害种类较多、影响范围较广,主要气象灾害有雷雨、低温阴雨,暴雨洪涝,高温干旱,台风,大雾及连阴雨,低温冻害和寒潮等等。江苏省会南京地处中纬度地区,属北亚热带季风气候区,四季分明,雨量充沛,雨热同季。年平均气温 15.5 ℃,年平均降水量 1019.5 mm,无霜期达 225 d,属于湿润地区。洪涝、干旱、梅雨、暴雨、连阴雨、台风、高温、强对流天气(雷暴,冰雹等)、寒潮、低温、霜冻、大风、雾等灾害时有发生。

(4)气候资源,优越丰富

气候资源主要指太阳能、风能、热量、水分等几方面的资源,这不仅是自然资源的重要组成部分,也是人类及一切生物赖以生存所不可缺少的条件,更是经济社会可持续发展必需的条件。太阳能体现在太阳辐射量和日照时数上。江苏省太阳辐射年总量在 4245~5017 MJ/m²,分布上为北多南少,淮北地区大部分在 4700 MJ/m² 以上,苏南地区大部分在 4500 MJ/m² 以下,最大值区在淮北的东北部地区,最小值区在太湖周围地区。季节分布是夏多冬少,春秋均匀。全省年日照时数在 1816~2503 h,其分布趋势也是由北向南减少。

风能是重要的气候资源,在江苏开发利用的潜力巨大。江苏省风能资源丰富,尤其是东部沿海地区,部分地区年平均风速可达 5.0 m/s 以上,年风能有效时数可达 6000 h 以上,年平均风功率密度可达 200 W/m²;其次是沿江(长江)、沿湖(太湖、洪泽湖、高邮湖、骆马湖等)地区,也具有风能开发的潜能。

在全球气候变化的大背景下,江苏气候变化也非常明显,主要包括几个方面,一是气候变暖十分明显,例如 1961 年至 2007 年全省年平均气温升高了 1.38 ℃,2006 年和 2007 年为有记录以来最高的两年,特别是冬季气温升高幅度最大,≤0 ℃的低温日数明显减少。二是气象灾害的发生有明显变化,例如暴雨、雷电、大雾、霾、洪涝等灾害发生的频次和强度有增加趋势;部分灾害的时空分布特征发生变化,例如近些年淮河流域易发生洪涝,部分地区的小雨日数在减少,大雨以上日数在增加等。三是气候变化的影响显著,表现为气候变化带来的影响越来越广,越来越重,涉及百姓生活、人类健康、生态环境、水资源、粮食生产、经济发展、大型工程建设、城乡规划等,应对气候变化已成为各级政府和社会各行业关注的热点。

1.3.3 江苏各地区气候资源特点

苏州地处我国大陆东部沿海,位于北亚热带湿润季风气候区内,夏季气温较高,潮湿多雨,冬季干燥寒冷,季风明显,四季分明。苏州市年平均气温为 15.7 ℃,最热月 7 月份,平均气温 28.2 ℃;最冷月 1 月份,平均气温 3.0 ℃;常年年平均降水量为 1094 mm,一年中以 6 月份降水量及降水日为最多,常年平均月降水量为 161 mm。12 月份降水量最少,为 37 mm。四季中常有多种类型的灾害性天气出现:时间较长的旱、涝、连阴雨;热带风暴(台风)的暴风雨、寒潮引起的低温冰冻;强对流(冰雹、龙卷风、强风)、雷雨等。

无锡市属北亚热带湿润区,气候为亚热带季风气候,气候特点是:四季分明,气候温和,雨水充沛,无霜期长。1 月平均气温在 2.8 ℃左右;7 月平均气温在 29 ℃左右。全年无霜期 220 天左右。无锡市区年平均降水量在 1048 mm。属湿润地区。常见的气象灾害有台风、暴风、连阴雨、干旱、寒潮、冰雹和大风等。

常州地处北亚热带向北温带过渡的气候区域,属湿润季风气候。气候特征是:四季分明;

雨热同步;光照充足。四季分明:历年年平均气温为 15.6 ℃,气候季节差异十分明显,冬季寒冷,夏季炎热,春、秋温和。历年年平均降水量为 1086.0 mm。气象灾害常有发生:有些是随季节变化出现,如暴雨多出现在春末至秋初;盛夏多伏旱;春、秋季多涝渍连阴雨;夏、秋多台风等。

镇江为季风气候,四季分明,夏季气温较高,潮湿多雨,冬季干燥寒冷。据资料显示,市区年平均气温 15.6 ℃,最热的 7 月平均气温为 27.7 ℃,极端最高气温出现在 1978 年的 7 月 7 日达 40.2 ℃;最冷的 1 月平均气温为 2.7 ℃,极端最低气温出现在 1980 年 1 月 30 日为 −10.1 ℃;市区平均年降水量为 1088.2 mm,全市多冷暖空气交汇,灾害性天气频发。

南通属北亚热带湿润性气候区,季风影响明显,四季分明,气候温和,光照充足,雨水充沛,无霜期长。由于地处中纬度地带、海陆过渡带和气候过渡带,常见的气象灾害有洪涝、干旱、梅雨、台风、暴雨、寒潮、高温、大风、雷击、冰雹等,是典型的气象灾害频发区。

扬州地处江苏省中部,江淮下游,属亚热带湿润气候区,季风显著,四季分明,冬夏冷热悬殊较大,雨量充沛且雨热同季。年平均气温 15.2 ℃,历史极端最高气温 39.1 ℃,极端最低气温 −17.7 ℃;年降水量 961～1048 mm,日最大降雨量 214.2 mm;多暴雨、洪涝、连阴雨、干旱、台风等灾害性天气。

泰州地处江苏中部,属亚热带湿润季风气候,季风环流是支配境内气候的主要因素,四季分明,雨水充沛。冬季受极地变性大陆气团控制,盛行西北气流,天气寒冷干燥,夏季受副热带高压影响,盛行低纬太平洋的偏东南风,温高湿润,雨热同季,在该季节中每年的 5、6、7 月份中有气象学上的连阴雨天气出现,春秋两季为冬夏季风交替时期,春季冷暖、干湿多变,天气变化无常,秋季则秋高气爽。雨水丰富。泰州主要灾害性天气有:暴雨、大风、连阴雨、雷暴、台风、龙卷风、冰雹、飑线、寒潮、霜冻、大雪、雾等。

徐州市位于中纬度地区,属暖温带湿润半湿润气候,受东南季风影响较大。主要气候特点是:四季分明,光照充足,雨量适中、雨热同季。主要气象灾害有旱、涝、风、霜冻、冰雹等。历年平均气温 14.5 ℃,历年平均降水量 841.2 mm,无霜期 209 d。

宿迁属暖温带季风气候,四季分明,光照充足,雨水充沛,无霜期较长,气候具有几个主要特点:季风盛行,四季分明,雨量丰沛。年平均降水量 902.2 mm,年际变化大,年最大降水量 1646.5 mm(1963 年),年最少降水量 537.8 mm(2004 年),旱涝不均。年平均气温 14.3 ℃,平均无霜期 207 d。最热月(7 月)平均温度 26.9 ℃,年较差(最热月与最冷月平均气温之差)为 26.6 ℃。极端最高气温达 40.0 ℃(出现在 1964 年 7 月 16 日),极端最低气温 −23.4 ℃(出现在 1969 年 2 月 5 日)。年平均高温日数(日最高气温≥35 ℃)6.1 d,年最多 33 d(出现在 1967 年)。一年四季均有灾害性天气发生,主要灾害性天气有大风、暴雨、旱涝、连阴雨、台风、寒潮、冰雹、龙卷风、雷暴、浓雾、暴雪、高温等等。

淮安市地处南暖温带和北亚热带的过渡地区,兼具有南北气候特征,光热水整体配合较好。年平均气温 14.1～14.9 ℃,无霜冻期为 207～242 d。自然降水丰富但分布不均,年平均降水量 913～1030 cm,夏季降水在 50% 以上。旱、涝、雹、冻等气象灾害较频繁。气候温暖而又较为湿润,四季分明,雨热同季,光照充足。自然灾害较为频繁,灾害程度较重,如雨涝、干旱几乎年年有之,霜冻、风灾、冰雹等也时有发生。

连云港市处于暖温带与北亚热带过渡地带,常年平均气温 14.1 ℃,极端最高气温为 40.2 ℃,极端最低气温为 −13.3 ℃,平均湿度为 71%,历年平均降水量 883.6 mm,年无霜期为

211.8 d,气候类型为湿润的季风气候。四季分明,温度适宜,光照充足,雨量适中。

盐城市东濒黄海,西襟湖荡,平川秀丽,水域宽广,气候温和,资源丰富。气候属北亚热带向暖温带气候过渡地带,雨水充沛,年降水日 100～115 d,年平均降水量为 900～1066 mm,年平均气温 13.7～14.4 ℃,年平均无霜期 209～218 d。盐城具有典型的季风气候特征,强对流天气经常出现,冰雹、龙卷、暴雨等气象灾害发生。

表1-2 为江苏省各市气候资源情况简表。

表 1-2　江苏省气候资源情况

城市	平均温度(℃)	平均降水量(mm)	平均相对湿度(%)	是否海边	自然灾害
南京	15.5	1019.5	73	否	霜冻
苏州	15.7	1094	80	否	冰冻
无锡	15.6	1048	80	否	干旱、寒潮
常州	15.6	1086	77	否	霜冻
镇江	15.6	1088	76	否	霜冻
南通	15.1	1040	81	是	干旱、寒潮
扬州	15.2	1048	79	否	霜冻
泰州	14.7	1027	80	否	霜冻
徐州	14.5	841	72	否	霜冻
宿迁	14.3	902	75	否	旱涝、暴雪、高温
淮安	14.1	1030	77	否	干旱、霜冻
连云港	14.1	883	71	是	霜冻
盐城	13.7	1066	78	是	霜冻

1.3.4 江苏省主要气候资源分布

本节运用 ArcGIS 中反距离权重法(inverse distance weighted,简称 IDW)进行差值,是一种常用而简便的空间插值方法,它以插值点与样本点间的距离为权重进行加权平均,离插值点越近的样本点赋予的权重越大。设平面上分布一系列离散点,已知其坐标和值为 X_i,Y_i,Z_i $(i=1,2,\cdots,n)$通过距离加权值求 Z 点值,则 Z 值(马轩龙 等,2008;封志明 等,2004)可由以下公式求得:

$$Z = \frac{\sum\limits_{i=1}^{n} \frac{Z_i}{d_i^2}}{\sum\limits_{i=1}^{n} \frac{1}{d_i^2}}, \text{其中 } d_i^2 = (X - X_i)^2 + (Y - Y_i)^2 \tag{1-1}$$

Z 为待估计的气温栅格值,Z_i 为第 $i(i=1,2,\cdots,n)$个气象站点的数据,n 为用于气象数据插值的站点数目,d_i 为插值点到第 i 个气象站点的距离,2 是距离的幂。IDW 插值方法假定每个输入点都有着局部影响,这种影响随着距离的增加而减弱。通过对邻近区域的每个采样点值平均运算获得内插单元。这一方法要求离散点均匀分布,并且密度程度足以满足在分析中反映局部表面变化。国内外许多学者(Patrick et al.,1996;Goovaerts,2000;范银贵,2002)运用距离平方反比法,即取幂指数为 2 的方法对气象数据进行插值。

(1)平均气温分布

太阳能是地球上最基本、最重要的能源,影响到地球上所有的物理、生物和化学过程,是维持地表温度,促进地球上的水、大气、生物活动和变化的主要动力。

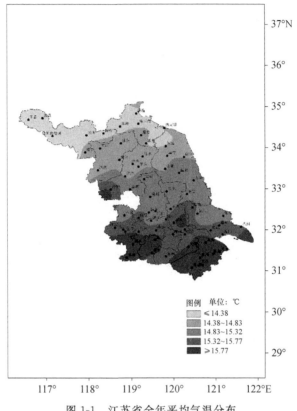

图 1-1　江苏省全年平均气温分布

由图 1-1 可知,全省各地年平均气温在 13.0～16.5 ℃,其中苏南高于 15.0 ℃,江淮为 14.0～15.0 ℃,淮北为 13.0～14.0 ℃,年平均气温等值线呈纬向分布。从全省范围上看,太阳辐射量仍然是支配气温的主导因素。因此,地处省境东北角的赣榆县年平均气温最低,约为 13.8 ℃;而省境西南隅的高淳县年平均气温最高,约为 16.2 ℃。由图 1-2 可知,全省 7 月平均气温为 26.0～28.5 ℃。由于南北间日射总量相差不大,气温变化主要取决于海陆分布,内陆增温远较沿海快,我国大陆形成广阔的热低压,江苏省处于热低压的边缘。气温分布是内陆高于沿海,低纬高于高纬,等温线呈西北—东南向走向。省境西南部气温接近 29.0 ℃,而东北部低于 26.5 ℃。

各农业指标气温的累积值,以日平均气温≥10 ℃积温的意义最大,多应用于表示各种作物在整个生长期间所需热量。由图 1-3 可知,≥10 ℃的积温,淮北大多介于 4600～4800 ℃·d,江淮间大多在 4800～4900 ℃·d,苏南在 4900 ℃·d 以上,其中宜兴、溧阳二县南部山区在 5000 ℃·d 以上。全省总的分布趋势是南部高于北部,南北相差大约为 40～700 ℃·d;同纬度的东部沿海和西部内陆相比,西部高于东部,东西相差 100～150 ℃·d 左右。

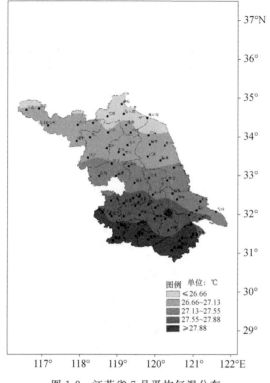

图 1-2　江苏省 7 月平均气温分布

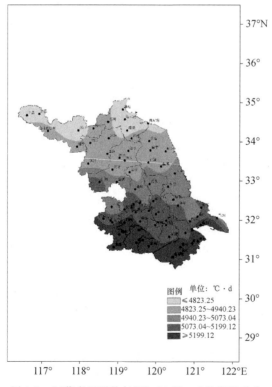

图 1-3　江苏省日平均气温≥10 ℃·d 的积温分布

如图 1-4,1961—2010 年江苏省年平均气温变化范围为 14.0～16.5 ℃,近 50 年来年平均气温呈明显的上升趋势,气候倾向率为 0.29 ℃/10 a,尤其自 20 世纪 90 年代以来,年平均气温的增加趋势更显著。

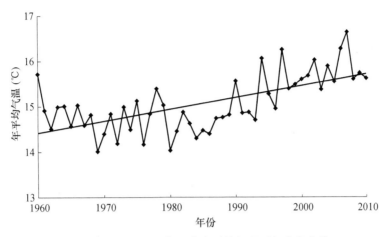

图 1-4　1961—2010 年江苏省平均气温逐年变化曲线

(2)平均最高气温和极端最高气温

近 50 年来,江苏省年平均最高气温和年极端最高气温变化范围分别为 18.6～20.8 ℃ 和 35.2～38.6 ℃,均呈明显的升高趋势,二者气候倾向率分别为 0.21 ℃/10 a 和 0.16 ℃/10 a。20 世纪 90 年代后,是升温最为显著的阶段,尤以年平均最高气温的变化更为明显(图 1-5)。二者的变化进一步验证了江苏省气候变暖的事实。同时,空间变化趋势上,南部地区年平均最高气温和年极端最高气温均比北部地区增加显著,使南北地区的温度梯度越发加大。

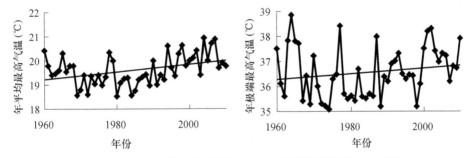

图 1-5　江苏省年平均最高气温(左)和年极端最高气温(右)变化

(3)平均最低气温和极端最低气温

近 50 年来,江苏省年平均最低气温和年极端最低气温变化范围分别为 9.9～12.8 ℃ 和 －15.2～－4.7 ℃,均呈明显升高趋势,气候倾向率分别为 0.38 ℃/10 a 和 0.64 ℃/10 a,20 世纪 90 年代后期依然是二者变化趋势加强的一个明显分界线。二者的气候倾向率远远大于年平均最高气温和年极端最高气温的升高速率,其中年极端最低气温的气候倾向率是年极端最高气温气候倾向率的 4 倍(图 1-6)。空间变化趋势上,年平均最低气温在北部地区比南部地区的增加更显著,极端最低气温在西北部比东南部地区的增加更明显,变化的结果使南北地区的年平均最低气温和年极端最低气温的温度梯度都逐渐减小。江苏省 59 个站中历史极端最低气温出现在 20 世纪 60 年代的占 68.6%,70 年代的占 25.7%,90 年代的占 5.7%,80 年代和 21 世纪前 10 a 均未出现。可见,气候变暖在极端最低气温上表现更加显著。

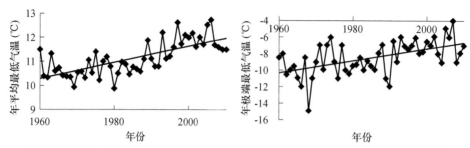

图 1-6 1961—2010 年江苏省年平均最低气温(左)和年极端最低气温(右)变化曲线

(4)积温

积温是农业热量资源较重要的要素,不仅反映农作物对热量的要求,为地区间作物引种和新品种推广提供依据,还可根据作物各发育时期的积温指标,预报作物的发育时期。农业中一般将稳定≥0 ℃和 10 ℃的积温作为主要的参考指标。近 50 a 来,江苏省稳定≥0 ℃和≥10 ℃积温变化范围分别为 5099.5～6022.1 ℃·d 和 4454.1～5394.3 ℃·d,均呈明显增加趋势,气候倾向率分别为 101.1 ℃/10 a 和 83.4 ℃/10 a。年代际平均年积温统计显示(表 1-3),20 世纪 90 年代以来是积温开始显著增加的阶段,其中 2001—2010 年≥10 ℃的平均年积温首次超过了 5000 ℃·d。2001—2010 年≥0 ℃、≥10 ℃的平均年积温相比 1961—1970 年分别增加了约 400 ℃·d 和 350 ℃·d。

表 1-3 1960—2010 年江苏省年代际平均积温统计

年份段	≥0 ℃的年平均积温(℃)	≥10 ℃的年平均积温(℃)
1961—1970	5358.06	4716.75
1971—1980	5320.99	4734.91
1981—1990	5310.3	4710.7
1991—2000	5552.47	4867.99
2001—2010	5741.88	5079.32

(5)降水量

50 年来,江苏省年降水量变化范围为 557.9～1438.7 mm,年降水量呈微弱的上升趋势(图 1-7)。

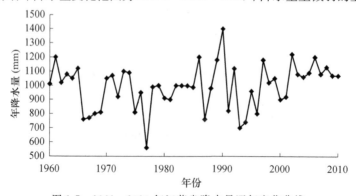

图 1-7 1961—2010 年江苏省降水量逐年变化曲线

四季分布上(表 1-4),夏季降水最多,占 50.0%;冬季最少,仅占 9.4%。夏季和冬季降水量呈增加趋势,其中夏季降水增加幅度更显著,达 16.04 mm/10 a;春季、秋季降水量呈减少趋势,其中秋季降水减少更明显,达-13.4 mm/10 a。

表 1-4 1961—2010 年江苏省四季平均降水量变化

季节	平均降水量(mm)	占年平均降水量比率(%)
春季	72.7~391.8	21.5
夏季	242.9~810.4	50
秋季	64.2~432.6	19.1
冬季	33.0~207.9	9.4

(6)降水日数

近 50 年来,江苏省年降水日数变化范围为 81~126 d,年降水日数呈下降趋势,气候倾向率为-1.45 d/10 a。从空间分布来看,年降水日数与年降水量相似,为北少南多的分布,变化趋势与年降水量差异较大,除中部局部地区为增加趋势外,大部分地区为减少趋势,且北部的减少程度大于南部地区。据 1961—2007 年江苏省暴雨日数显示,自 20 世纪 90 年代以来,暴雨日数反而呈增多的趋势,这一结果和陈威霖等(2012)应用统计降尺度模型模拟的江淮流域极端气候的变化特征相符,说明江苏省极端降水事件有增加趋势。

(7)光照资源

近 50 年来,江苏省年日照时数变化范围为 1890~2490 h,且呈显著下降趋势,气候倾向率为-65.4 h/10 a(图 1-8)。

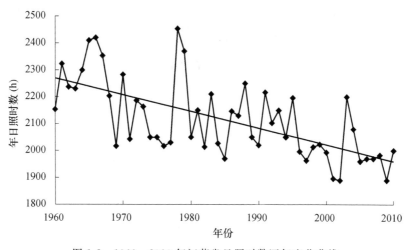

图 1-8 1961—2010 年江苏省日照时数逐年变化曲线

从日照时数季节分布和变化趋势看(表 1-5),江苏省夏季平均日照总时数最多,最多年份达 806.4 h;冬季最少,最少年份只有 297.8 h。春、夏、秋、冬季日照时数均呈减少趋势,其中夏季日照时数减少幅度最显著,气候倾向率为-37.75 h/10 a;秋季、冬季次之;春季基本无变化。

表 1-5　1961—2010 年江苏省四季平均日照时数变化

季节	日照时数变化范围(h)
春季	412.5~661.6
夏季	443.3~806.4
秋季	385.2~641.5
冬季	297.8~650.2

　　江苏省具有明显的季风气候特征,雨热同季,来自低纬度海洋的夏季风是江苏省的主要降水来源。由图 1-9 可知,全省各地年平均降水量在 800~1200 mm 之间,水资源充足。其地区分布的大体趋势是由南向北递减,同纬度地区山地多于平原,沿海稍多于内陆。省境南部降水最多,超过 1000 mm;西北部的丰、沛二县最少,不足 870 mm,东部沿海的大丰、海安、南通一带由于易受台风影响,降水量值比较高。

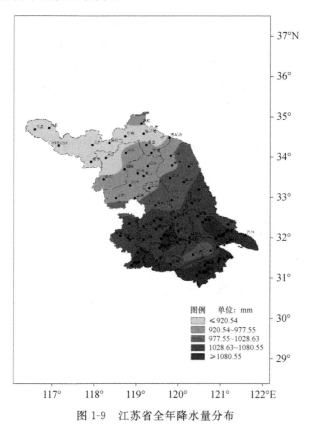

图 1-9　江苏省全年降水量分布

　　图 1-10 日显示江苏省平均气温≥10 ℃的降水量分布。降水量的多少和时空分布的特点,决定了一个地方的干湿程度和作物需水的供应状况。由图 1-10 可知,日平均气温≥10 ℃的降水量分布特征与年降水量分布特征相似,大体趋势是由南向北递减,同纬度地区山地多于平原,沿海稍多于内陆。省境西南部降水最多,西北部的丰、沛二县最少。可见,江苏省的西南部和沿海地区相比其他地区更适合生长农作物,不仅具备农作物生长所必需的气温条件,同时还具备了足够的降水条件。

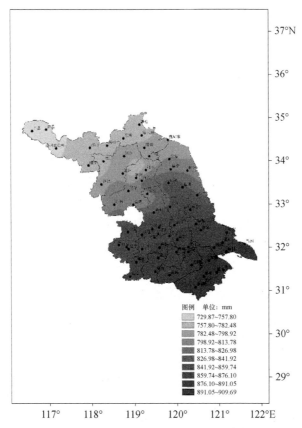

图 1-10　江苏省全年日平均气温≥10 ℃降水量分布

第 2 章　设施葡萄生长发育与气象条件的关系

影响葡萄品质和产量的因素是综合性的,在多数情况下气象因子中对葡萄生长发育产生影响的主要是温度、光照、湿度。相比于自然环境,创造适宜葡萄生长发育的小气候环境,达到葡萄生产目标的人工调节栽培模式,以期实现果实的淡季供应和反季节销售。因此,温室内生态环境因子——光、水、气、热和土壤状况的控制和调节就成为葡萄设施栽培中一项重要的中心工作,了解气象因子与葡萄的生长发育之间的关系对环境调控至关重要。

2.1　温度对设施葡萄生长发育的影响

2.1.1　葡萄的需冷量与需热量

气温、降水量、日照时间等气象因子对葡萄生长发育都会产生一定程度的影响,但其中最重要的还是温度条件,尤其是有效积温,其次,无霜期也很重要,这两个因素将决定葡萄早熟、中熟、晚熟品种的选择和搭配。热量是葡萄生存的必要条件。葡萄是喜温植物,对热量的要求高。活动积温不但决定葡萄各物候期的长短及通过某一物候期的速度,并在影响葡萄的生长发育和产量品质的综合因子中起主导作用。

葡萄植株的休眠一般是指从秋季落叶开始到次年树液开始流动时为止,一般可划分为自然休眠期和被迫休眠期两个阶段。虽然习惯上将落叶作为自然休眠期开始的标志,但实际上葡萄新梢上的冬芽进入休眠状态要早得多。大致至 8 月间,新梢中下部充实饱满的冬芽即已进入休眠始期。9 月下旬至 10 月下旬处于休眠中期。翌年 1—2 月间即可结束自然休眠,如此时温度适宜,植株即可萌芽生长,否则就处于被迫休眠状态。

需冷量计算目前有二种模型(如图 2-1),一是 $0 \sim 7.2\ ℃$ 模型,以打破休眠所需 $0 \sim 7.2\ ℃$ 的累计低温值为品种的需冷量。二是犹他模型,美国 Utah 州立大学 Richardson 提出了计算需冷量的"冷温单位模型",又称"犹他模型"。该模型规定对破眠效率最高的最适冷温一个小时为一个冷温单位;而偏离适期适温的对破眠效率下降甚至具有负作用的温度其冷温单位小于 1 或为负值。以秋季负累积低温单位绝对值达到最大值时的日期为有效低温累积的起点,单位为 C.U.。不同温度的加权效应值不同(即不同温度对需冷量累积的贡献大小不同),如 $2.5 \sim 9.1\ ℃$ 打破休眠最有效,该温度范围内 1 h 为一个冷温单位(1C.U.);$1.5 \sim 2.4\ ℃$ 及 $9.2 \sim 12.4\ ℃$ 只有半效作用,该温度范围内 1 h 相当于 0.5 个冷温单位;低于 $1.4\ ℃$ 或 $12.5 \sim 15.9\ ℃$ 之间则无效;$16 \sim 18\ ℃$ 低温效应被部分抵消,该温度范围内 1 h 相当于 -0.5 个冷温单位;$18.1 \sim 21\ ℃$ 低温效应被完全抵消,该温度范围内 1 h 相当于 -1 个冷温单位;$21.1 \sim 23.0\ ℃$ 温度范围内 1 h 相当于 -2 个冷温单位。只有当积累的冷温单位之和达到或超过最低需冷量时数时,才能解除休眠,才能进行促成栽培。

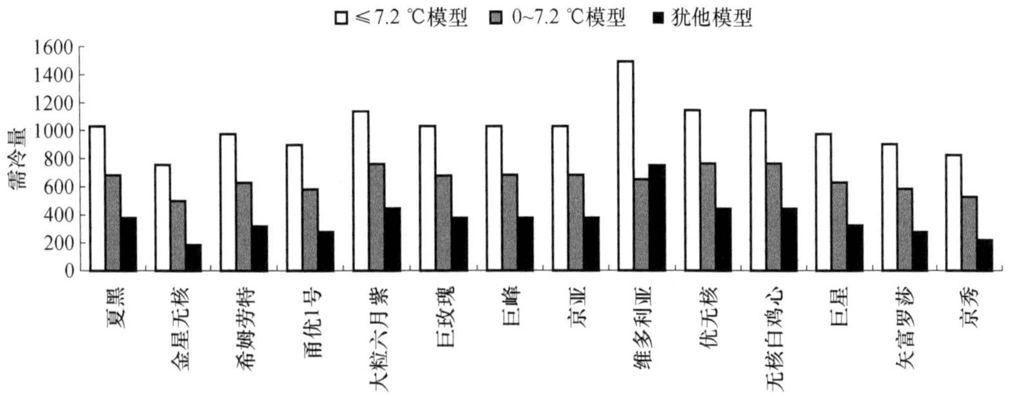

图 2-1　十四个葡萄品种的需冷量分布(≤7.2 ℃模型和 0～7.2 ℃模型估算的需冷量单位为 h;
犹他模型估算的需冷量单位为 C. U. 王西成 等,2014)

葡萄等落叶果树在完成生理休眠时需要一定的需冷量。王西成等(2014)于 2012 年 12 月至 2013 年 2 月在江苏省农业科学院溧水植物科学基地内,共选择 10 个设施葡萄常用品种夏黑、金星无核、希姆劳特、优无核、无核白鸡心、大粒六月紫、京亚、巨星、矢富罗莎、京秀进行需冷量试验,如表 2-1 所示,不同树种、品种的需冷量是不一样的。如果需冷量不够,果树没有通过自然休眠,即使覆盖、加温亦不能萌芽、开花,或花期长,坐果率低。进入深休眠的冬芽即使在生长条件适宜时也不萌发。

表 2-1　不同葡萄品种在 0～7.2 ℃模型和犹他模型下的需冷量(王西成 等,2014)

品种名	种群	低温需求量	
		0～7.2 ℃模型(h)	犹他模型(C. U)
夏黑	欧美杂种	677	380
金星无核	欧美杂种	497	192
希姆劳特	欧美杂种	628	322
大粒六月紫	欧美杂种	757	439.5
京亚	欧美杂种	677	380
优无核	欧亚种	757	439.5
无核白鸡心	欧亚种	757	439.5
巨星	欧亚种	628	322
矢富罗莎	欧亚种	581	278
京秀	欧亚种	526	217.5

需热量是指从自然休眠结束至盛花期所需的有效热量积累,又称热量单位累积量或需热积温。葡萄从生理休眠结束至 50% 芽展叶所需的有效热量累积称为需热量,常用生长度小时模型和有效积温模型 2 种模型进行计算(王海波 等,2011)。

(1)生长度小时模型(GDH ℃):该模型对需热量的估算用生长度小时(Growing degree

hours ℃,记作 GDH ℃)表示:每 1 h 给定的温度(t,℃)所相当的热量单位即生长度小时(GDH ℃)根据下式计算:

GDH ℃=0.0 t≤4.5 ℃

GDH ℃=t-4.5   4.5 ℃<t<25.0 ℃

GDH ℃=20.5 t≥25.0 ℃

(2)有效积温模型(D ℃):该模型对需热量的估算用有效积温进行,单位为 D ℃。有效积温是根据落叶果树的生物学零度进行统计。需热量根据下式计算:需热量(有效积温)= $\sum$(日平均气温-生物学零度)。葡萄生物学零度一般为 10 ℃。不同品种葡萄的需热量不同(图 2-2)。

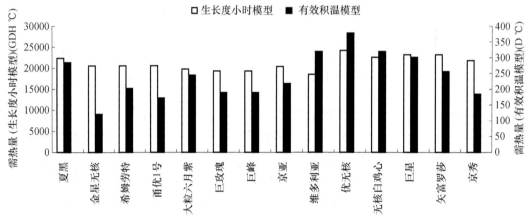

图 2-2 十四个葡萄品种的需热量分布(王西成 等,2014)

一般葡萄休眠期所需时间的长短因品种而不同,5 ℃以下至少需要一个月以上。不同种葡萄通过休眠的最低温要求不一,欧洲种要求在 10 ℃以下,美洲种要求在 7.2 ℃以下。葡萄休眠期间对低温的要求量为 1000～1200 h,如蓓蕾玫瑰经 200～300 h 的低温处理后,在适于生长的条件下需经 100 天芽眼才能萌发;而经过 500 h 低温处理后,50 天即可萌芽。利用设施栽培葡萄,如计划提前到 12 月或翌年 1 月间加温,可提前用 5～8 倍液的石灰氮浸出液涂抹或喷布芽眼,从而打破自然休眠,这样才能使芽眼迅速、整齐萌发。达不到低温要求量会有以下表现:推迟芽的萌发期,阻碍花芽的分化或分化不良,严重时引起花或芽的脱落。

2.1.2 温度对设施葡萄生长发育的影响

(1)萌芽期

芽眼开始萌动、膨大、鳞片裂开露出茸毛,芽的顶端呈现绿色,称为萌芽。完成休眠后的葡萄植株萌芽早晚主要受温室内温度左右,日光温室升温的主要方法是通过增加日照时数,利用太阳辐射能量给温室内升温,提高室内温度。如果一个地区春季温度过低,或要使葡萄提早成熟供应市场,那么就要在温室中增设附加热源,给温室加温。经济条件好的地区,可利用暖气设备进行加温,这样既安全又容易控制。在有地热资源或工业余热资源的地区也可利用这些投资少、又便于利用的热源。当前农村最常用的是在温室中增设火炉、火道,利用燃煤产生热量使温室增温。利用燃煤增温时,可在温室内后墙上建筑火道,每天下午 6 点至第二天早晨 8

点生火给室内加温。

葡萄萌芽的早晚与气温和土温的恢复有直接关系,萌芽期平均积温为 347.4 ℃·d。葡萄萌芽的温度要求在 10~12 ℃,稳定在 15~20 ℃ 萌芽整齐迅速,葡萄根系活动的温度在 6~10 ℃,葡萄在 10 ℃ 以上的温度条件下经过 10 d 左右时间即开始萌芽。1 月中下旬以后要促使葡萄萌芽,温室内最低温度一定要保持在 10 ℃ 以上。白天温室内温度不超过 25 ℃,夜间不能低于 0 ℃,萌芽后出现连续低温会造成新梢停长,晴天有利于气温和地温的恢复,阴雨低温天气会推迟萌芽。

空气有效积温和土壤有效积温与葡萄萌芽进度之间的相关性如下:空气有效积温、土壤有效积温与葡萄萌芽进度呈显著正相关,空气有效积温和土壤有效积温共同参与葡萄萌芽。萌芽早的葡萄品种对空气有效积温的依赖性比较大,对土壤有效积温的依赖性比较小而萌芽晚的葡萄品种萌芽进度受土壤有效积温的影响更大。葡萄萌芽期间对土壤有效积温的需求量要高于对空气有效积温的需求。土壤有效积温与空气有效积温之间存在线性关系。

25~30 ℃ 的温度最适于葡萄花序分化和花器官分化。温度过低(20 ℃ 以下)或过高(35 ℃ 以上),大部分品种不能很好地形成花芽。春季花芽继续分化期,新梢耐受的极限低温为 0 ℃,0 ℃ 以下新梢受冷害甚至被冻死,花芽无继续分化可言;而温度过高时(35 ℃),已分化好的花芽不但不会继续分化成花器,反而会退化成卷须。不同品种对温度需求不同,地温对花芽分化也有调控作用。地温升高,根中 CTK 活性也增高,高温可能通过影响 CTK 合成及运输,进而调控花芽形成。

发生霜冻是由于地表温度骤降到 0 ℃ 以下,冷空气聚集将水凝结成冰,并停留在地表之上。如果这种情况发生在新芽萌发时,新芽就会因受冻而死亡,整个葡萄园的产量也会严重受损。

(2)新梢生长期

新梢上各器官(叶片、节间、卷须和花序)的出现和逐渐发育直到新梢停止生长称为新梢生长期,平均气温达到 13 ℃、白天气温达到 20~25 ℃ 时为新梢生长旺盛时期,在土壤较湿润的情况下,开始时生长缓慢,随着气温的升高,新梢加长生长逐渐加快,萌芽三四周后生长最快其生长速度可达 5 cm/d。葡萄一般昼夜平均气温达 10 ℃ 左右时开始萌发,而秋季气温降至 10 ℃ 左右时营养生长即停止。因此,葡萄栽培上称 10 ℃ 为生物学零度,把一个地区一年内 ≥10 ℃ 的温度总和称为该地区的年有效积温。不同品种生长发育要求的有效积温不同。葡萄不同物候期对温度要求有一定差异:20~30 ℃ 最适于新梢生长,低于 15 ℃ 则不利,40 ℃ 为上限。萌动芽 −3 ℃ 开始受冻,−1 ℃ 时嫩梢各幼叶开始受冻。由图 2-3 可以看出,葡萄在生长期 4 月至次年 1 月,月平均温度变化和新梢生长量变化均呈近似“M”形态势(张永涛,2018)。

在设施栽培条件下,要控制此时的温度,不宜过高,否则会引起新梢生长太旺而消耗过多营养,影响坐果。在开花期前后,新梢生长开始减缓,以后生长速度逐渐变慢。葡萄新梢不形成顶芽,只要气温适宜,可一直延续生长。随着浆果的成熟,新梢逐渐开始木质化和成熟,糖类主要是淀粉首先在新梢中部积累,然后向下及向上扩展,积累的速度受多种因素的影响,如当年的产量、浆果的成熟时间、新梢的生长动态、光照和气候条件等。

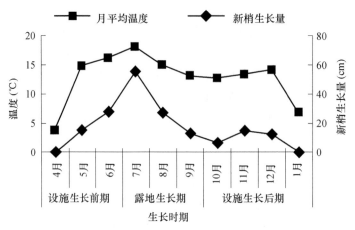

图 2-3　温度月变化与新梢生长量变化(张永涛,2018)

(3)花期

花期花序上第 1 朵花开放称为始花期,开花终了称为终花期。从始花期至终花期这一段时期称为开花期。通常情况下,在设施内葡萄植株从萌芽到开花一般需经历 4～6 周。间隔时间的长短与气候条件,尤其是温度有密切关系,一般在 15.5 ℃以下时开花很少,温度升高到 18～21 ℃时花量迅速增加,气温达到 35～38 ℃时开花又受到抑制。在 26.7～32.2 ℃的情况下花粉发芽率最高,花粉管的伸长也快,在数小时内即可进入胚珠,而在 15.5 ℃的情况下,则需要 5～7 d 才能进入胚珠。

正常年份开花期持续 4～14 d,大多数为 7～12 d。影响葡萄开花结果的主要因素有温度、湿度、干旱和大风。花期对温度要求较高,气温达到 25 ℃以上时葡萄大量开花。气温低于 15 ℃时葡萄则不能正常开花,会造成受精不良、子房大量脱落。为促使设施葡萄开花整齐,温度是很重要的。20 世纪 90 年代初期,因大棚温度管理的经验不足,花期前去掉裙膜,开花期长达 13 d,早开花的果实大如黄豆,晚开花的还没有结果,最后导致果实成熟期也不一致。这个期间的夜温比较容易保持,只要放下裙膜保温即可。重要的是白天的最高温度不能太高。白天保持 25～28 ℃,夜间 16～18 ℃最低不超过 15 ℃开花期要停止灌水,温室内空气湿度要控制在 50%～60%。湿度不宜过大,以免影响花粉的释放。

葡萄花期的长短随品种及气候而变化,但大多数为 6～10 d,一般在始花后的 2～3 d 进入盛花期,盛花后 2～3 d 开始出现生理落果现象。引起落花落果现象的原因主要有以下几个方面:生长前期树体内贮藏营养不足,引起胚珠发育不良,不完全花增多和花粉发芽率低,导致坐果率率低;树势过旺使营养生长与生殖生长之间产生矛盾,两者争夺营养而加剧落花落果;花期出现低温或阴雨天气,影响授粉受精作用的正常进行,导致落花落果。

试验表明,30 ℃左右的温度最适于葡萄花序分化和花器官分化。不同品种对温度需求不同,地温对花芽分化也有调控作用。地温升高,根中 CTK 活性也增高,高温可能通过影响 CTK 合成及运输,进而调控花芽形成。张永涛(2018)研究表明,葡萄单株上所有花序从始花到开花结束约需 7～10 d,其间日平均温度变化和开花数变化均呈倒"V"形态势(如图 2-4)。

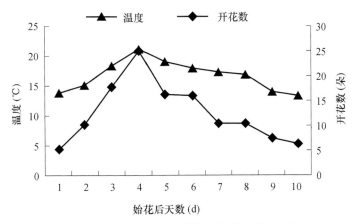

图 2-4　温度日变化与开花数变化(张永涛,2018)

(4)绿果期

从子房开始膨大到浆果着色前称为绿果期,也叫果实迅速膨大期。此期间幼果迅速生长、膨大,并保持绿色,质地硬,具有叶绿素,能进行同化作用制造养分。此时期要求温度 20~30 ℃。在生长初期,果皮、种子的大小和重量迅速增加,而胚仍保持较小,开花期后,果皮细胞迅速分裂,经 3~4 周后,细胞迅速扩大,此时浆果仍保持绿色,果肉硬,含酸量迅速增加,呼吸作用速度很快,呼吸商为 1 或较低,大部分葡萄品种这一期需持续 5~7 周。此时期,夜间温度的高低影响果实的膨大生长,以 18~20 ℃为宜,高于 20 ℃会抑制果实生长。

(5)果实转色期

温度对浆果的着色及果实品质有显著的影响,转色期是葡萄浆果着色时期,葡萄成熟期始于该时期,所以又称为成熟发育期。这一时期果皮叶绿素大量分解,有色品种果皮开始积累花青素,由绿色转变为其他颜色。浆果的生长速度明显减缓,浆果酸度达到最高水平,并开始了糖的积累。在此期间气温高于 20 ℃时果实迅速成熟,最适宜气温为 28~32 ℃,低于 16 ℃或高于 38 ℃果实成熟不佳、品质差。

(6)采收成熟期

成熟期是浆果最后膨大期,体积和重量的增加超过绿果期或与绿果期相等。浆果体积的增大主要靠细胞的膨大,此期内浆果组织变软,糖的积累增加,酸度减少,表现出品种固有的色泽与香味。此期持续 5~8 周,浆果达到成熟后,即可采收。浆果成熟的最适宜温度是 28~32 ℃,气温低于 16 ℃或高于 38 ℃对浆果发育和成熟不利,品质降低。夏季过高的温度,可以加速葡萄果实的成熟。如果没有充足的水分,葡萄的成熟过程可能会停止。如果天气极度恶劣,葡萄树甚至可能会死亡;在秋季,成熟的浆果会在 -5~-3 ℃时受冻。如果成熟时期温度过低,葡萄就会糖分不足,酸度过高。黑色葡萄品种不能达到生理成熟,酿出的葡萄酒就会过于酸涩,带有过多的植物味。

在成熟期,凉爽的夜晚可以帮助葡萄减缓风味物质的流失;温暖的夜晚会让葡萄加速成熟,尤其是糖分的含量。昼夜温差较大的地方所出产的葡萄酒口感清新,果味浓郁;而昼夜温差较小的地方,则可以酿造出酒体饱满的葡萄酒。

2.2 光照对设施葡萄生长发育的影响

设施内的光量,通常只有室外日照量的 70%~80%,如果覆盖材料污染严重,尘土黏结附着屋面较多,或者附有水滴农膜,透入室内的光线则显著减少到 50% 左右。一般冬季(12月—翌年2月)室外自然光照最大强度为 5万~6万勒克斯,室内光照最大强度只能达到 2万勒克斯左右,显然不能满足葡萄对光量的要求。同时设施建设用的农膜由于制膜时添加了可塑剂(为使薄膜柔软的药剂)也使紫外线的透过率大为降低。这就影响到葡萄植物合成维生素 C 和维生素 D 的能力。

温室内的光照条件不仅左右着植物的光合作用,而且直接影响着温室内的温度、空气湿度和土壤温度以及树体温度。在设施栽培的环境中,由于棚膜等对光线的阻隔,光照不足是一个永恒的问题,因此增加设施内的光照永远是设施管理中一个核心的问题。

2.2.1 光强对设施葡萄生长发育的影响

① 新梢生长与光照的关系

葡萄喜光,太阳辐射是进行光合作用的主要天然能源,光照充足时,葡萄生长发育正常,葡萄叶片厚而浓绿,利于光合作用进行,可获得生长健壮的植株。光照不足时,新梢细弱、节间长、叶片薄,叶色变淡,难以形成花芽,严重会造成枝条成熟不充分或不能成熟,降低越冬性及抗寒能力。

② 花芽分化与光照的关系

光为光合作用所必需,为成花提供物质基础。低光强下葡萄形成的花芽少。不同品种对光强的需求不同,低光强会造成碳水化合物积累减少、C/N 下降和激素平衡发生变化,从而影响花芽分化。某些品种在长日照下形成的花序原基数比在短日照下多。美洲葡萄比欧洲葡萄对日长更敏感。

弱光对植物生长发育的影响与弱光环境中植物的光合特性密切相关,光照强度不仅影响到设施中植物体的光合特性及光合产量,还可以影响光合产物的种类与分配,从而嵌入到花芽形成的多因子途径中调控成花。葡萄栽培中,环剥提高成花率,摘心去副梢同样增加花芽分化率,可见对于成花期的营养生长的抑制,人为的改变养分流向对成花发育有重要的促进作用。设施促早葡萄花芽分化的盛期正是设施内养分竞争关键时期,是储藏养分与光合养分的转换期,此时叶片的有限光合产物分配对于花芽的形成具有重要的意义。另外,有研究发现,弱光还会影响到根的活性,进而影响激素平衡。临界弱光下花芽不能形成。不仅如此,还有研究证实光强对于葡萄花序的发育及翌年花芽的育性有重要影响(Koblet et al.,1996);分子水平的研究证实,光照可以驱动转基因烟草 Pt 基因的积累表达(Thomas et al.,1995),而 Pt 中的片段具有明显的促进细胞分裂素的合成能力(李兴国,2008)。如图 2-5 所示,弱光处理还会对设施葡萄叶片的叶绿素荧光产生影响(邢浩,2018)。

与草本植物不同,果树的花芽分化一般不受光周期的影响。不同品种的葡萄,在不同日照长度条件下,花芽形成的量也有差异,已有研究发现,日照时数显著地影响到葡萄的成花过程,尤其在其原始体形成之后,较长的光照时间加速花序原始体的形成,而短日照延长二分枝原始体持续的时间,进而延长了其花序发育的时间,不利于花序原始体的形成。设施促早栽培过程中,无可避免地要加覆盖物以增强设施的保温性能,此操作会缩短设施内的光照时间,进而影响设施果树的成花过程。

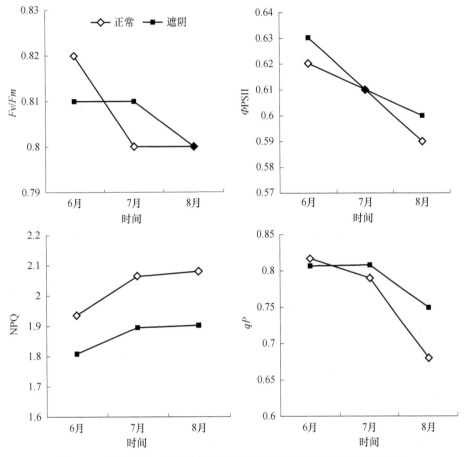

图 2-5　遮阴处理对设施葡萄叶片叶绿素荧光参数的影响(邢浩,2018)

③ 果实生长发育与光照的关系

光照是叶片光合作用的能源,是影响果实品质的重要因子。陶俊等(2003)认为,光照在果实发育后期作为一种环境信号,提高果实库强,促进叶片光合产物向果实的输入和分配,增加果实糖的积累。葡萄是喜光树种,Cadwell 等(1994)通过调查美国中、东部各州 1919—1923 年 3—9 月份晴天数与康拜尔葡萄果实品质的关系发现,晴天多比晴天少的年份糖含量高出 2.78%,而有机酸含量降低 0.083%。小林章(1983)等认为,葡萄果实的大小、果粒质量、色泽、TSS 含量、糖酸比和维生素含量等指标值都随光强降低而下降。在光照不足时,叶片光合产物减少,果实的光合产物积累也随之下降。在葡萄开花期进行短期遮光,对花粉发芽率,花粉管伸长以及雌蕊的受精能力,并无不良影响,授粉后可以正常受精,但遮光造成落果,坐果率下降,同时光照充足,葡萄的花芽分化加强。光照时数也影响到葡萄果实的品质。葡萄果穗质量、果粒质量、可溶性固型物含量、有机酸和花青素含量都是长日照处理比短日照要好。增加日照时数能够增加果实大小,促进果实色泽发育,增加果实营养物质含量。图 2-6 反映弱光处理对设施葡萄果实可溶性固形物产生影响(邢浩,2018)。

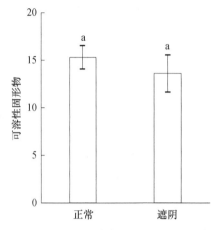

图 2-6　遮阴处理对设施葡萄果实可溶性固形物的影响

2.2.2　光质对设施葡萄生长的影响

太阳光是太阳的辐射能以电磁波的形式,放射到地球表面的射线。太阳光的波长在 $150\sim300$ μm 范围内,一般波长在 $400\sim760$ μm 之间是可见光,即我们用肉眼能看见的日光,占 50% 左右,这部分光是绿色植物进行光合作用,将太阳能转化成化学能的能源,而波长小于 400 μm 和波长大于 760 μm 的是不可见光,分别称之为紫外线和红外线。光质对葡萄生长有较大影响,苏小玲(2009)研究表明,不同光质处理,葡萄试管苗的生长特性具有显著的差异性。绿光处理第 7 d,试管苗生根率高于其他光质,达到 89.47%;第 35 d 时,试管苗株高、节间长度、生根系数明显高于其他光质,但鲜重和根长显著低于其他光质,说明绿光处理葡萄试管苗徒长,前期照射诱导试管苗早发根,超过 7 d 后,抑制试管苗根的伸长生长。红光处理 7 d,试管苗生根率显著低于其他光质,仅有 4.76%,说明红光处理抑制试管苗生根。蓝光处理 35 d,试管苗节间长度较小,为 0.97;株高也较小,为 5.51 cm。白光处理试管苗鲜重较高;试管苗根长最长,与其他光质有显著的差异性。孔云(2006)以 2 年生温室盆栽“京秀”葡萄苗为试材,从展叶开始,每天早晚各补光 2 h,以不补光为对照,观测比较红光、蓝光和紫外光(UVA 和 UVB)处理 30 d 后的葡萄新梢生长状况。结果表明,不同光质补光处理均促进新梢延长生长,缩短了新梢节间长度。其中,补充红光、蓝光明显增加新梢基部粗度;补充蓝光、紫外光减小了单叶面积;红光处理明显增加了新梢总的干物质积累,而且增大了叶片干物质分配比例。由于设施覆盖物薄膜或是玻璃的影响,使得设施内的光质成分发生变化,进而影响植株长势,引起营养生长与生殖生长失衡。在已有的研究中同样发现红光能够调控植物体内 GA 含量而影响到植株高度和节间长度,红外线具有反作用(李书民,2000),可见光质可以通过光受体传导和控制激素平衡来调节植物长势,进而影响枝梢营养和生殖平衡。设施葡萄栽培中,由于棚膜对紫外线的过滤作用,导致设施内紫外线含量不足,而紫外线的显著促进葡萄花芽分化的作用被减弱(王海波 等,2010),因此,在葡萄设施栽培中紫外灯的应用对于成花应该有促进作用。

2.2.3 光照时数对葡萄生长的影响

太阳照射时间的总和，一般以小时为单位。在葡萄上常用大于某温度的光照时间来计算，如大于 0 ℃的日照时数为 1837.2 小时，大于 10 ℃的日照时数为 13330.9 小时。一年中日照时数以 6—8 月份最多，其次是 2 月份和 9 月份，9 月份的阴雨较多。葡萄是喜光植物，对光的要求较高，光照时数长短对葡萄生长发育、产量和品质有很大影响。光照不足时，新梢生长细弱，叶片薄，叶色淡，果穗小，落花落果多，产量低，品质差，冬芽分化不良。葡萄树非常喜欢阳光，充足的阳光对葡萄树生长是非常有益，尤其是在葡萄成熟期，每年葡萄树大概需要 1500～1600 小时的日照，从葡萄发芽到采摘期间至少需要 1300 小时，由于色素和单宁的原因，红葡萄比白葡萄需要更多一些的阳光和热量。

照射到地面作用于葡萄植株的可见光，又可分为"直射光"和"散射光"。直接照射在葡萄植株架面上部和前、后、左、右侧面上的光线，称之为直射光；而照射到地面上后，再由地面反射到树冠下部和侧面或由照射到树冠侧面再反射到另一株树的侧面和下部的光线，称之为散射光。直射光是树体吸收太阳光获得能源的主要部分。但散射光也易于被树体吸收利用，而且在棚架内，树体吸收散射光的量要比吸收直射光的量大。因此，在生产中，只要葡萄栽植合理，就可以充分利用来自于多个方向的光能，这也是葡萄易于获得高产的原因。不同品种的葡萄，对不同光质的利用程度不同，在"美国四提"中，黑提（秋黑、黑大粒、瑞比尔）主要依靠直射光着色，即在成熟期内，凡是阳光照到的地方易于着色，因此，在套袋栽培中，应去掉纸袋，以充分接受阳光，促其上色；而红提和黄提等，利用散射光即可上色，因此，在栽培中去袋晚或不去袋，也可正常上色，并达到里外一致，这为生产绿色无公害果品提供了依据。

2.3 水分对设施葡萄生长发育的影响

葡萄是抗旱性较强的果树。温室内土壤水分全靠人工灌溉，外界降雨对温室内土壤水分影响不大，而设施内空气湿度高低主要取决于土壤水分蒸发和葡萄叶片的蒸腾。设施内的空气相对湿度一般比露地高得多。其原因，一是土壤灌水，地面蒸发的水汽受覆盖物的阻隔停滞在室内；二是葡萄植株枝叶繁茂，在温度较高的情况下蒸腾作用强烈。形成高温多湿的生育环境，易引起葡萄新梢徒长；如果室内带进真菌病原，则葡萄病害迅速蔓延。所以，设施葡萄栽培要经常放风换气，减少空气湿度。

水可以直接参与光合作用，同时还可以通过蒸腾作用来调节葡萄藤的温度。葡萄藤所需水分的多少，取决于温度的变化。在温暖的天气，葡萄藤会代谢加速，因此就需要更多的水分。如果葡萄的枝叶过于繁茂，轻微的水分胁迫（water stress）减少树荫，对葡萄的成熟非常有益。

（1）根系的生长和分布与水分的关系

水是植物体的重要组成部分，植物的一切生理活动都离不开水，而根系是植物吸收水分的重要部位，因此，水分对植物体根的生长和分布有着重要的影响。

土壤中的水分直接影响植株根系对养分的吸收。土壤中有机养分的分解矿化离不开水分，施入土壤中的化学肥料只有在水中才能溶解，养分离子向根系表面迁移，以及植株根系对养分的吸收都必须通过水分介质来实现。土壤中地下水位的高低直接影响植株根系分布的深度和范围。另外,土壤中的水分可以影响土壤的理化性质和通气性,从而对植株根系的生长和分布产生影响。

(2)萌芽与水分的关系

葡萄休眠期应在落叶后及时疏通清理沟道,沟深保持梯级,总排水沟＞支沟＞垄沟,确保随下雨随排清积水;萌芽期前后结合施萌芽肥,干旱时应在萌芽期前后各10天灌一次透水,如不采用滴灌,应晚上进水,次日凌晨彻底放水;开花期前后遇干旱天气可各进一次水,如连续阴雨天气应清理沟道,立即排清沟中垄上的积水,防止严重落花落果,萌芽期前后是花芽分化第二阶段花芽发育阶段,需要一定的水分,如干旱、土壤水分过少,将影响花芽的进一步发育和降低发芽率。

设施内高湿有利于保温也有利于萌芽。萌芽期湿度过大,会促进枝条顶芽先萌发,而其他芽眼萎缩干枯。有的葡萄品种如凤凰51等还会出现雾滴浸泡芽眼,致使芽体变褐腐烂。生产中,设施内空气湿度在葡萄萌芽期一般应控制在85%左右。

(3)新梢生长与水分的关系

水分是植株体重要的组成部分,它直接参与营养物质的合成、分解、运输和各种生理活动。土壤水分充足,植株萌芽整齐,新梢生长迅速;土壤干旱缺水,枝叶生长量减少;水分过多,则会造成植株徒长,影响枝芽成熟。

缺水的葡萄植株会暂时停止蒸腾作用,以维持植株的生存。如果长期缺水或者干旱,葡萄藤就会产生水分胁迫,其光合作用会停止,叶子会枯萎,葡萄也不能成熟。最终,葡萄藤的生命力会越来越弱,直至植株死亡。如果生长期葡萄藤获得的水分过多,就会促进枝叶过分生长,将原本用于果实成熟的葡萄糖消耗掉。过多的枝叶还会遮挡阳光,再次影响葡萄果粒的成熟。生长末期,过高的降雨量会使葡萄园过于潮湿,增加葡萄果实腐烂的可能性。此外,还会造成果实膨大,风味物质被稀释,以及滋生更多的霉菌及真菌。对种植者来说,夏季的冰雹也是一大危害。因为它不仅会破坏葡萄的果实,还有可能会毁坏葡萄植株;最严重时甚至会毁掉整片葡萄园。有些地区很容易出现冰雹天气,如阿根廷的门多萨(mendoza)。所以,一些葡萄园主会设置专门的防护网来保护葡萄,有些地方甚至会利用飞机或火箭,将化学物喷洒在可能造成暴风雨的云层上,以便降到葡萄园的是雨水,而不是冰雹。

(4)成花与水分的关系

葡萄开花前后花序、花穗需要一定的水分和光照,微风能使花粉正常授粉受精。如长期阴雨天气,水分过多,葡萄园内枝叶过度郁蔽易造成严重的落花落果。葡萄授粉受精时需要一定的水分,干旱缺水同样会严重的落花落果。葡萄的成花过程对土壤水分敏感。土壤适当干旱可使营养生长减缓,有利于光合产物积累,使C/N增加而促进成花,但过度的干旱会抑制成花。干旱导致碳水化合物供应不足,从而影响成花,也可能通过影响激素代谢与运输,如降低木质液中CTK和提高叶片、木质液中的ABA含量来发挥作用。开花期的空气相对湿度因品种不同而不同,一般控制在$60\%\sim70\%$。

(5)果期生长发育与水分的关系

在露天栽培中葡萄着色期和成熟期如遇降雨,造成土壤水分变化激烈,会影响着色,降低品质;并易出现裂果,间接增加酸腐病、炭疽病等发生概率。在设施葡萄果实发育期间过多的降雨易使设施内形成低温寡照天气,从而光合强度减弱对葡萄果实糖分累计和色泽产生影响。

果实第一膨大期(坐果稳定至硬核期前)一般江南地区的雨水状况能满足葡萄生长发育的要求,如遇长期阴雨天气,应立即排清葡萄园内的积水,如遇长期干旱隔 10～15 天进一次水;果实第二膨大期(葡萄硬核期至上色初期)正值高温季节,葡萄枝、叶、果生长量大,对水分要求高,需水量多。江南地区套袋后即进入梅雨季,这个时期应确实做好排水工作,做到随下雨随排积水。梅雨过后至成熟初期正值高温阶段,雨量较少,一般 4 天左右灌一次水,晚上进水早晨彻底放水,采用滴灌一般隔 1～2 天,在早晨喷水一次,每次喷水时间不超过 2～3 小时,避免干湿不匀或土壤过湿造成严重的裂果、烂果。梅雨季结束后或有连续的阴雨天气,应排清积水减轻成熟期前后的裂果、烂果和成熟葡萄落果;成熟中后期即采收前 15 天内,一般不宜进水,保持葡萄园适干状态,确保成熟葡萄内适当的含水量和较高的可溶性固形物含量,提高鲜食葡萄的风味;采摘后至落叶阶段是葡萄枝条成熟的关键时期,一般不宜进水,通过综合技术管理,确保叶片正常生长,枝条充实和蓄积足够的养分,能在 11 月下旬至 12 月初正常落叶。

根据王文丽等(2018)的研究表明不同时期的水分胁迫对葡萄产量和单粒重量均产生了一定的影响,萌芽期水分胁迫不会导致葡萄减产,而在果实膨大期、着色成熟期进行水分胁迫则会严重减产(如表 2-2、图 2-7 与图 2-8)。

表 2-2　不同水分处理各阶段土壤含水率下限(%)(王文丽 等,2018)

处理编号	处理名称	萌芽期	新梢生长期	开花期	果实膨大期	着色成熟期
GS	萌芽期水分胁迫	55	75	75	75	75
PS	新梢生长期水分胁迫	75	55	75	75	75
FS	开花期水分胁迫	75	75	55	75	75
ES	果实膨大期水分胁迫	75	75	75	55	75
CS	着色成熟期水分胁迫	75	75	75	75	55
CK	全生育期充分供水	75	75	75	75	75

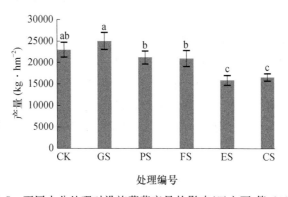

图 2-7　不同水分处理对设施葡萄产量的影响(王文丽 等,2018)

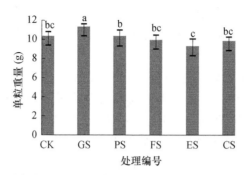

图 2-8　不同水分处理对设施葡萄单粒重量的影响(王文丽 等,2018)

(6)葡萄生长期水分管理

① 枝蔓管理。萌芽后应及时抹芽、疏梢、摘心、疏穗定穗,在葡萄生长期枝蔓封园、封穗期保持地面有 30％的透光度,降低田间湿度减轻病虫害的发生,提高花芽分化的数量和质量,提高枝条成熟程度,提高鲜食葡萄的风味质量。

② 设施栽培中的水分管理。促成避雨栽培,避雨栽培使葡萄提前或延迟成熟采摘,拉长了葡萄的销售时间,减少了农药的使用次数和成本,降低了病虫害对葡萄的危害程度,提高了鲜食葡萄的安全性。促成避雨栽培,除选择好薄膜覆盖材料、覆膜时间外,应根据覆膜封闭至萌芽前、萌芽至花蕾显现、显蕾至开花前、开花期、幼果期,成熟期不同时期分阶段掌握棚内的温湿度。应采用膜下滴灌覆膜,封棚后首次滴灌;萌芽展叶后视天气情况隔 1～2 周滴灌 2～4 小时;开花前灌一次水;坐果后灌一次大水;果实生长期间隔 10～15 天灌小水或中水;果实开始软化,灌一次大水;采收前两周停止灌水。避雨栽培也要控制好棚内的温度和湿度,适时滴灌。避雨栽培连栋、连体大棚连接处下端沟内及沟边应铺设薄膜,防止雨水进入垄中土壤,造成成熟前后的裂果烂果。

③ 滴灌技术。滴灌技术节水效果明显,比起普通灌水节水 70％以上。滴灌可分为膜下滴灌(设施栽培)、露地滴灌和表土下 20 cm 处滴灌(适用于沙质土壤、干旱缺水严重的地区)。按滴灌软管和其他设备的性能,可将有机液态肥、可溶性化肥追肥利用滴灌喷水带入,减少劳动时间和减轻劳动强度。滴灌也可分为普通滴灌和智能滴灌,目前葡萄管理上一般是普通滴灌,智能滴灌利用传感器及时探测土壤、葡萄植株中的水分、养分状况,根据全年葡萄的不同时期结合供肥适量进水。

④ 新栽葡萄当年的水分管理。新栽葡萄的栽培管理,应做到葡萄当年栽培当年有 80％以上的主枝上棚,确保当年栽植有足够的结果母枝,来年能亩产 1500 斤①左右的鲜食葡萄。水肥管理可用滴灌技术,新栽时浇足透水,隔 3～4 天浇一次水,以后每隔 7 天浇一次水。葡萄有卷须出现时可适当施稀释有机肥加入适量尿素,由稀至浓,7 月份施有机粪肥,8 月中旬应停止施肥,9 月中旬停止进水,通过综合技术管理促使大部分成熟的主枝上棚。

---

① 　1 斤＝0.5 kg,下同。

第3章　设施小气候预报

葡萄是我国重要的落叶果树种类之一,具有适应性强、结果早、效益高的特点。葡萄产业自 20 世纪 80 年代开始,在我国发展十分迅速,目前全国都有葡萄种植(田淑芬,2009)。近年来,江苏省葡萄种植面积和产量持续保持稳步增长态势。统计结果显示,2014 年底,江苏省葡萄总产量为 62.39 万吨,位列全国葡萄产量第 7 位(吕永来,2015)。江苏省地处长江下游,夏季降雨量较大,高温高湿的气候条件不但有利于病害的发生(杜飞 等,2012),同时灾害性天气(如:台风、冰雹、晚霜等)也时有发生,从而导致当年葡萄减产甚至绝收。近年来,设施大棚葡萄因避雨栽培、提早成熟等优势,取得了较好的经济效益,得以快速发展。设施葡萄生长发育与大棚内小气候关系密切。因此,如何根据室外气象数据预测大棚内气象要素,为设施栽培环境管理和葡萄生长发育预测等气象服务提供依据,是目前亟待解决的技术问题。通过试验观测,收集设施葡萄生长期设施小气候数据,掌握设施葡萄适宜生长的气象条件,建立适宜于葡萄设施栽培的小气候预报模型,可以为设施葡萄气象保障服务提供决策支持。

3.1　设施小气候特征

3.1.1　日平均气温及空气相对湿度变化

本试验选取两个观测大棚进行设施葡萄大棚小气候特征分析,对试验期间两个葡萄试验大棚的内外日均气温对比结果如图 3-1(南京)、3-2(镇江),整个观测期内(1—8 月)两个大棚内日平均气温差异较小,但均高于大棚外,冬季(1—2 月)大棚内外日平均气温相差较大,春季(3—5 月)大棚内外日平均气温差减小,夏季(7—8 月)大棚内外日平均气温相差较小。整个观测期内(1—8 月),南京盘城葡萄园大棚内的日平均气温较棚外平均高 3.5 ℃,其中冬季(1—2 月)大棚的日平均气温平均较室外高 5.6 ℃,春季(3—5 月)平均偏高 3.4 ℃,夏季(7—8 月)平均偏高 2.4 ℃。镇江句容葡萄园大棚内的日平均气温较棚外平均高 3.4 ℃,其中冬季(1—2 月)大棚的日平均气温平均较室外高 4.9 ℃,春季(3—5 月)平均偏高 3.3 ℃,夏季(7—8 月)平均偏高 2.1 ℃,大棚内气温始终高于大棚外气温。这主要是由于冬季外界的气温较低,大棚一般不打开,白天有太阳辐射,棚内气温迅速上升,夜晚由于薄膜的保温作用,使棚内气温始终高于棚外。进入春季后,晴天时常会导致棚内气温超过 35 ℃,甚至达到 40 ℃,此时就需要开棚通风降温。随着外界气温的升高,开棚的次数增加,到了夏季,大棚内外气温的差异缩小。

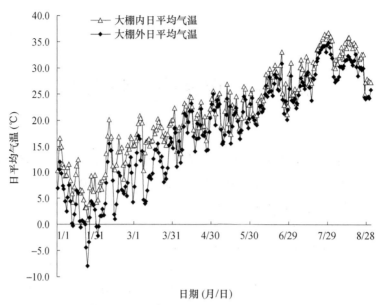

图 3-1　南京大棚内外日平均气温比较

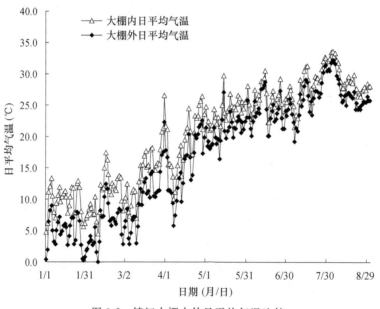

图 3-2　镇江大棚内外日平均气温比较

　　试验期间两个葡萄试验大棚的内外日均相对湿度对比结果如图 3-3（南京）、3-4（镇江），由图可以看出，两个大棚的日平均相对湿度变化趋势较为一致，大棚内外日平均湿度差异显著，南京葡萄大棚内 1—8 月平均日平均相对湿度达 79.3％，大棚外日平均相对湿度为 69％，平均相差 10.1％；镇江葡萄大棚内 1—8 月平均日平均相对湿度达 82％，大棚外日平均相对湿度为 68％，平均相差 14％。

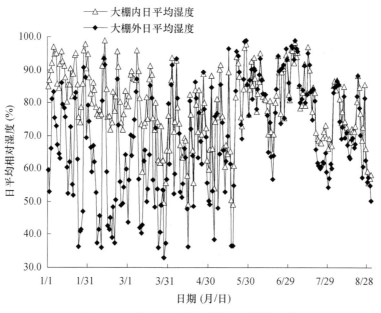

图 3-3　南京大棚内外日平均相对湿度比较

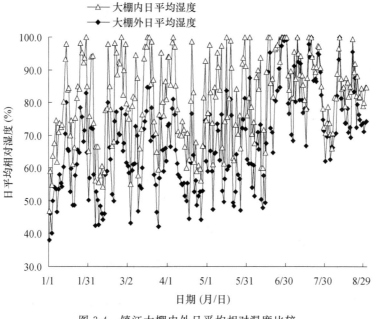

图 3-4　镇江大棚内外日平均相对湿度比较

3.1.2　逐时气温及空气相对湿度变化

　　晴天天气条件下,南京和镇江葡萄园大棚内外的逐时气温日变化如图 3-5a、3-5b 所示。由图可知,晴天白天室内气温明显高于室外,晴天在 08∶00 以后,室内气温迅速升高,中午 13∶00 达到最高值,最低温度出现在早上 06∶00,室内外的气温最高值和室内外大棚最低值出现时刻相同。10:00—11:00气温上升较快,为防止气温上升过高,12时农户会开棚通风,气温转为缓慢上升或下降,晴天时气温会先下降再上升,呈现出"双峰型"。阴天天气条件下,南京和镇江葡萄园大棚内外的逐时气温日变化如图3-6a、3-6b所示。可知,阴天室内气温升幅较小,最高温度出现13:00到15:00之间。温室内气温的变化主要受太阳辐射影响,不同天气状况下太阳辐射有不同的变化,导致室内的气温变化也有所不同。气温日变化趋势与太阳辐射变化相同,由于外界光照强度和气温都较低,致使温室内气温略有下降。从气温的日变化范围来看,晴天气温的日变化幅度大于阴天。

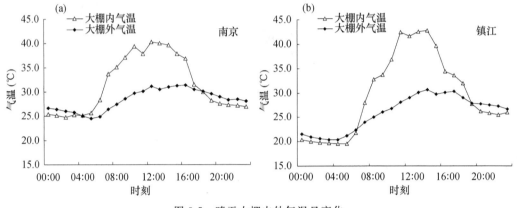

图3-5　晴天大棚内外气温日变化

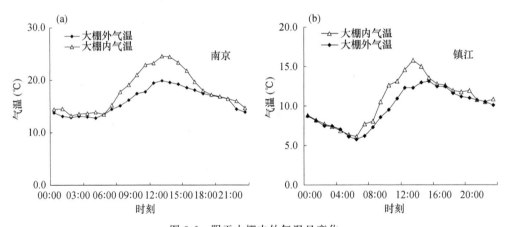

图3-6　阴天大棚内外气温日变化

晴天天气下,南京和镇江葡萄园大棚内外的逐时相对湿度日变化如图3-7a、3-7b所示。晴天日出后,随着气温升高,相对湿度逐渐下降,在13—16时之间达到较低值,之后相对湿度逐渐增加,晴天天气条件下,相对湿度日较差大。

阴天天气下,南京和镇江葡萄园大棚内外的逐时相对湿度日变化如图3-8a、3-8b所示,由图可知相对湿度的变化主要集中在白天08:00—18:00的时段内,夜间相对湿度基本无变化。阴天,全天室内空气相对湿度明显高于室外,主要因为阴天大棚相对密闭,通风少。阴天时,大棚相对湿度变化幅度较小,大棚内外相对湿度变化日较差较小。

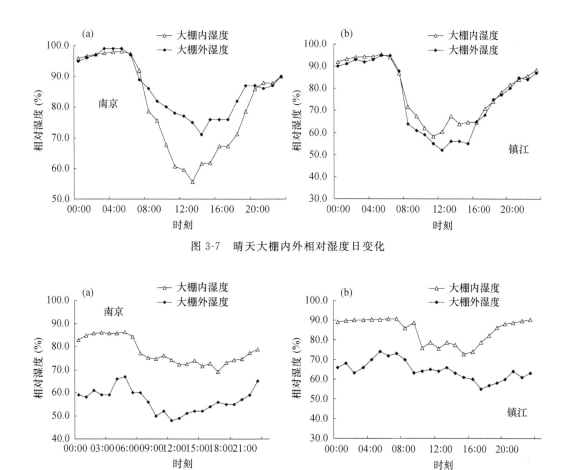

图 3-7　晴天大棚内外相对湿度日变化

图 3-8　阴天大棚内外相对湿度日变化

3.2　葡萄大棚小气候模拟模型

3.2.1　逐步回归模型的建立

一般研究中采用常用的逐步回归模型对大棚气温进行预测,模型为:

$$Y=b_0+b_1X_i+b_2X_j+\cdots+b_nX_n+\varepsilon \tag{3-1}$$

式中,b_0 是常数,X_i 为逐步回归中选入模型的变量,$b_1 \sim b_n$ 为变量的相关系数,ε 代表试验中随机因素对 Y 的影响。大棚外气象因子对大棚内气温有着直接或者间接的影响。在白天,太阳辐射以短波透过覆盖薄膜照进大棚,入射的太阳辐射在接触到各种表面时转换为热能,这些热能又通过对流、长波辐射等方式散布到大棚空气中。夜间,存储在土壤中的热量以长波辐射形式向四周散发,补偿大棚所散失的热量,以保证大棚内气温高于棚外气温(符国槐 等,2011)。在建立模型的样本中选取大棚外前一日的平均气温、前两日的平均气温、相对湿度、地表温度、5 cm、10 cm、20 cm、40 cm 地温的平均值、最高值、最低值等气象要素作为自变量,大棚内气温、湿度为因变量,应用数理统计方法建立大棚内气温、相对湿度的数学预测模型,见表 3-1、表 3-2。

表 3-1　不同季节大棚内日平均气温预测方程

棚内要素	季节	预测方程	变量名称
日平均气温	冬季	$Y=3.73881+0.45867X_1-0.45134X_2+0.84974X_3$	X_1:大棚外日最高气温 X_2:前一日大棚外日平均气温 X_3:地表日平均温度
	春季	$Y=8.56947+0.22365X_1-0.17407X_2+0.53649X_3$	X_1:大棚外日最高气温 X_2:前一日 5 cm 平均地温 X_3:5 cm 平均地温
	夏季	$Y=0.42489+0.76966X_1+0.35591X_2-0.08271X_3$	X_1:大棚外日平均气温 X_2:5 cm 平均地温 X_3:前一日 5 cm 平均地温

表 3-2　不同季节大棚内日平均相对湿度预测方程

棚内要素	季节	预测方程	变量名称
日平均相对湿度	冬季	$Y=57.11931+0.16236X_1+0.10186X_2+0.17925X_3$	X_1:大棚外日平均相对湿度 X_2:大棚外日最高相对湿度 X_3:大棚外日最低相对湿度
	春季	$Y=53.29745-0.87897X_1+0.53667X_2+0.047772X_3$	X_1:大棚外日最高气温 X_2:大棚外日平均相对湿度 X_3:前一日日平均相对湿度
	夏季	$Y=33.51172+0.1291X_1+0.94921X_2-0.34805X_3$	X_1:大棚外日最低气温 X_2:大棚外日平均相对湿度 X_3:大棚外日最高相对湿度

3.2.2　BP 神经网络模型的建立

利用南京市盘城葡萄园室外气象站观测的室外气温、湿度、风速、降水量数据与大棚内气温进行相关分析($n=245$),得到不同因子与大棚内日平均气温及日平均相对湿度的相关系数见表 3-3。

表 3-3　室外不同因子与室内气温、相对湿度相关系数表

	室外日平均气温	室外日最高气温	室外日最低气温	室外日平均相对湿度	室外日最高相对湿度	室外日最低相对湿度	风速	日降水量
室内日平均气温	0.98**	0.98**	0.96**	0.17**	0.14*	0.12	0.26**	−0.01
室内日平均相对湿度	−0.30**	−0.38**	−0.19**	0.72**	0.54**	0.73**	0.20**	0.34**

注:*、** 分别表示通过 0.05、0.01 信度检验。

由表 3-3 可知,大棚内的日平均气温、日平均相对湿度与大棚外的日平均气温、日最高气温、日平均相对湿度以及风速关系密切,因此,将它们作为 BP 神经网络模型的输入,并根据选用单隐层的 BP 网络进行冬季、春季和夏季的大棚内日平均气温、日平均相对湿度的模拟。其中输入层神经元个数为 4 个,隐含层神经元为 9 个,输出神经元为 2 个。第一层输入大棚外的日平均气温、日最高气温、日平均相对湿度以及风速样本,第二层为隐含层,第三层输出大棚内日平均气温、日平均相对湿度数据,隐含层传递函数采用 S 型正切函数 tansig,输出层传递函

数采用 S 型对数函数 logsig。

在模型选定相关的参数值为：初始学习速率 $\eta=0.1$，惯量因子 $\alpha=0.9$，最大迭代次数＝10000 次，目标误差＝0.0001。模型的训练样本和检验样本数据见表 3-4，神经网络模型采用 Matlab7.8 软件通过编程实现。

表 3-4　模型的训练输入数据和模拟数据

季节	模型训练样本	样本数	模拟数据	样本数
冬季	2016 年 1 月 1 日—1 月 20 日	240	2016 年 1 月 21 日—2 月 10 日	120
春季	2016 年 4 月 1 日—4 月 20 日	240	2016 年 4 月 21 日—5 月 11 日	120
夏季	2016 年 7 月 1 日—7 月 20 日	240	2016 年 7 月 21 日—8 月 10 日	120

3.2.3　逐步回归方法模拟结果

采用逐步回归法模拟冬季、春季、夏季日平均气温结果如图 3-9。模拟冬季、春季、夏季日平均气温基于 1∶1 线的决定系数 R^2 分别为 0.957、0.934、0.967，标准误差 RMSE 分别为 0.59 ℃、0.58 ℃、0.432 ℃。

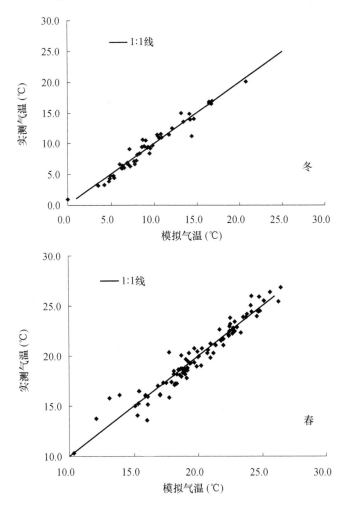

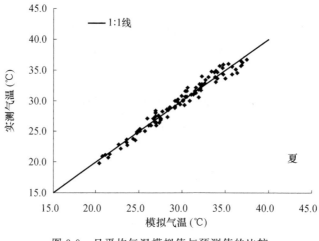

图 3-9 日平均气温模拟值与预测值的比较

采用逐步回归法模拟冬季、春季、夏季日平均相对湿度结果如图 3-10。模拟冬季、春季、夏季日平均相对湿度基于 $1:1$ 线的决定系数 R^2 分别为 0.84、0.814、0.958,标准误差 RMSE 分别为 2.07、3.12、1.30 ℃。

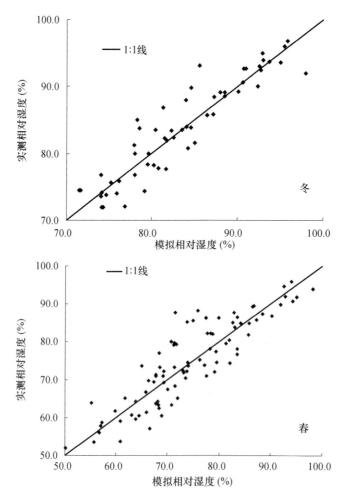

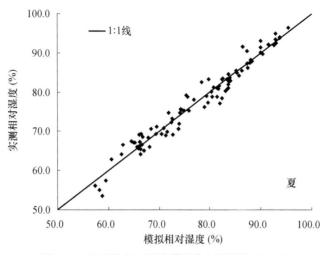

图 3-10　日平均相对湿度模拟值与预测值的比较

3.2.4　BP 神经网络模型模拟结果

根据大棚内外的实际气温差异情况,将观测期分为冬、春、夏三季,选取不同季节下的环境要素作为神经网络的训练样本和检验样本。将训练样本输入神经网络模型,在完成网络训练和网络检验后,得到一组网络权值和阈值,在这组网络权值和阈值基础上,将预测样本输入神经网络模型,对设施葡萄大棚日平均气温和日平均相对湿度进行预测。模拟得出了大棚内的日平均气温和日平均相对湿度,模拟结果如图 3-11 所示。模拟大棚内的日平均气温和日平均相对湿度的标准误差 RMSE(表 3-5)冬季分别为 0.858 ℃、1.9%,基于 1∶1 线的决定系数分别为 0.909、0.818;模拟大棚内的日平均气温和日平均相对湿度的标准误差 RMSE 春季分别为 0.669 ℃、3.015%,基于 1∶1 线的决定系数分别为 0.903、0.817;模拟大棚内的日平均气温和日平均相对湿度的标准误差 RMSE 夏季分别为 0.524 ℃、1.4%,基于 1∶1 线的决定系数分别为 0.963、0.952。

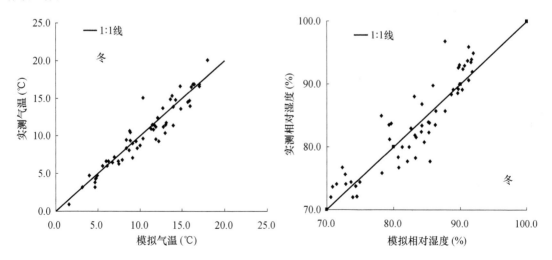

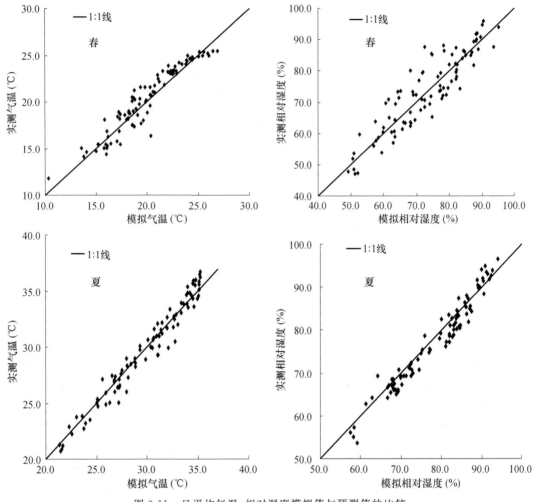

图 3-11　日平均气温、相对湿度模拟值与预测值的比较

3.2.5　逐步回归与 BP 神经网络模拟结果比较

对利用逐步回归以及神经网络模拟的冬季、春季和夏季葡萄大棚日平均气温、日平均相对湿度的模拟结果进行比较发现,两种方法在日平均气温的模拟时均表现出良好的效果,标准误差均小于 1,但逐步回归模拟效果优于神经网络(表 3-5)。两种方法在日平均相对湿度的模拟效果上略差于对日平均气温的模拟效果,但拟合系数也达到了较高的值。因此,两种方法结果精度均能在生产中应用。

表 3-5　神经网络与逐步回归方法模拟室内气温、相对湿度结果的比较

项目	冬季				春季				夏季			
	逐步回归		神经网络		逐步回归		神经网络		逐步回归		神经网络	
	RMSE	R^2	RMSE	R^2	RMSE	R^2	RMSE	R^2	RMSE	R^2	RMSE	R^2
日平均气温	0.59	0.957	0.858	0.909	0.58	0.934	0.669	0.903	0.432	0.967	0.524	0.963
日平均相对湿度	2.07	0.84	1.9	0.818	3.12	0.814	3.015	0.817	1.3	0.958	1.365	0.952

3.3 设施内逐时气温模拟

3.3.1 资料来源

选取江苏省句容、泰州等四个地区的 2 栋塑料大棚和 2 栋玻璃温室(相关信息见表 3-6),于 2014—2016 年在各温室内距地面 1.5 m 处架设 CR-3000 数据采集器(美国),观测要素为气温、相对湿度、日照时数、太阳总辐射,数据采集频率为每 10 s 一次,存储每小时的平均值。以 3 月 1 日至 5 月 31 日为春季、6 月 1 日至 8 月 31 日为夏季,9 月 1 日至 11 月 30 日为秋季,12 月 1 日至翌年 2 月 28 日为冬季,在每个季节根据日照百分率以及室外降水情况选取一个典型晴天和典型阴雨天进行模拟,其中典型晴天日照百分率超过 90% 且无降水,阴雨天气日照百分率低于 10% 或有降水。

表 3-6 研究地点概况

温室类型	地区	经纬度	温室高度(m)	温室跨度(m)	作物	观测时间(yyyy-mm-dd)
塑料大棚	句容	119.85°E,31.89°N	3.5	11.0	葡萄	2014-12-01—2016-12-31
	盘城	118.67°E,32.21°N	3.5	11.0	葡萄	2014-12-01—2016-12-31
玻璃温室	泰州	120.26°E,32.02°N	4.5	25.0	葡萄、甜椒	2014-12-01—2016-12-31
	浦口	118.71°E,32.21°N	4.5	25.0	葡萄、番茄	2014-12-01—2016-12-31

3.3.2 模拟方法及相关参数的计算

(1)余弦分段函数(WAVE)

该方法认为气温的日变化是关于最高、最低气温和时间的余弦函数,且认为当日最低气温出现在日出前后,最高气温出现在午后,只需输入当日最高、最低气温,即可模拟其逐时变化过程。

(2)正弦分段函数(WCALC)

该方法需要连续 3 d 的最高、最低气温作为输入值,可以模拟出中间一天的逐时气温,它将一天分为 3 段,认为午夜至日出后 2 h 气温逐渐呈线性降低,日出后 2 h 至日落时刻气温的变化可以用一个正弦函数表示,日落后至午夜气温呈线性降低。日出时间和日落时间由测点经纬度计算得到,为便于计算逐时气温,本研究认为江苏地区春夏季节日出时间为 06:00,日落时间为 19:00;秋冬季节日出时间为 07:00,日落时间为 18:00。

(3)正弦-指数分段函数(TEMP)

此方法认为日出时至日落时,气温按正弦曲线变化,日落后气温按指数曲线减小。日落时间和日出时间的确定方法与正弦分段函数法相同。

(4)一次分段函数(SAWTOOTH)

该方法认为气温的日变化是直线递增(递减)的,呈锯齿状波动,用 3 个一次函数即可模拟。对观测样本进行统计后,认为春秋季节最低温出现在 06:00,最高温出现在 15:00,夏季最低温出现的时间提前 1 h,冬季则延后 1 h,最高温出现时间不变。

(5)神经网络法(BP)

将观测期间第一年的室内气温数据作为建模数据,每个季节随机选取 77 d 逐时气温数据作为训练样本,经过归一化处理后,隐含层中设置最高、最低气温和时刻 3 个节点,隐含层和输出层传递函数采用 S 型对数函数 Logsig,之后用剩余 15 d 的逐时气温数据作为检验样本,以提高模型精度。神经网络的相关参数分别设置为:初始学习速率 η 为 0.1,惯量因子 α 为 0.9,最大迭代次数为 1000 次,目标误差为 0.00004。神经网络模型采用 Matlab2016a 软件通过编程实现。在模型使用过程中,只需要输入当天的最高、最低气温就可以模拟出任意一个时刻的室内气温。

(6)模拟结果检验参数

相关系数(皮尔逊相关系数 R)是衡量两组数据之间线性相关程度的量,R 越趋近于 1,则表示模拟结果与实测值相关性越好,结果越精确。均方根误差(root mean square error,RMSE)可以反映误差的离散程度,RMSE 越小表示模拟效果越好。平均偏差(mean bias error,MBE)主要考虑了误差的正负,可以反映模型高估或者低估了实际情况,MBE 越接近 0,模拟效果越好。相应计算式为

$$R = \frac{\sum_{i=1}^{24}(T_i - \overline{T})(T_i' - \overline{T'})}{\sqrt{\sum_{i=1}^{24}(T_i - \overline{T})^2 \sum_{i=1}^{24}(T_i' - \overline{T'})^2}} \tag{3-2}$$

$$RMSE = \sqrt{\sum_{i=1}^{24}(T_i' - T_i)^2/24} \tag{3-3}$$

$$MBE = \sum_{i=1}^{24}(T_i - T_i')/24 \tag{3-4}$$

式中,下标 i 表示一天中的第 i 个时刻($1 \leqslant i \leqslant 24$),$T_i$ 表示第 i 时刻温室内气温的实际观测值,$\overline{T}$ 表示一天中温室内实际气温的平均值,T_i' 表示第 i 时刻温室内气温的模拟值,$\overline{T'}$ 表示一天中温室气温模拟结果的平均值。

3.3.3 塑料大棚室内逐时气温变化过程模拟结果比较

(1)各季节模拟结果比较

在句容和盐城地区,基于 2016 年逐日观测数据,分别利用 5 种模型模拟塑料大棚温室内逐时气温的变化过程,每日同一时刻室内气温平均后得到各季节逐时气温的变化过程,与相应实测数据的平均值进行对比,结果见图 3-12。由图中可见,5 种模型模拟的逐时气温变化过程与实测数据分布特点基本一致,均表现为 00:00—09:00 逐渐降低、09:00—15:00 快速升高、15:00—24:00 逐渐降低的过程,只是各模型曲线与实测曲线的拟合程度略有不同。表 3-7 为 5 种模型对塑料大棚内四季逐时平均气温模拟精度。为了便于比较模型总体误差,计算句容地区,5 种模型全年的平均模拟误差(忽略季节影响,取四季平均值,后同)分别为 0.86、0.78、0.31 ℃、0.92 和 0.76 ℃(分别对应余弦分段函数 WAVE、正弦分段函数 WCALC、正弦-指数分段函数 TEMP、一次分段函数 SAWTOOH 和神经网络模型 BP,下同),其中 TEMP 模拟效果最好,在夏季有最小的误差,并且平均偏差(MBE)为负值,表明预测结果略高于实际气温;

BP 的模拟效果在整体上仅次于 TEMP 模型,但其在不同的季节模拟效果差异较大,在夏季模拟效果最差,秋季模拟效果较好,预测结果也稍高于实际气温;WCALC 的模拟精度较高,并且其随季节变化并不明显,其 MBE 较低,且通常为正值,即模拟结果稍低于实际气温;WAVE 的模拟效果一般,在春夏季稍好一些,MBE 也为负值,且在夏季绝对值最小;SAWTOOH 的模拟效果较差,特别是在春季和冬季。对于盘城地区,5 种模型全年的平均误差分别为 0.24、0.41、0.34、0.22 和 0.40 ℃,与句容地区相比,盘城塑料大棚的模拟结果更好一些,并且不同种模型的精度提高程度也不同,但各模型模拟结果的 MBE 的特点没有改变。SAWTOOH 对盘城地区的模拟效果最好,与句容地区相比误差减小了 76.1%,并且在 4 个季节都有良好的模拟精度,特别是在夏季;WAVE 的模拟精度也有较大的提高,误差减少了 72.1%,在春夏季节的模拟情况好于秋冬季节;TEMP 模型的模拟情况与句容地区相似,误差较小并且在夏季误差最小;BP 模型的误差也减少了 47.3%,同样在秋季的模拟效果最好;WCALC 函数的模拟误差与 BP 模型相近,与句容地区相比,误差减少了 47.4%,并且在冬春季节的误差较大。

　　五种模型都可以根据日最高、最低气温模拟塑料大棚内气温的逐时日变化,余弦分段函数 WAVE、正弦分段函数 WCALC、正弦-指数分段函数 TEMP、一次分段函数 SAWTOOH 和神经网络模型 BP 的平均误差分别为 0.55、0.59、0.32、0.57、0.58 ℃(表 3-7)。对于不同的塑料大棚,TEMP 模型都有较良好的拟合效果,预测结果稍高于实际气温;SAWTOOH 和 WAVE 对不同塑料大棚的模拟效果差异较大,预测结果高于实际气温;WCALC 和 BP 对不同塑料大棚的模拟效果有一定的差异,并且 WCALC 的模拟结果略低于实际气温,BP 则高估实际气温。从季节变化而言,5 种模型的拟合效果在冬季都要稍差一些,TEMP 在夏季模拟效果最好,BP 在秋季模拟效果最好,WAVE 在春夏季节模拟效果较好,WCALC 和 SAWTOOH 则无的季节差异。

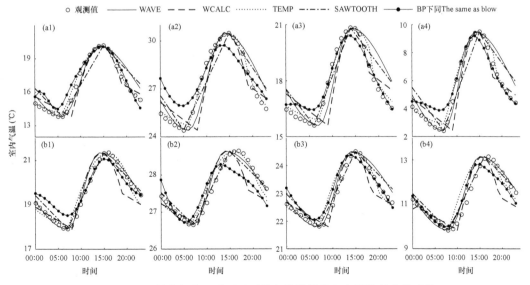

图 3-12　塑料大棚内四季逐时平均气温模拟值与实测值的变化过程
(1. 春季,2. 夏季,3. 秋季,4. 冬季。下同;a. 句容地区,b. 盘城地区。图 3-12～图 3-14 同)

表 3-7　五种模型对塑料大棚内四季逐时平均气温模拟精度的比较

地区	模型	春			夏			秋			冬		
		R	RMSE（℃）	MBE（℃）	R	RMSE（℃）	MBE（℃）	R	RMSE（℃）	MBE（℃）	R	RMSE（℃）	MBE（℃）
句容	WAVE	0.96	0.72	−0.30	0.92	0.85	−0.16	0.87	1.00	−0.35	0.95	0.87	−0.39
	WCALC	0.96	0.61	0.02	0.92	0.86	0.15	0.88	0.87	−0.02	0.95	0.78	0.06
	TEMP	0.99	0.33	−0.21	0.99	0.21	−0.11	0.99	0.33	−0.16	0.99	0.35	−0.20
	SAWTOOH	0.92	0.96	−0.30	0.93	0.84	−0.16	0.93	0.80	−0.35	0.91	1.07	−0.39
	BP	0.97	0.77	−0.46	0.96	1.07	−0.38	0.99	0.47	−0.13	0.98	0.76	−0.29
盘城	WAVE	0.99	0.21	−0.09	0.97	0.16	−0.02	0.98	0.26	−0.18	0.97	0.33	−0.14
	WCALC	0.92	0.46	0.06	0.87	0.35	0.06	0.95	0.29	0.04	0.88	0.53	0.12
	TEMP	0.97	0.32	−0.09	0.95	0.21	0.05	0.95	0.32	−0.12	0.90	0.51	−0.19
	SAWTOOH	0.99	0.21	−0.09	0.99	0.14	−0.02	0.98	0.26	−0.18	0.99	0.25	−0.14
	BP	0.98	0.41	−0.14	0.82	0.40	0.06	0.95	0.34	−0.17	0.93	0.43	0.00

（2）各季节典型日模拟结果比较

在句容和盘城地区，每个季节选取一个典型晴天和一个典型阴雨天，分别利用5种模型计算每日塑料大棚温室内逐时气温的变化过程，与相应实测数据进行对比，结果见图3-13、图3-14。由图中可见，典型晴天和阴雨天的气温变化趋势相似，只是由于晴天和阴雨天云量的不同，阴雨天云量多，大气保温效果好，故晴天和阴雨天气温变化幅度也不一样，阴雨天的气温通常低于晴天，但全天气温较稳定，波动不明显。晴天条件下，WAVE、WCALC、TEMP、SAWTOOH 和 BP 模型的平均模拟误差分别为：1.56、1.55、0.99、1.48 和 0.95 ℃（句容地区），0.42、0.67、0.45、0.64 和 0.62 ℃（盘城地区），从均方根误差来看，典型晴天下不同塑料大棚的模拟情况与各季节的总体情况相似，从个体的角度再次证明了之前的结论。典型阴雨天条件下，WAVE、WCALC、TEMP、SAWTOOH 和 BP 模型的平均均方根误差分别为 0.80、0.79、0.66、0.86 和 0.89℃（句容地区），0.21、0.28、0.26、0.19 和 0.28 ℃（盘城地区）。可以看出，典型阴雨天下的模拟精度与典型晴天条件下相比有明显的提高，值得注意的是此时的相关系数（R）较低，在晴天条件下，5 种模型模拟结果与真实值之间平均相关系数 $\overline{R}=0.95$ 且 $R>0.88$，即模型可以较好地描述气温上升和下降时的变化趋势，而阴雨天条件下模拟结果与真实值之间 $\overline{R}=0.85$ 且 $R>0.53$，表明模型虽然可以较准确地模拟出逐时气温，但是对气温的变化情况描述得不够细致。对比不同模型在典型晴天和典型阴雨天下的模拟情况可知，正弦-指数分段函数（TEMP）在晴天和阴雨天气中都有较好的模拟结果（表3-8），在春夏季节和阴雨天条件下误差较小；神经网络模型（BP）的模拟效果在晴天时仅次于 TEMP，但在阴雨天时的模拟误差则无显著减小，受天气情况的影响较小；余弦分段函数（WAVE）、正弦分段函数（WCALC）和一次分段函数（SAWTOOH）在阴雨天的模拟效果明显好于晴天，说明其受天气和塑料大棚本身的影响较大。

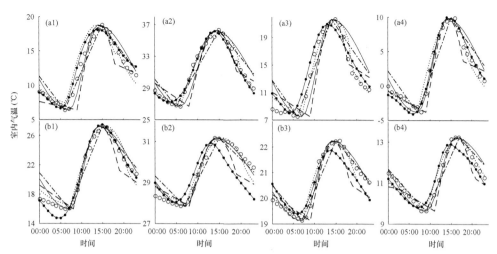

图 3-13　典型晴天下（句容：3/16、8/15、11/4、1/5；盐城：4/18、7/20、10/10、1/5）
塑料大棚内四季逐时气温模拟值与实测值的变化过程（图例同图 3-12）

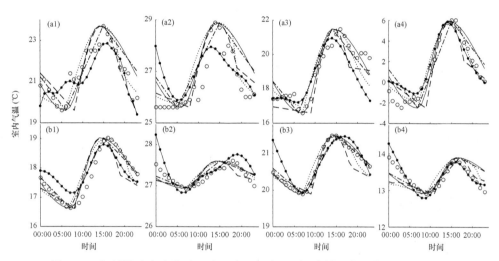

图 3-14　典型阴雨天下（句容：5/2、7/11、10/15、2/4；盐城：4/5、7/14、10/11、1/8）
塑料大棚内逐时气温模拟值与实测值的变化过程（图例同图 3-12）

表 3-8　典型天气条件下五种模型对塑料大棚内四季逐时气温模拟精度的比较

地区	模型	春			夏			秋			冬		
		R	RMSE（℃）	MBE（℃）	R	RMSE（℃）	MBE（℃）	R	RMSE（℃）	MBE（℃）	R	RMSE（℃）	MBE（℃）
晴天（句容：3/16、8/15、11/4、1/5；盐城：4/18、7/20、10/10、1/5）													
句容	WAVE	0.97	1.13	−0.33	0.94	1.21	−0.29	0.88	2.66	−1.06	0.98	1.22	−0.56
	WCALC	0.95	1.58	0.93	0.92	1.28	0.15	0.89	2.23	−0.01	0.97	1.12	0.47
	TEMP	0.95	1.38	−0.55	0.99	0.47	−0.24	0.98	1.00	−0.43	0.97	1.10	−0.21
	SAWTOOH	0.97	1.06	−0.32	0.94	1.13	−0.29	0.93	2.16	−1.06	0.95	1.56	−0.56
	BP	0.98	0.99	−0.49	0.99	0.56	0.10	0.98	1.43	−0.84	0.99	0.81	0.00

续表

地区	模型	春			夏			秋			冬		
		R	RMSE (℃)	MBE (℃)	R	RMSE (℃)	MBE (℃)	R	RMSE (℃)	MBE (℃)	R	RMSE (℃)	MBE (℃)
晴天(句容:3/16、8/15、11/4、1/5;盐城:4/18、7/20、10/10、1/5)													
盐城	WAVE	0.98	0.97	-0.56	0.98	0.26	-0.03	0.99	0.16	-0.03	0.98	0.28	-0.05
	WCALC	0.95	1.25	0.01	0.90	0.56	0.14	0.92	0.48	0.22	0.96	0.40	0.23
	TEMP	0.98	0.91	-0.46	0.97	0.30	-0.06	0.96	0.30	0.00	0.97	0.30	-0.10
	SAWTOOH	0.95	1.45	-0.56	0.96	0.42	-0.03	0.96	0.33	-0.04	0.96	0.34	-0.05
	BP	0.99	0.75	0.12	0.74	0.86	0.24	0.95	0.43	0.10	0.93	0.43	0.10
阴雨天(句容:5/2、7/11、10/15、2/4;盐城:4/5、7/14、10/11、1/8)													
句容	WAVE	0.88	0.73	-0.19	0.88	0.87	-0.67	0.95	0.56	-0.05	0.95	1.02	-0.37
	WCALC	0.87	0.67	0.05	0.92	0.61	-0.42	0.95	0.71	0.44	0.92	1.15	0.23
	TEMP	0.95	0.53	-0.09	0.90	0.73	-0.52	0.90	0.74	-0.01	0.98	0.64	-0.25
	SAWTOOH	0.86	0.65	-0.19	0.88	0.84	-0.67	0.91	0.64	-0.05	0.91	1.29	-0.37
	BP	0.85	0.68	0.27	0.65	0.90	-0.35	0.78	1.04	0.33	0.96	0.95	-0.28
盐城	WAVE	0.93	0.33	-0.10	0.71	0.17	-0.03	0.99		-0.02	0.62	0.30	-0.05
	WCALC	0.81	0.48	0.02	0.59	0.19	0.00	0.94	0.22	0.11	0.69	0.24	0.02
	TEMP	0.89	0.39	-0.12	0.70	0.17	-0.04	0.95	0.17		0.53	0.31	-0.03
	SAWTOOH	0.97	0.23	-0.10		0.14	-0.03		0.13	-0.02	0.65	0.26	-0.05
	BP	0.89	0.44	-0.15	0.86	0.25	-0.15	0.86	0.30	-0.11	0.94	0.14	-0.03

3.3.4 玻璃温室内逐时气温变化过程模拟结果比较

（1）各季节模拟结果比较

泰州和浦口地区玻璃温室各季模拟结果比较见图3-15。由图中可见，玻璃温室内的气温变化与塑料大棚内变化趋势一致，5种模型模拟的逐时气温变化过程与实测数据分布特点基本一致。表3-9为5种模型对玻璃温室内四季逐时平均气温模拟精度的比较。对于泰州地区，WAVE、WCALC、TEMP、SAWTOOH和BP模型全年平均模拟误差分别为1.24、1.06、0.37、1.29和0.81℃，其中正弦-指数分段函数（TEMP）和神经网络模型（BP）的模拟结果明显好于其他模型，并且都在春夏季节模拟较准确，但从平均偏差（MBE）来看，TEMP的模拟结果高于实测值，而BP的MBE则无明显的规律；其次，正弦分段函数（WCALC）的模拟效果仅次于TEMP和BP，其模拟精度随季节的变化差异不明显，预测结果低于实测值；余弦分段函数（WAVE）在春夏季节较精确，预测结果高于实际气温；一次分段函数（SAWTOOH）的模拟结果较差且高于实际气温。浦口地区全年的平均误差分别为1.05、0.88、0.72、1.15和0.78℃，对比可知，TEMP的均方根误差与泰州地区相比增加了95%，但其模拟效果依旧好于其他模型，但此时其在秋冬季节的模拟精度较高；BP模型的模拟结果地区间差异并不明显，但其也表现为在秋冬季节的模拟效果较好；WCALC模型的模拟误差相比泰州地区减少了

17%,并且在秋季误差较小;WAVE 和 SAWTOOH 的模拟误差相近,都稍高于实际气温并且在夏季误差最小。

综上可知,WAVE、WCALC、TEMP、SAWTOOH 和 BP 五种模型都可以根据日最高、最低气温模拟玻璃温室内气温的逐时日变化,平均误差分别为 1.14、0.97、0.55、1.22、0.79 ℃。对比可知,TEMP 模型和 BP 在模拟精度上有明显的优势,且其季节变化特征在不同的玻璃温室也表现不一;WCALC 的模拟效果较好,与其他模型不同的是其模拟结果通常稍低于实测值;WAVE 和 SAWTOOH 的模拟精度较低,且都在夏季模拟效果最好。

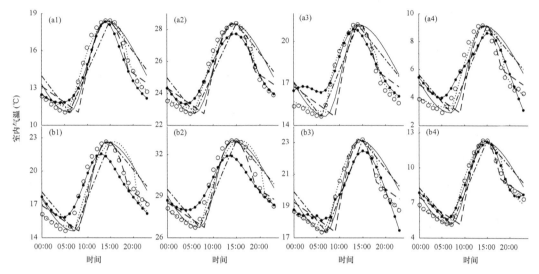

图 3-15 玻璃温室内四季逐时平均气温模拟值与实测值的变化过程

(a. 泰州地区,b. 浦口地区。图 3-15～图 3-17 同)

表 3-9 五种模型对玻璃温室内四季逐时平均气温模拟精度的比较

地区	模型	春			夏			秋			冬		
		R	RMSE (℃)	MBE (℃)	R	RMSE (℃)	MBE (℃)	R	RMSE (℃)	MBE (℃)	R	RMSE (℃)	MBE (℃)
泰州	WAVE	0.93	1.02	−0.17	0.90	0.91	−0.22	0.78	1.62	−0.51	0.81	1.39	−0.44
	WCALC	0.93	1.00	0.20	0.92	0.81	0.07	0.82	1.33	−0.04	0.85	1.11	0.01
	TEMP	0.99	0.27	−0.07	0.99	0.24	−0.09	0.99	0.37	−0.24	0.96	0.60	−0.10
	SAWTOOH	0.88	1.31	−0.17	0.85	1.08	−0.22	0.86	1.27	−0.51	0.74	1.51	−0.44
	BP	0.98	0.76	0.36	0.99	0.51	0.03	0.97	0.96	−0.52	0.90	0.99	−0.25
浦口	WAVE	0.86	1.50	−0.15	0.90	0.80	−0.12	0.91	0.93	−0.39	0.94	0.97	−0.45
	WCALC	0.92	1.12	0.25	0.95	0.89	0.20	0.92	0.74	−0.02	0.95	0.78	0.01
	TEMP	0.91	1.20	0.08	0.96	0.91	0.01	0.99	0.30	−0.17	0.98	0.48	−0.17
	SAWTOOH	0.78	1.70	−0.15	0.85	0.71	−0.12	0.87	1.03	−0.39	0.90	1.16	−0.45
	BP	0.96	1.04	0.21	0.97	0.81	0.17	0.95	0.66	0.12	0.98	0.61	−0.24

（2）各季节典型日模拟结果比较

在泰州和浦口地区，每个季节选取一个典型晴天和一个典型阴雨天，分别利用5种模型计算每日塑料大棚温室内逐时气温的变化过程，与相应实测数据进行对比，结果如图3-16、图3-17所示。由图可见，玻璃温室内的气温分布也符合下降—快速上升—快速下降的基本规律，并且晴天和阴雨天的气温分布也与塑料大棚类似，5种模型模拟的逐时气温变化过程与实测数据分布特点基本一致。表3-10为5种模型对玻璃温室内四季典型晴天和阴雨天逐时平均气温模拟精度的比较。晴天条件下，WAVE、WCALC、TEMP、SAWTOOH和BP模型的平均误差分别为0.99、1.07、0.76、0.75和0.79 ℃（泰州），1.69、1.40、1.18、1.94和0.92 ℃（浦口）。对于泰州玻璃温室的模拟结果，一次分段函数（SAWTOOH）、正弦-指数分段函数（TEMP）以及神经网络模型（BP）的模拟效果较好，并且都在夏秋季节有较小的误差；而对于浦口的玻璃温室则以BP的模拟效果最好，其次为TEMP模型，这与之前对总体情况的分析结果类似。阴雨天气下，5种模型的平均误差分别为1.25、1.23、0.65、1.17、0.77 ℃（泰州），1.39、1.08、1.07、1.41、0.89 ℃（浦口），可以看出TEMP和BP的误差较小。对比典型晴天和阴雨天气下的模拟结果可以发现，玻璃温室在典型阴雨天下的模拟精度与典型晴天条件下相比并无明显的差异，5种模型在晴天条件下的平均相关系数$\overline{R}=0.93(R>0.85)$比其在阴雨天气下的$\overline{R}=0.89(R>0.56)$略高，这与塑料大棚的模拟结果略有不同。对比不同模型的模拟情况可知，TEMP和BP的模拟效果在晴天和阴雨天均普遍表现较好，但TEMP的模拟精度随地区的变化差异较大，BP的模拟情况随地区变化不大；WAVE的模拟精度较低且在冬季模拟情况较好。

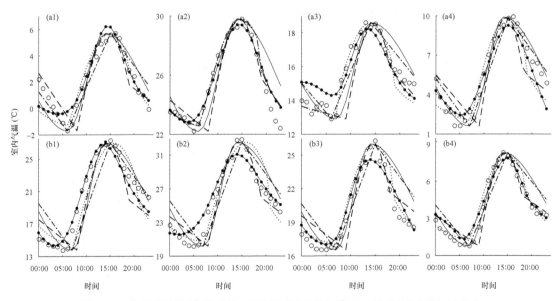

图3-16　典型晴天下（泰州：3/10、7/4、10/29、2/12；浦口：4/1、6/25、9/27、12/29）
玻璃温室内逐时气温模拟值与实测值的变化过程

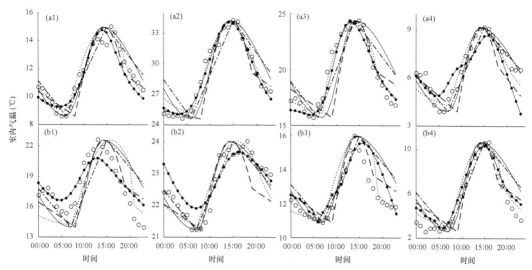

图 3-17 典型阴雨天下(泰州:3/20、7/12、10/21、2/22;浦口:3/31、6/26、9/29、12/30)
玻璃温室内逐时气温模拟值与实测值的变化过程

表 3-10 典型天气条件下五种模型对玻璃温室内四季逐时气温模拟精度的比较

地区	模型	春			夏			秋			冬		
		R	RMSE (℃)	MBE (℃)	R	RMSE (℃)	MBE (℃)	R	RMSE (℃)	MBE (℃)	R	RMSE (℃)	MBE (℃)
晴天(泰州:3/10、7/4、10/29、2/12;浦口:4/1、6/25、9/27、12/29)													
泰州	WAVE	0.94	0.93	0.08	0.87	1.43	−0.45	0.85	1.06	−0.12	0.98	0.54	−0.07
	WCALC	0.93	0.84	0.03	0.92	1.02	0.03	0.90	1.03	0.57	0.88	1.37	0.27
	TEMP	0.94	0.85	−0.10	0.98	0.60	−0.31	0.97	0.57	0.21	0.94	1.01	0.30
	SAWTOOH	0.94	0.80	0.08	0.98	0.60	−0.31	0.92	0.74	−0.12	0.96	0.86	−0.07
	BP	0.93	0.83	−0.05	0.98	0.58	−0.14	0.91	0.83	−0.03	0.91	0.91	0.31
浦口	WAVE	0.91	2.00	0.16	0.91	1.89	−0.61	0.90	1.86	−1.14	0.95	0.99	−0.58
	WCALC	0.91	2.17	0.82	0.94	1.39	0.01	0.92	1.35	−0.53	0.96	0.70	−0.10
	TEMP	0.94	1.68	0.30	0.94	1.58	−0.29	0.99	0.83	−0.69	0.98	0.63	−0.36
	SAWTOOH	0.85	2.47	0.16	0.87	2.10	−0.61	0.85	2.00	−1.14	0.91	1.19	−0.58
	BP	0.98	1.03	0.21	0.97	1.18	−0.48	0.98	0.80	−0.32	0.99	0.65	−0.29
阴雨天(泰州:3/20、7/12、10/21、2/22;浦口:3/31、6/26、9/29、12/30)													
泰州	WAVE	0.96	0.70	−0.19	0.91	1.51	−0.41	0.73	2.27	−0.36	0.97	0.52	0.15
	WCALC	0.93	0.74	0.14	0.94	1.29	0.44	0.77	1.99	0.31	0.90	0.89	0.51
	TEMP	0.96	0.62	−0.16	0.98	0.76	−0.41	0.98	0.61	−0.04	0.94	0.59	0.17
	SAWTOOH	0.94	0.66	−0.19	0.86	1.74	−0.41	0.82	1.77	−0.36	0.96	0.49	0.15
	BP	0.93	0.75	0.27	0.99	0.54	0.01	0.97	0.75	0.27	0.80	1.03	0.31

地区	模型	春			夏			秋			冬		
		R	RMSE (℃)	MBE (℃)	R	RMSE (℃)	MBE (℃)	R	RMSE (℃)	MBE (℃)	R	RMSE (℃)	MBE (℃)
阴雨天(泰州:3/20、7/12、10/21、2/22;浦口:3/31、6/26、9/29、12/30)													
浦口	WAVE	0.63	2.49	−0.30	0.96	0.29	0.07	0.87	1.28	−0.90	0.90	1.50	−1.00
	WCALC	0.81	1.65	0.14	0.85	0.54	0.21	0.94	0.77	−0.58	0.91	1.22	−0.48
	TEMP	0.75	2.15	0.10	0.91	0.40	0.03	0.93	0.89	−0.50	0.98	0.85	−0.70
	SAWTOOH	0.56	2.41	−0.30	0.96	0.29	0.07	0.82	1.25	−0.99	0.87	1.69	−0.99
	BP	0.96	1.27	−0.31	0.93	0.46	−0.15	0.86	0.95	−0.56	0.98	0.86	−0.63

3.3.5 塑料大棚和玻璃温室模拟结果的比较

与塑料大棚的模拟结果相比,玻璃温室的模拟误差较大,WAVE、WCALC、TEMP、SAW-TOOH 和 BP 模型的平均均方根误差分别增加 107.7%、64.1%、69.4%、115.6% 和 36.3%,其中神经网络模型(BP)的误差变化最小,说明其随温室类型的变化模拟差异不明显,余弦分段函数(WAVE)和一次分段函数(SAWTOOH)误差变化较大,说明其普适性较差,正弦-指数分段函数(TEMP)的误差虽然变化较大,但始终维持在一个较低的水平。综合模拟结果可知,天气状况对 5 种模型的模拟精度也有一定的影响,且对塑料大棚的影响大于对玻璃温室。5 种模型在晴天下都能更好地模拟气温的变化过程,但阴雨天条件下的误差较小,就气温误差而言阴天条件下模拟情况较为理想。就典型天气下 5 种模型各自的精度变化来看,TEMP 模型的平均误差最小且其变化也较小;BP 模型的精度变化最小,其模拟精度仅次于 TEMP,故这两种模型的普适性较高;WAVE、WCALC 和 SAWTOOTH 对塑料大棚进行模拟时模拟精度受天气的影响较大,对玻璃温室模拟时其精度较为稳定。5 种模型对塑料大棚的模拟精度存在一定的季节变化特征,均表现为在冬季误差较大,TEMP 在夏季模拟效果最好,BP 在秋季模拟效果最好,WAVE 在春夏季节模拟效果较好。而 5 种模型对玻璃温室的模拟精度则没有明显的季节变化特征,不过 TEMP、WAVE 都在夏季较为准确。

利用余弦分段函数(WAVE)、正弦分段函数(WCALC)、正弦-指数分段函数(TEMP)、一次分段函数(SAWTOOH)和神经网络模型(BP)5 种模型对江苏省句容、盘城、泰州、浦口 4 个地区 2 个塑料大棚和 2 个玻璃温室室内逐时气温进行模拟,通过对模拟结果与实测值之间的相关性、均方差的比较,表明 5 种模型均可以通过当天的最高、最低气温模拟逐时气温变化,其中 BP 模拟精度较高且受温室类型、天气状况和季节变化的影响较小,普适性较高;TEMP 模拟效果最好,且受天气和季节的影响较小,但其受温室本身特性和地区的影响较大;WAVE 和WCALC 模拟效果相近,对塑料大棚的模拟精度均远高于玻璃温室,SAWTOOH 准确度较低且误差变化较大。

本研究所使用的方法在晴天和阴雨天均有良好的拟合结果。另一方面,以往研究对温室内气温的逐时模拟主要集中在利用室外的相关参数,如气温、相对湿度、辐射等数据反算出温室内的气温,建立在较长期的数学统计基础上,但是对于部分地区,室外的观测数据密集度较低,进行多种气象要素的密集观测较为困难,而通常情况下会采用最高最低气温模拟室外气温变化,造成一定的误差,所以这种方法也有一定的局限性。本研究使用日最高、最低气温模拟温室内逐时气温变化,所需要的数据量少,模拟精度较高,一定程度上可以弥补谐波法和逐步回归模型的缺点,提高温室气温模拟的精确度。

TEMP 对温室逐时气温的模拟误差最小(RMSE＝0.43 ℃),表明温室内的气温变化与室外气温变化相比更符合正弦-指数的变化模式。晴天条件下模拟结果与实际观测的相关性更好,阴雨天条件下较差,这是因为本研究采用的数学模型没有考虑到气温变化的连续性,一次连续的降温或者连续的升温过程通常情况下可以持续 3 d 左右,以句容地区的温室大棚为例,2015 年全年有 29 d 的最低温出现在当天的 00∶00—02∶00。在气温连续变化的情况下,利用最高、最低气温模拟结果的准确度会受到影响。姜会飞等(2010)在对室外气温进行模拟时,提出了正弦分段模拟法,这种方法对室外气温连续变化的模拟具有较高的准确度(RMSE＜0.7 ℃),朱业玉等(2017)也提出了三段样条法对连续跃变的室外气温日变化进行模拟,也得到了较好模拟结果(RMSE＜1.31 ℃),这两种方法是否可以直接应用于温室气温逐时日变化的模拟还需要进一步研究,同时尚未考虑作物蒸腾作用对温室内气温的影响,这一点也需进一步研究。

第4章　设施葡萄气象灾害致灾机理

4.1　寡照胁迫致灾机理

寡照是设施环境中比较突出的一个环境问题,葡萄植株的生长发育对寡照胁迫较为敏感(王海波,2011),而光合和荧光动力参数是植株叶片生理活动对寡照胁迫反应的主要探针,因此,研究寡照对葡萄叶片光合特性的影响对揭示设施葡萄寡照致灾规律具有重要意义。

国内外关于寡照对设施果树生长发育的影响有一定报道,前人的研究表明,寡照胁迫使苹果、桃、葡萄的植株叶片变大变薄,叶色变淡,角度平展;弱光环境中的葡萄叶片对环境产生了一系列的生理适应,比叶面积、比茎增加,根冠比增加,遮阳90％时葡萄植株出现黄化现象(战吉宬 等,2005;武高林 等,2010);一般来说,短期寡照胁迫下,光饱和点、补偿点降低,气孔导度减小,蒸腾减弱,水分利用率增大,有利于植物在弱光下维持碳平衡。光照强度减弱使用于光合作用的能量减少,使得净光合速率降低(韩霜,2013;王建华,2011)。关于叶绿素荧光参数,一些研究表明,遮光条件下光系统Ⅱ活性下降,遮光时间越长、强度越大,qP下降的幅度越大(Deng,2012;吴月燕,2004)。弱光处理可使脐橙(韩春丽 等,2008)的最大光能转换效率Fv/Fm和Fm增加,并且始终高于对照,表明弱光环境下植物可以通过提高光化学效率来捕获更多的光能。迄今为止,关于寡照对葡萄光合特性的影响缺乏系统性的研究,特别是对葡萄叶片在不同程度寡照胁迫处理后恢复水平的研究少有报道。本研究通过人工气候箱试验,系统研究葡萄叶片光合特性、荧光参数对寡照胁迫的响应并对胁迫等级进行划分,以期为设施葡萄寡照灾害防御及小气候环境优化调控提供依据。

试验于2015年12月在南京信息工程大学人工气候箱(TPG1260,Australian)中进行。以1a生葡萄品种红提设施盆栽植株为试材。盆的规格为28 cm(高)×34 cm(上口径)×18 cm(底径)。供试土壤为中壤土,pH7.4,有机质含量18.4 g・kg^{-1},全氮0.79 g・kg^{-1},全磷0.75 g・kg^{-1},土壤体积含水量为32.5％。待植株叶片超过20叶后,于12月2日7:00起,每隔2 d各放入3盆长势相同的植株在辐射水平为L1(80 $\mu mol・m^{-2}・s^{-1}$)、L2(200 $\mu mol・m^{-2}・s^{-1}$)人工气候箱内进行寡照处理,最后一次于12月10日放入,各处理按放入时间分别记为T9、T7、T5、T3、T1。同时设置辐射水平为L0(600 $\mu mol・m^{-2}・s^{-1}$)的气候箱为对照(CK),在12月11日对所有处理进行测定。随后统一设置气候箱辐射水平为L0进行16 d的恢复处理,每隔4 d观测一次。胁迫开始前所有植株均在对照气候箱适应性处理3 d,试验期间保证水分和养分在适宜水平,白天平均温度为25 ℃±1 ℃,晚上15 ℃±1 ℃,相对湿度设定75％±5％。

4.1.1　寡照胁迫对葡萄叶片相对叶绿素含量的影响

由图 4-1a 可见,寡照胁迫结束后,即恢复 0d 时 CK 处理的叶片相对叶绿素含量(SPAD)平均为 36.2,短时寡照处理 T1、T3 的叶片 SPAD 平均值分别为 36.5 和 36.3,略高于 CK($P<0.05$),而寡照处理超过 5 d 后叶片 SPAD 则显著降低,T5、T7、T9 叶片 SPAD 平均值分别为 35.2、34.5 和 34.1,明显可见在 L1($80\ \mu mol \cdot m^{-2} \cdot s^{-1}$)辐射水平条件下,随寡照时间延长叶片 SPAD 明显递减。在随后的 16 d 恢复期中,短时寡照处理(T1、T3)叶片 SPAD 与 CK 处理中一致,均随恢复时间延长逐渐增加,且 T1、T3 一直高于 CK;而 T5、T7、T9 处理中叶片 SPAD 一直保持较低水平,且显著低于 CK($P<0.05$),仅在恢复后期 12 d 或 16 d 时 SPAD 才略有提高。图 4-1b 显示,在 L2($200\ \mu mol \cdot m^{-2} \cdot s^{-1}$)辐射水平寡照处理结束时,所测叶片 SPAD 的排列顺序与 L1 水平时相同,但其变幅更小,T1、T3、T5、T7、T9 处理叶片 SPAD 分别为 36.6、36.7、35.9、35.8、38.4;而且,在整个恢复期 T1、T3 与 CK 差异不显著,其他处理则有随恢复时间延长而先降后升的趋势。可见,无论 L1 还是 L2 寡照水平,历经较短时间(1 d、3 d)寡照的叶片 SPAD 略有提高,且在恢复阶段保持较高的水平。但随着寡照时间的延长,叶片 SPAD 明显递减,辐射水平越低 SPAD 减小幅度越大,且恢复得越慢,达不到对照水平。

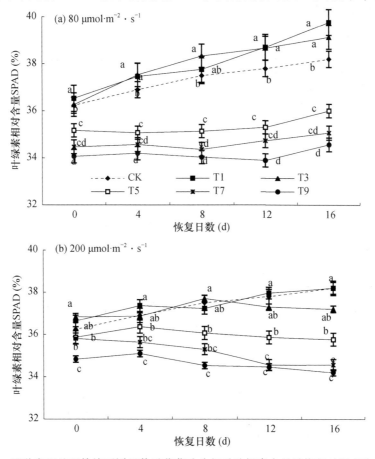

图 4-1　两种寡照处理持续不同天数后葡萄叶片相对叶绿素含量随恢复时间变化的比较

(注:L 为辐射水平,T 为持续时间,小写字母表示处理间 Duncan 检验在 0.05 水平上的差异显著性;短线表示均方差)

4.1.2 寡照胁迫对葡萄叶片光响应曲线参数的影响

利用 Photosynthesis Work Bench 程序进行光合作用光响应曲线拟合,得到不同辐射水平和持续寡照胁迫天数结束时葡萄叶片的光饱和点(light saturation point,LSP)、光补偿点(light compensation point,LCP)和表观量子效率(apparent quantum efficiency,AQE)的变化情况(表 4-1)。由表可见,葡萄叶片 LSP 随着胁迫天数的增加呈现下降的趋势,L1 辐射水平下,T1、T3 处理的 LSP 下降幅度较小,分别为 CK 的 85.1% 和 75.8%,T5 处理显著(P<0.05)降低,为 CK 的 45.9%。T7、T9 则在同一水平,分别降至 CK 的 37.4% 和 36.3%。LCP 表现为先减小后增加的趋势,CK 平均值为 39.6 $\mu mol \cdot m^{-2} \cdot s^{-1}$,T3 处理即显著减小,T5 处理达最小值,为 21.6 $\mu mol \cdot m^{-2} \cdot s^{-1}$,T9 处理恢复至 32.4 $\mu mol \cdot m^{-2} \cdot s^{-1}$。AQE 随着寡照天数增加而显著减小,T1、T3、T5、T7、T9 处理的 AQE 分别为 CK 的 79.5%、59.8%、51.2%、40.2%、33.9%。L2 辐射水平处理与 L1 处理变化趋势相同,其 T1 和 T3 处理的 LSP 和 AQE 与 CK 在同一水平,无显著变化。相同胁迫天数下,L2 处理的 LSP 和 AQE 值高于 L1 处理,且光合参数对寡照胁迫的响应落后于 L1 处理。可知,寡照胁迫使葡萄叶片 LSP 降低,AQE 减小,LCP 随胁迫天数增加呈先增加后减小的趋势。短期(1 d、3 d)寡照胁迫对葡萄叶片 LSP 和 AQE 影响较弱,胁迫 5 d 时显著减小。LCP 对寡照胁迫响应较为迅速,胁迫 3 d 即显著降低,之后逐渐恢复。

表 4-1　两种寡照处理持续不同天数后葡萄叶片光合参数的比较

处理	光饱和点 LSP ($\mu mol \cdot m^{-2} \cdot s^{-1}$)		光补偿点 LCP ($\mu mol \cdot m^{-2} \cdot s^{-1}$)		表观量子效率 (AQE)	
	L1	L2	L1	L2	L1	L2
CK	564.8±18.24a		39.6±1.3a		0.127±0.002a	
T1	480.6±14.03b	554.4±17.54a	36.1±0.8ab	36.6±0.8ab	0.101±0.002b	0.131±0.004a
T3	428.4±11.42bc	550.8±17.72a	25.2±0.6d	22.1±0.5de	0.076±0.003c	0.123±0.004a
T5	259.2±12.96de	460.8±13.04b	21.6±0.5de	18.2±0.4e	0.065±0.004cd	0.071±0.002cd
T7	211.2±10.56e	378.8±12.94c	30.4±0.7c	32.4±0.8bc	0.051±0.003de	0.063±0.002d
T9	205.2±10.26e	306.2±15.31d	32.4±0.8bc	38.8±0.7a	0.043±0.002e	0.059±0.003de

由图 4-2 可知,经 L1、L2 辐射水平寡照胁迫后,葡萄叶片光响应曲线拟合所得最大光合速率(maximum photosynthetic rate,Pn_{max})随胁迫时长的增加而显著减小(P<0.05)。在 L1 辐射水平处理下,T1、T3、T5、T7、T9 处理的 Pn_{max} 分别降至 CK 的 77.2%、53.8%、36.0%、32.0%、26.5%,胁迫超 3 d 后 Pn_{max} 显著减小,之后保持稳定在相对较低水平。在 L0 辐射水平下恢复 4 d 后,T1 和 T3 处理的 Pn_{max} 分别为 CK 的 95.0% 和 91.6%,恢复情况较好,T5、T7、T9 较胁迫处理结束时有所好转,但 Pn_{max} 依然相对较低,为 CK 的 59.1%、54.6% 和 49.0%。随着恢复时间的增加,各处理 Pn_{max} 比胁迫结束时均有不同程度的提高。恢复 16 d 后,T1 的 Pn_{max} 组比对照提高了 6.6%,T3 处理接近对照水平,其余各组处理分别恢复至对照的 87.5%、71.3%、41.6%。在 L2 辐射水平处理下,胁迫相同天数 Pn_{max} 减小幅度较小于 L1

处理。恢复 16d 后,T1 和 T3 恢复至对照水平,T5、T7、T9 处理恢复至对照的 96.4%、85.7%、54.6%。在恢复光照期间,各处理的 Pn_{max} 在 0～4d 迅速恢复,在 8 d 之后保持相对稳定,变化幅度较小,经胁迫程度较弱(L1T1,L2T1,L2T3)的寡照处理后,在恢复期 Pn_{max} 会略高于 CK。

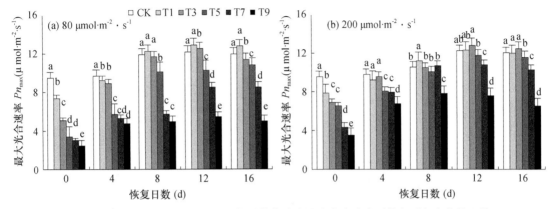

图 4-2 两种寡照处理持续不同天数后葡萄叶片最大光合速率随恢复时间变化的比较

4.1.3 寡照胁迫对葡萄叶片气体交换参数的影响

不同寡照胁迫处理后植株在各辐射水平下的气体交换参数如图 4-3 所示,由图可见,寡照处理阶段,随着寡照时间的增加葡萄叶片的气孔导度(Gs)和蒸腾速率(transpiration rate,Tr)呈减小的趋势,相同胁迫天数下 Gs 和 Tr 随光照强度的变化表现为光强越弱降幅越大。寡照处理 5d 以内,Gs 和 Tr 迅速减小,之后降幅减小趋于平稳。L1 辐射水平下,T1、T3、T5、T7、T9 处理的 Gs 降至 CK 的 72.9%、46.7%、24.5%、19.7%、15.5%,Tr 降至 CK 的 79.4%、65.6%、38.1%、37.0%、32.6%;寡照处理后葡萄叶片气孔限制值(Ls)高于 CK,处理期间 L1、L2、CK 的均值分别为 0.54、0.38 和 0.21。Ls 随处理时间呈现出先减小后缓慢回升的趋势,L1 辐射水平寡照处理 1 d、5 d、9 d 后,Ls 分别为 0.61、0.43、0.57。葡萄叶片水分利用效(WUE)变化在寡照处理初期无明显变化规律(图 4-3d),T1、T3、T5 处理与 CK 无明显差异,T7、T9 处理低于 CK。L1 辐射水平下 WUE 一直保持在较低水平,L2 辐射水平下表现为先增加后减小。寡照处理 9 d 后,L1、L2 辐射水平下的 WUE 分别降至 CK 的 77.4%、57.2%,表明寡照胁迫 9 d 可使葡萄叶片水分利用效率降低。整体上 L2 处理与 L1 处理变化趋势相同,相同胁迫天数下,气体交换参数的增减幅度小于 L1。

恢复处理阶段,L1 组 T9 处理的 Gs 在 0～4 d 内由 0.0065 mmol·m^{-2}·s^{-1} 迅速增加至 0.0182 mmol·m^{-2}·s^{-1},之后保持相对稳定。恢复 16 d 后,L1、L2 处理 Gs 分别为 CK 的 86.1% 和 50.3%。Ls 在恢复阶段随处理时间持续升高,Tr 则先增加后减小,恢复 8 d 时达最大值。WUE 于恢复 4 d 时突增,后又迅速降低,恢复期结束时 L1 和 L2 组的 WUE 无明显差异,且均且低于 CK。T9 处理在恢复阶段气体交换参数随时间变化情况表明,0～8 d 为寡照胁迫后葡萄叶片气体参数快速恢复时期,其后各参数将趋于稳定。

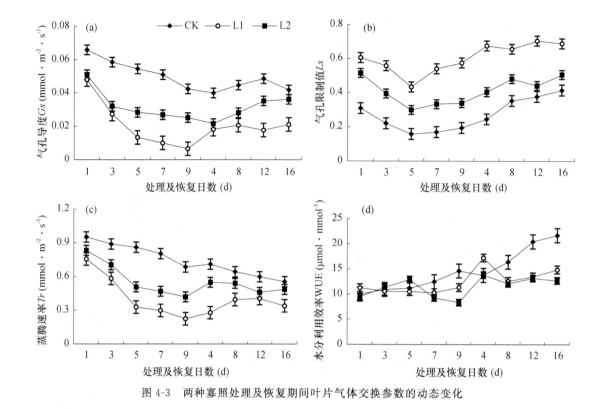

图 4-3　两种寡照处理及恢复期间叶片气体交换参数的动态变化

4.1.4　寡照胁迫对葡萄叶片叶绿素荧光参数的影响

由图 4-4a 和 4-4b 可知,短期寡照胁迫(1 d,3 d)对葡萄叶片的 PSII 最大量子效率(Fv/Fm)影响较弱,各处理与 CK 无显著差异。L1 辐射水平下,Fv/Fm 随寡照时间先增加后减小,在寡照处理 5 d 时增至 0.79,9 d 后为 0.76。L2 辐射水平下则随寡照时间递增,9 d 时为 0.80,辐射水平越低,葡萄叶片 Fv/Fm 对寡照胁迫的响应越迅速;寡照处理使光化学猝灭系数(qP)和光合电子传递速率(ETR)显著降低(图 4-4c、4-4g),L1 辐射水平下处理 1、3、5、7、9 d 后 qP 为 CK 的 58.5%、37.8%、35.2%、23.2%、22.6%,ETR 为 CK 的 62.2%、52.7%、42.9%、28.4%、24.2%;非光化学猝灭系数(qN)随着寡照处理时间的增加而升高,与光化学猝灭系数(qP)变化趋势相反(图 4-4e、4-4f),L1 辐射水平下,CK 处理均值最小为 0.46,且与各组处理差异显著,T9 最大,为 0.87。T1、T3 组在同一水平,达到对照的 1.76 倍。T5、T7、T9 组在同一水平,为 CK 的 1.89 倍。L2 辐射水平下,T1 与 CK 无明显差异,qN 在 T3 时迅速增大,为 CK 的 1.47 倍。T5、T7、T9 无明显差异,达到 CK 的 1.59 倍。相同处理天数下,L1 辐射水平下葡萄叶片的 qN 均高于 L2。

在恢复阶段,L1 辐射水平处理下的 T1、T3、T5 组,Fv/Fm 在恢复 4 d 时达 CK 水平。T7、T9 处理随着恢复天数的增加而减小,恢复 16 d 时 T7、T9 处理分别为 CK 的 96.3% 和 80%(图 4-4a、4-4b);qP 恢复较快,L1 辐射水平下除 T9 处理外均恢复至 CK 的 75% 以上。恢复 16 d 后,L2 辐射水平下各处理均达到 CK 的 90% 以上(图 4-4c、4-4d);L1 辐射水平下各处理 qN 值随恢复时间有增加的趋势,仅 T1 处理能恢复至 CK 水平。L2 辐射水平下 T1、T3、T5 组恢复 12 d 时达 CK 水平。恢复 16 d 后 T1、T3、T5 均小于同期 CK 值(图 4-4e、4-4f),表明一定程度的寡照刺激使葡萄叶片在适宜光照下热耗散降低；L2 辐射水平处理下各组的 ETR 恢复程度要高于 L1（图 4-4g、4-4h），恢复期结束时 L2 辐射水平下各处理均恢复至 CK 的 85％以上，L1 辐射水平下 T1 恢复至对照水平，T3、T5、T7、T9 组分别为 CK 的 91.3％、85.1％、67.4％、59.1％。

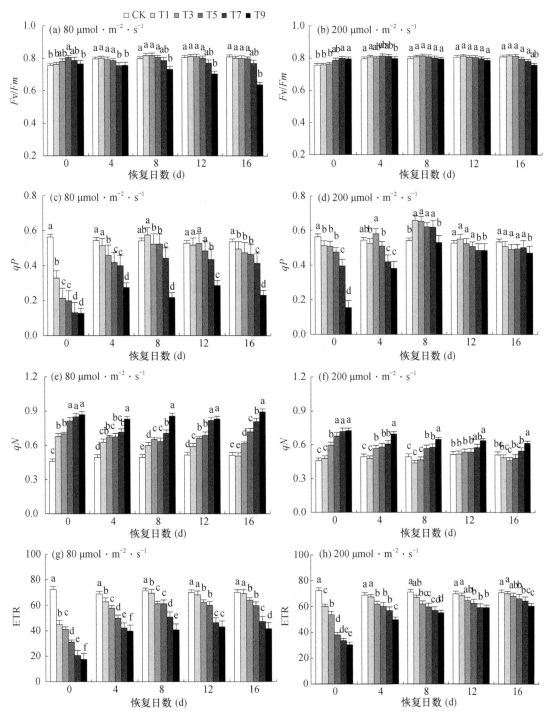

图 4-4　两种寡照处理持续不同天数后叶片叶绿素荧光参数随恢复天数变化的比较

对本内容的所有指标进行主成分分析结果表明（表 4-2），第一主成分以 LSP、AQE、Pn_{max}、qP、qN、ETR、Gs、Tr 为主，特征根向量最大，贡献率达 64.2%。第二主成分中 LCP 和 WUE 具有绝对值较大的特征向量，贡献率为 14.3%。第三主成分主要包括 Fv/Fm 和 Ls，贡献率为 10.2%。第四主成分中 SPAD、Fv/Fm 和 Ls 特征向量绝对值较大，贡献率为 6.4%。前四个主成分累计贡献率达 95.0%，足够描述所有数据。同时，由于众指标存在较高的相关性，所测定数据反映的信息存在一定的重叠性。因此，对前四个主成分里的信息进行筛选可以得到简化的寡照胁迫指标。

叶绿素作为植物光合作用过程中最重要的色素，是光合作用的物质基础和光敏化剂，与植被的光能利用及转化效率密切相关，SPAD 在不同寡照处理下差异显著，恢复期各处理依然保持一定的差异性，且与其他指标相关性较高，有一定的代表性，可作为寡照胁迫的指标；在光合参数中，光补偿点 LCP 能够反映出植物对弱光的适应能力，但因为葡萄叶片对寡照胁迫有一定的适应性，短期不同寡照处理下葡萄叶片的 LCP 变化规律不明显。同时 LCP 不能直接测量，需要通过光响应曲线拟合得出，存在一定误差。其在主成分分析中特征向量较小，所以不能作为寡照胁迫的指标。光饱和点 LSP 表示植物对强光的适应能力，表观量子效率 AQE 是光响应曲线 $0\sim200\mu mol\cdot m^{-2}\cdot s^{-1}$ 区间的斜率，反映对弱光的利用能力。最大光合速率 Pn_{max} 反映植物的光合能力上限，气孔限制值 Ls 与 Pn_{max} 相关性为 -0.22（未通过显著性检验），表明限制光合速率的并不是气孔因素。LSP、AQE、Pn_{max} 三者之间相关性极高，且特征向量近似，故选择 Pn_{max} 作为寡照胁迫指标，来表达寡照胁迫对葡萄叶片光合潜能的伤害程度；选择最大量子效率 Fv/Fm 作为寡照胁迫指标。光环境中的葡萄叶片在强光下光合速率降低与暗适应下的叶绿素荧光参数 Fv/Fm 有密切关系。Fv/Fm 能够反映出植物受胁迫程度，且在第一主成分和第四主成分有一定的贡献率。光化学淬灭系数 qP 与非光化学淬灭系数 qN 极显著相关（$r=-0.88^{**}$），qN 反映光系统 II 吸收的光能以热能形式耗散的部分，可表征寡照胁迫后葡萄对光能的利用能力，且特征向量绝对值要高于 qP，所以选择 qN 作为胁迫指标；ETR 反映实际辐射水平下光电子传递速率，在第一主成分中占到 0.33，由于其受环境影响波动较大，且与 Pn_{max}、Fv/Fm 和 qN 极显著相关（$r=0.91^{**}$，-0.94^{**}，-0.90^{**}）存在重叠，故不作为胁迫指标。

表 4-2　葡萄叶片光合参数的主成分分析结果

指标	特征向量			
	第 1 主成分	第 2 主成分	第 3 主成分	第 4 主成分
相对叶绿素含量 SPAD	0.294	0.159	0.097	0.430
光补偿点 LCP	0.063	−0.667	0.209	−0.074
光饱和点 LSP	0.334	0.118	0.039	0.082
表观量子效率 AQE	0.320	−0.005	0.129	−0.187
最大光合速率 Pn_{max}	0.336	0.055	0.108	−0.043
最大量子效率 Fv/Fm	0.169	−0.032	−0.547	0.652
光化学淬灭系数 qP	0.313	0.159	−0.080	−0.302
非光化学淬灭系数 qN	−0.336	0.093	0.000	0.146
光合电子传递速率 ETR	0.334	0.011	0.001	−0.086

指标	特征向量			
	第 1 主成分	第 2 主成分	第 3 主成分	第 4 主成分
气孔导度 Gs	0.326	−0.170	0.067	0.031
气孔限制值 Ls	−0.107	−0.035	0.733	0.458
蒸腾速率 Tr	0.339	−0.075	0.123	0.076
水分利用效率 WUE	−0.001	0.665	0.234	−0.065
特征根	8.346	1.861	1.330	0.816
贡献率(%)	64.202	14.315	10.230	6.280
累计贡献率(%)	64.202	78.517	88.747	95.027

综上所述,筛选出 SPAD、$Pn_{\max}$、Fv/Fm 和 qN 4 个指标来定义葡萄叶片受寡照胁迫程度,再次对筛选出的 4 个指标进行主成分分析,根据每个指标的特征向量和贡献率计算得到每个指标在寡照胁迫程度指数(LSI)中的贡献度得到

$$LSI_i = \frac{0.41\dfrac{S_i}{S_{ck}}+0.34\dfrac{P_i}{P_{ck}}+0.35\dfrac{F_i}{F_{ck}}-0.31\dfrac{N_i}{N_{ck}}}{0.41+0.34+0.35-0.31}\times 10 \tag{4-1}$$

4.1.5 寡照胁迫程度指数分析

由表 4-3 可知,胁迫较轻的 L1(T1、T3)处理和 L2(T1、T3、T5、T7)处理,其 LSI 随恢复时间表现为增加的趋势,恢复 8d 后 LSI 趋于稳定,部分处理(L1T1、L2T1、L2T3)在恢复期间 LSI 高于 CK。L1(T5、T7、T9)和 L2(T9)处理 LSI 随恢复时间先增加后减小,除受胁迫最严重的 L1T9 处理最大值出现时间为 4 d 外,其余均为 8 d。可见,0~8 d 为寡照胁迫后葡萄叶片快速恢复阶段,若胁迫程度过于严重,其 LSI 在快速恢复阶段后持续降低或稳定于较低水平,不能恢复至 CK。故可推断寡照胁迫后,葡萄叶片恢复至最佳水平需要 8~12 d。采用恢复生长法对设施葡萄寡照胁迫程度进行等级划分,将恢复 12d 时 LSI 值大于 9.5 即恢复至 CK 的 95% 以上的处理,称无灾,8.5~9.5 为轻度灾害,6~8.5 为中度灾害,小于 6 为重度灾害。为方便实际应用,按寡照胁迫天数可以划分为无灾 0 级(L1 寡照 1 d,L2 寡照 1~3 d),轻度灾害 I 级(L1 寡照 2~3 d,L2 寡照 4~7 d),中度灾害 II 级(L1 寡照 4~7 d,L2 寡照 8~9 d),重度灾害 III 级(L1 寡照 7 d 以上,L2 寡照 9 d 以上)。

表 4-3 两种寡照处理持续不同天数后的胁迫程度指数评价

恢复日数 (d)	CK	L1					L2				
		T1	T3	T5	T7	T9	T1	T3	T5	T7	T9
0	10.0	7.2	6.0	4.2	3.6	3.0	9.1	7.7	6.9	5.6	4.9
4	10.0	8.8	8.3	6.5	5.7	4.5	10.0	9.3	8.6	8.2	6.8
8	10.0	9.5	8.9	7.9	6.0	3.7	10.1	10.2	9.1	9.1	7.2
12	10.0	9.8	9.1	7.6	6.0	4.1	10.1	10.0	9.4	8.5	6.8
16	10.0	10.1	9.1	7.5	5.8	3.1	10.2	10.2	9.6	8.5	6.4

设施作物的生长和发育对光照有很强的依赖性,赵光强(2006)在弱光对葡萄生长发育影响机理的研究中发现,弱光环境下,葡萄叶片单位重量叶绿素含量升高,但单位面积叶绿素含量较对照低。SPAD在一定程度上代表着单位面积叶绿素含量。本研究中,SPAD随着寡照时间的增加而降低,与赵光强研究结果一致。其中,葡萄叶片SPAD对寡照胁迫响应迅速。SPAD与最大光合速率呈现极显著正相关($r=0.81^{**}$),与吴月燕(2004)对葡萄的研究结果相互印证。在光照恢复过程中,短期(T1,T3)轻度寡照处理的SPAD高于CK,原因可能是适宜程度的寡照胁迫锻炼引起植株应激反应,对葡萄叶片的叶绿素合成产生促进作用。严重寡照胁迫可能对葡萄叶片叶绿素合成系统产生不利影响,L1、L2分别寡照胁迫5 d和7 d即可使葡萄叶片SPAD在恢复期结束时远低于CK,对光响应曲线参数的分析表明,寡照胁迫使葡萄叶片LSP降低,AQE减小,LCP随胁迫天数先增加后减小。短期(T1,T3)轻度寡照胁迫对葡萄叶片LSP和AQE影响较弱,胁迫5 d时则显著减小。LCP对寡照胁迫响应较为迅速,胁迫3 d即显著降低,是葡萄叶片主动适应弱光环境的表现,以利用较弱的光合有效辐射。

最大净光合速率与气孔导度、蒸腾速率显著正相关,与气孔限制值无明显相关性($r=-0.22$),非气孔因素造成净光合速率下降而胞间CO_2浓度上升,说明寡照处理期间限制光合速率的主要因素并不是气孔因素而是光合系统本身。在寡照胁迫条件下水分利用效率先增加后减小,且与光补偿点呈负相关,说明在寡照光抑制阶段葡萄叶片通过提高水分利用效率和降低光补偿点来提高光能利用率。

叶绿素荧光参数被认为是光合作用和环境关系的内在探针,能够反映各种胁迫引起的光合系统损伤或破坏。葡萄叶片光系统Ⅱ最大量子效率Fv/Fm可反映植物受光抑制程度,本试验中,Fv/Fm随寡照胁迫程度加深总体波动并不显著,但呈现先增加后减小的趋势,寡照胁迫使光化学猝灭系数qP和光和电子传递速率ETR降低,非光化学猝灭系数qN升高,用于光化学猝灭的比例减少,热耗散的比例增加,与武辉等(2014)对棉花叶片的研究结果一致。分析葡萄叶片叶绿素荧光参数恢复状况可知,轻度寡照胁迫的叶绿素荧光参数可在恢复4 d时达CK水平,中度胁迫恢复速度减慢,重度胁迫恢复16d后Fv/Fm、qP、qN、ETR均不能恢复至CK水平,推测葡萄叶片光系统Ⅱ受到了不可逆的损伤。

本内容以新梢生长期设施盆栽红提葡萄为试材,定量研究不同辐射水平和天数的寡照胁迫对葡萄叶片光合特性的影响,及胁迫解除后光合特性的恢复情况。本研究证实,寡照胁迫使葡萄叶片光合作用受到抑制,0~8 d为葡萄叶片光合参数快速恢复阶段,要达到相对稳定状态需要12 d左右。短时轻度寡照胁迫对葡萄叶片光合作用无明显抑制,甚至在恢复光照后表现出有一定的刺激作用。长时重度寡照胁迫会对葡萄叶片光合系统造成不可逆损伤。根据不同胁迫水平后植株光合参数的恢复情况,将设施葡萄寡照灾害分无灾0级(L1寡照1 d,L2寡照1~3 d),轻度灾害Ⅰ级(L1寡照2~3 d,L2寡照4~7 d),中度灾害Ⅱ级(L1寡照4~7 d,L2寡照8~9 d),重度灾害Ⅲ级(L1寡照7 d以上,L2寡照9 d以上)4个等级。该结果可为设施葡萄的寡照灾害防御、农气服务及光环境调控提供科学依据。寡照胁迫对设施葡萄果实生长发育的影响更为重要。

4.2　低温胁迫致灾机理

低温胁迫是影响葡萄产量和品质的主要非生物因素之一,低温胁迫对葡萄的危害种类多,危害面积大。研究表明低温胁迫对植物光合色素含量、叶绿体亚显微结构、光合能量代谢及光合系统Ⅱ(PsII)活性等一系列重要的生理生化过程都有明显影响。随温度处理的降低和处理时间的延长,观赏植物绿巨人(潘耀平 等,2002)的叶绿素含量逐渐降低。水稻幼苗叶片的叶绿素和类胡萝卜素含量都随低温处理时间的延长而下降,其中叶绿素含量降低尤为明显。低温处理初期,类胡萝卜素含量明显降低,之后其含量变化不明显。低温处理使饱和 CO_2 浓度下温州蜜柑(郭延平 等,1998)叶片净光合速率明显降低,暗示叶片中的 RuBP 再生速度受到了影响。叶绿素荧光参数 Fv/Fm 可表示 PSII 原初光能转化效率,低温胁迫下温州蜜柑 Fv/Fm 明显降低。

实验于 2015 年 9—12 月在江苏省南京市南京信息工程大学农业气象试验站进行。以 1 年生设施葡萄"红提"(Eriobotrya japonica)为试材。栽植于规格为 28 cm(高)×34 cm(上口径)×18 cm(底径)的花盆中。选取长势相对一致的植株于人工气候箱(TPG1260,Australian)内进行低温处理。各控制因素见表 4-4,每个处理重复 3 次。为了模拟自然低温水平,本试验设计动态低温,设置了白天 14:00 达到最高温度和夜间 02:00 达到最低温度,每个小时的温度通过程序控制。不同低温寡照处理分别设置为 2 d,4 d,6 d,8 d,10 d。试验期间,设施葡萄保持正常的水分与养分管理,水分与养分始终维持在适宜水平。

表 4-4 试验设计

处理	光合有效辐射 (μmol·m⁻²·s⁻¹)	最高温度 (℃)	最低温度 (℃)	持续天数 (d)
T1	600	10	0	2,4,6,8,10
T2	600	14	4	2,4,6,8,10
T3	600	18	8	2,4,6,8,10
T4	600	22	12	2,4,6,8,10
CK	600	25	15	2,4,6,8,10

4.2.1 低温胁迫对葡萄叶片光合色素的影响

由图 4-5a 可见,在低温胁迫初期(2 d),12 ℃,8 ℃低温胁迫对葡萄叶片类胡萝卜素(Car,carotenoids)含量无明显($P<0.05$)影响。4 ℃和 0 ℃处理下葡萄叶片类胡萝卜素含量显著降低,分别降至 CK(15 ℃)的 87.3%和 82.8%。22,18,4 ℃处理 Car 含量表现为先增加后减小的趋势,于胁迫处理 6d 时达到最大值,之后迅速降低。4℃处理 2,4,6,8,10d,Car 含量分别为 CK 的 87.3%,91.3%,95.0%,75.1%,65.0%,变化趋势于 6 d 后出现转折。0 ℃处理则在胁迫 2d 时即保持在较低水平,显著低于 CK,之后 Car 含量减小幅度并不明显,胁迫 10 d 后将至 CK 的 56.6%。综上可知,低温胁迫使葡萄叶片 Car 含量降低。轻度(8～12℃)短时(2～4 d)低温胁迫对葡萄叶片 Car 含量影响较弱,随胁迫时间的延长,Car 含量有上升的趋势,胁迫超 6d 后其含量显著降低;中度(4 ℃)低温胁迫初期即使 Car 含量明显降低,其随胁迫时间变化趋势同轻度胁迫。葡萄叶片 Car 含量对重度(0 ℃)胁迫响应最为迅速,胁迫初期即保持在最低水平,之后无明显减小趋势;轻度和中度低温胁迫对葡萄叶片 Car 含量影响的临界时间为 6 d,重度则为 2 d。如图 4-5b 所示,低温胁迫初期对葡萄叶片叶绿素含量的影响并不明显。胁迫

6 d后各处理叶绿素含量均显著低于 CK，分别为 CK 的 83.7%，68.2%，66.9%和 57.1%，且 6 d时各处理下降幅度最大，之后随胁迫时间减小幅度并不明显。葡萄叶片叶绿素 a 含量/叶绿素 b 含量的值(图 4-5c)对低温胁迫影响迅速，随着胁迫程度的加深和时间的延长持续减小。

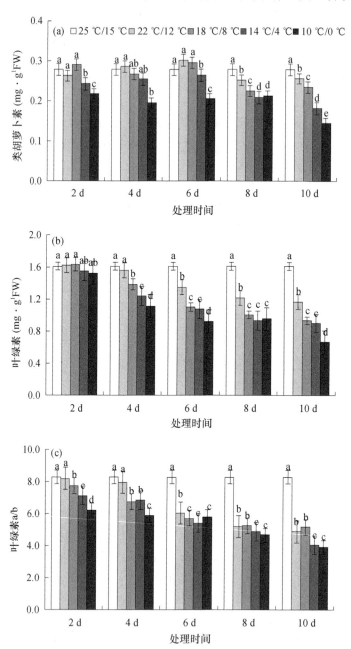

图 4-5　低温胁迫对葡萄叶片光合色素的影响

4.2.2　低温胁迫对葡萄叶片光响应曲线参数的影响

　　不同温度水平胁迫处理两天后葡萄叶片净光合速率和气孔限制值的光响应曲线差异明

显,随着胁迫温度的降低,净光合速率随光强的升高明显减慢,各处理最大光合速率显著低于 CK(图 4-6);气孔限制值随光强的增加而增大,低温胁迫使葡萄叶片气孔限制值升高,这可能是造成葡萄叶片光合速率降低的主要原因。光照强度超过 200 $\mu mol \cdot m^{-2} \cdot s^{-1}$ 后经低温胁迫的处理气孔限制值开始迅速增加,温度越低气孔限制值越大,15 ℃,12 ℃,8 ℃,4 ℃,0 ℃处理在光强为 1200 $\mu mol \cdot m^{-2} \cdot s^{-1}$ 时的气孔限制值分别为 0.25,0.33,0.38,0.41,0.49。

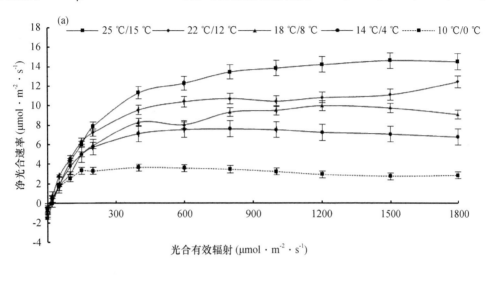

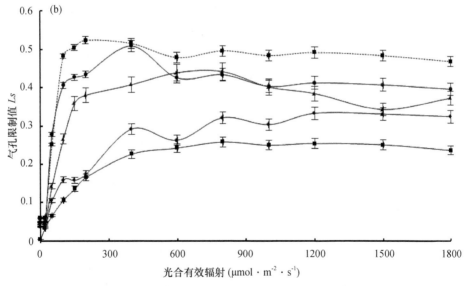

图 4-6 葡萄叶片光响应曲线对不同水平低温胁迫的响应

由图 4-7 可见,低温胁迫初期除 12 ℃处理外其余各组最大净光合速率均显著低于 CK(均值为 12.5 $\mu mol \cdot m^{-2} \cdot s^{-1}$),且各处理之间差异显著,0 ℃处理 Pn_{max} 最低,为 3.7 $\mu mol \cdot m^{-2} \cdot s^{-1}$。12 ℃处理的 Pn_{max} 随低温胁迫时间延长降幅较小,处理 2 d 和 10 d 的 Pn_{max} 分别为 11.5 $\mu mol \cdot m^{-2} \cdot s^{-1}$ 和 10.1 $\mu mol \cdot m^{-2} \cdot s^{-1}$。4 ℃处理和 0 ℃在第 8 d 和第 6 d 迅速减小为最大净光合速率的拐点。低温胁迫使各处理最大净光合速率降低,轻度胁迫

随低温胁迫天数增加 Pn_{max} 缓慢减小，8 ℃处理在胁迫 4 d 时 Pn_{max} 迅速减小，降至 CK 的 57.7%。中度和重度胁迫 Pn_{max} 的拐点时间分别出现的在 8 d 和 6 d。

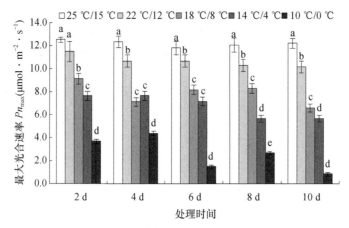

图 4-7　低温胁迫对葡萄叶片最大净光合速率的影响

4.2.3　低温胁迫对葡萄叶片荧光参数的影响

Fv/Fm 代表经充分暗适应后植物叶片的最大光量子效率，如图 4-8a 所示，轻度低温胁迫（12 ℃，8 ℃）2 d 使葡萄叶片最大光量子效率 Fv/Fm 值略有降低，随着胁迫天数的增加，表现出先减小后增加的趋势，葡萄叶片 Fv/Fm 对轻度低温胁迫的响应较慢。中度（4 ℃）和重度（0 ℃）处理在胁迫初期响应迅速，显著低于 CK。之后中度胁迫随处理时间的增加呈上升的趋势，但未能恢复至 CK 水平。重度胁迫则表现为先增加后减小的趋势，拐点在胁迫的第 4 d，之后持续减小，可能是叶片逐渐死亡。

ΦPSII 表示的是 PSII 反应中心关闭时的效率，天线色素传递给反应中心的激发能，既可以进行光化学反应，也可以走其他途径。真正用于光化学反应的那部分能量占吸收光能的比例，便是 PSII 的实际光化学反应效率。由图 4-8b 可知，低温胁迫使 ΦPSII 降低。12 ℃胁迫 2 d，对葡萄叶片 ΦPSII 无明显影响，8 ℃，4 ℃，0 ℃处理则显著降低。随低温胁迫时间的增加，12 ℃处理下 ΦPSII 表现为先迅速减小，于 6 d 后趋于稳定。8 ℃处理在 0.19 附近波动，4 ℃和 0 ℃在胁迫前期保持在相对较低水平后迅速减小，拐点分别出现在 8 d 和 6 d 时。

整体上葡萄叶片光合电子传递速率 ETR 对低温胁迫响应迅速，随胁迫程度加深而减小，CK 的值在 1.40 附近。12 ℃处理随胁迫时间的增加先逐渐减小后又恢复至 CK 水平。8 ℃和 4 ℃处理在胁迫 2~4 d 迅速减小，在 6 d 时均增大，8 ℃处理在之后恢复至 CK 水平，4 ℃处理则持续减小。0 ℃处理于 2 d 时迅速减小至 1.19，在 4 d 时恢复到 1.32，之后持续降低，胁迫 10 d 时降至 0.68。

qP 为光化学猝灭系数，反映激发能被开放的反应中心捕获并转换为化学能导致的荧光猝灭，反映了光适应状态下 PSII 进行光化学反应的能力。非光化学猝灭系数 qN 反映的是 PSII 天线色素吸收的光能不能用于光合电子传递，而以热的形式耗散掉的光能部分。低温胁迫使 qP 降低 qN 增大，轻度（12 ℃，8 ℃）胁迫受影响较弱，随胁迫时间的延长基本能接近 CK 水平。中度和重度胁迫影响程度达显著水平，胁迫 8 d 后明显区别于 CK 且在之后保持稳定，可能叶片此时已受到严重破坏。

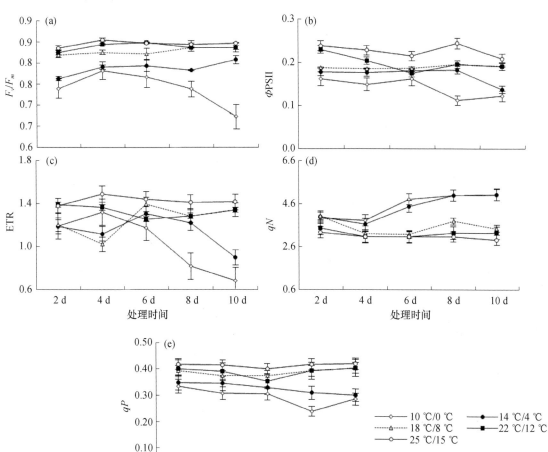

图 4-8　低温胁迫对葡萄叶片荧光参数的影响

低温胁迫温度梯度与葡萄各参数间的相关性分析表明（表 4-5），温度与除 Car 外的其他参数均达显著相关（P<0.05）水平，与部分参数（Pn_{max}、ΦPSII、qP）极显著（$P<0.01$）相关，表明 Pn_{max}、ΦPSII、qP 这三个参数对低温胁迫响应迅速，仅 qN 与温度负相关。各参数间同样具有较好的相关性，结果表明各参数均能在一定程度上反映葡萄叶片低温胁迫强度。

表 4-5　温度及参数间相关性分析

相关系数	温度	Chl	Car	Pn_{max}	Fv/Fm	ΦPSII	qP	qN	ETR
温度	1								
Chl	0.83*	1							
Car	0.79	0.94**	1						
Pn_{max}	0.98**	0.83*	0.8	1					
Fv/Fm	0.86*	0.85*	0.87*	0.85*	1				

续表

相关系数	温度	Chl	Car	Pn_{max}	Fv/Fm	ΦPSII	qP	qN	ETR
ΦPSII	0.97**	0.72	0.63	0.95**	0.88*	1			
qP	0.97**	0.92*	0.87*	0.95**	0.99**	0.91*	1		
qN	−0.85*	−0.46	−0.35	−0.78	−0.68	−0.93**	−0.75	1	
ETR	0.87*	0.59	0.42	0.82*	0.76	0.96**	0.8	−0.96**	1

注:* 代表 0.05 水平下显著;** 代表 0.01 水平下显著。

在低温处理期间,叶绿素,Car,Pn_{max},Fv/Fm,ΦPSII,qP 和 ETR 随着温度的降低而降低,qN 则相反。随胁迫时间的增加,不同温度处理的光合色素含量间差异性增强,相比于 Car 和叶绿素总含量,叶绿素 a/b 对低温胁迫的响应更加迅速。轻度(12,8 ℃)和中度(4 ℃)低温胁迫对葡萄叶片光合色素含量影响的临界时间为 6 d,重度(0 ℃)则为 2 d。温度越低,葡萄叶片净光合速率随光强增大而增大的趋势明显减慢,气孔限制值随光强的增加而增大,低温胁迫使葡萄叶片在较弱光合有效辐射时即相对高的气孔限制值,相同光强下经低温胁迫的葡萄叶片气孔限制值明显升高,这可能是造成葡萄叶片光合速率降低的主要原因。温度胁迫与荧光参数和最大净光合速率显著相关,这类参数较迅速的反应低温胁迫对葡萄叶片光合作用的影响。最大净光合速率在 8 ℃处理 4 d 时即迅速降至 CK 的 57.7%。同时,荧光参数的结果表明,8 ℃处理 4 d 为时间变化的拐点,且在之后不能恢复至 CK 水平。因此,8 ℃低温下,处理 4 d 是设施葡萄幼苗生长的关键气象指数。

4.3 高温胁迫致灾机理

葡萄(*Vitis vinifera* L.)属落叶藤本植物,有"水果之神"的称号,是世界上最主要水果之一,葡萄产量约占世界水果总产量的 1/4,其产量和品质受温度的影响(Tang et al.,2006)。高温胁迫是指在一定时期温度的增加超过了一个阈值。高温胁迫是主要的非生物胁迫之一,其严重抑制了植物的生长,新陈代谢和产量(Wahid,2007)。

大量研究已经证实了高温严重影响着萌发,植物生长及形态,干物质分配和果实品质(Essemine et al.,2010;Gulen and Eris,2004;John et al.,2000;Prasad et al.,2008;Roberts,1988)。高温胁迫下,植物气孔导度和光合速率随着叶温的升高会显著下降,水分损失严重,最终会影响生长和生物量。与此同时,高温还会减少地下部干重,相对生长率和净同化速率(Naeem et al.,2004;Wahid et al.,2006)。

红提葡萄苗木高温半致死温度的测定:实验于南京信息工程大学农业气象试验站进行。待红提葡萄苗木有 8～10 片功能叶完全展开时,选取生长健壮且长势一致的盆栽苗移入到植物生长室(A1000,Conviron,Canada),试验于 2015 年、2016 年和 2017 年进行,7 月 23 日开始,至 7 月 30 日结束。温度分别设置为 36、38、40、42、44、46、48、50 ℃,每个温度梯度下均处理 24 h,每个温度处理 3 次重复,每次重复 3 株苗木。植物生长室的光照强度设置为 700 $\mu mol \cdot m^{-2} \cdot s^{-1}$,光周期为 12/12 h,相对湿度设定为 65%。试验处理期间为了减少高温胁迫引起的水分亏缺,在花盆底部放置托盘以补充水分。待试验结束后,选取从上至下第 5—8 片完整的、无病虫害的功能叶片用于细胞伤害率的测定。用 Logistic 方程对转化细胞伤害率和处理温度进行拟合,拟合曲线上的拐点温度即为红提葡萄苗木的 LT50。

动态高温胁迫处理:待红提葡萄苗木有 8~10 片功能叶完全展开时,选取生长健康且长势一致的盆栽苗移入到植物生长室中进行 3 d 预培养(28 ℃,光周期 12/12 h,相对湿度和光合有效辐射(PAR,ptotosynthetic active radiation)分别为 65% 和 700 μmol·m^{-2}·s^{-1})。之后,开始进行不同温度的处理,动态高温胁迫试验同样于 2015 年、2016 年和 2017 的 7 月至 9 月进行。动态高温处理的温度日变化模拟南京当地夏季的自然气温特征,由程序自动控制,最高温度分别为 34、36、38、40 ℃,以 28 ℃ 为对照,24 h 连续运转,之后进入程序的下一个循环,直至所有高温胁迫试验结束(程方民 等,2003)。植物生长室中除温度之外,其他环境因子均保持一致,相对湿度和光照强度设定为 65% 和 700 μmol·m^{-2}·s^{-1}(吴月燕 等,2005),光周期设定为 12/12 h(08:00—20:00)。试验处理期间为了减少高温胁迫引起的水分亏缺,花盆底部放置托盘以补充水分。

持续高温胁迫处理:计算出红提葡萄苗木的 LT50 为 44.6 ℃,设置 4 个高温处理(41、43、45、47 ℃),在植物生长室对红提苗木分别持续处理 1、3、5、7 h,该试验于 2015 年、2016 年和 2017 年的 8 月 2 日开始,9 月 7 日结束。植物生长室中除温度设置不同之外,其他环境因子均保持一致,相对湿度和光照强度设定为 65% 和 700 μmol·m^{-2}·s^{-1}(吴月燕 等,2005)。试验处理期间为了减少高温胁迫引起的水分亏缺,花盆底部放置托盘以补充水分。

4.3.1 高温胁迫对葡萄叶片相对含水量(RWC)的影响

图 4-9 所示,在对照水平下(28 ℃),葡萄叶片的 RWC 减少的不显著,随着高温胁迫水平的增加,RWC 显著下降。经 38 ℃ 处理 6 天后,葡萄叶片的 RWC 在所有处理中减少得最快,与 38 ℃ 处理 4 天相比,减少了 5.3%。

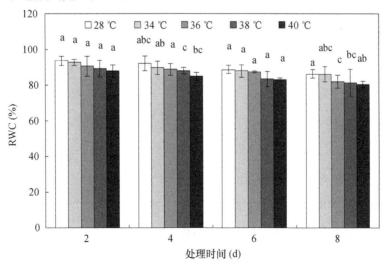

图 4-9　不同处理时间下高温对 RWC 的影响

4.3.2　高温胁迫对葡萄叶片叶绿素含量的影响

表 4-6 表明,随着高温处理时间的延长,叶绿素 a 先增加后减少。与 28 ℃、8 d 处理相比,叶绿素的最值均出现在 34 ℃和 36 ℃,处理时间为 6 d。38 ℃和 40 ℃下处理 4 d 后,叶绿素 a 达到了最大值,且叶绿素 a 分别减少了 13.3％和 21.8％。叶绿素 b 的变化趋势与叶绿素 a 一致;在所有的高温处理当中,随着处理时间的增加,类胡萝卜素呈现增加的趋势,而叶绿素与类胡萝卜素的比值则呈现下降的趋势。

表 4-6　高温胁迫对葡萄叶片光合色素的影响

温度 (℃)	处理时间 (d)	叶绿素 a (mg·g⁻¹FM)	叶绿素 b (mg·g⁻¹FM)	类胡萝卜素 (mg·g⁻¹FM)	叶绿素/类 胡萝卜素
28	2	4.07±0.09 b	0.15±0.02 c	1.91±0.11b	2.21±0.15 b
	4	5.85±0.78 a	0.18±0.02 c	1.64±0.17 a	3.68±0.09 b
	6	7.37±0.90 ab	1.58±0.16 a	1.43±0.15 b	6.26±0.22 a
	8	7.49±0.63 b	2.07±0.05 b	1.11±0.15 b	8.61±0.94 a
34	2	5.76±0.57 a	0.26±0.02 b	1.16±0.11 a	5.19±0.11 b
	4	6.02±0.86 a	0.28±0.12 b	1.39±0.12 a	4.82±0.18 b
	6	6.75±1.02 a	1.04±0.06 a	1.65±0.19 b	4.72±0.08 b
	8	6.16±0.55 a	1.53±0.06 a	1.96±0.11 b	3.92±0.29 a
36	2	6.05±1.14 bc	0.61±0.08 b	1.34±0.14 a	4.97±0.12 b
	4	6.21±0.60 c	0.81±0.03 b	1.46±0.20 b	4.81±0.10 b
	6	7.24±0.88 a	0.96±0.13 a	1.87±0.13 ab	4.39±0.08 a
	8	6.56±0.90 ab	1.87±0.34 a	2.18±0.15 b	3.87±0.17 a
38	2	6.36±1.4 b	0.25±0.02 b	1.44±0.16 a	4.59±0.09 b
	4	6.49±1.24 b	1.25±0.23 a	1.69±0.28 a	4.56±0.04 b
	6	5.88±0.85 a	0.96±0.13 a	2.06±0.23 a	3.32±0.35 a
	8	5.79±0.75 a	0.93±0.10 a	2.19±0.26 a	3.07±0.43 a
40	2	5.77±1.05 b	0.21±0.01 b	2.01±0.55 a	2.98±0.11 c
	4	5.86±1.00 b	0.87±0.14 a	2.14±0.29 a	3.14±0.08 c
	6	5.79±0.56 a	0.78±0.03 a	2.26±0.12 a	2.91±0.09 a
	8	5.20±0.53 a	0.62±0.02 a	2.33±0.13 a	2.50±0.31 b

4.3.3　高温胁迫对葡萄叶片光合参数的影响

随着处理天数的增加,P_{max} 在 34 ℃和 36 ℃下增加,在 38 ℃下先增加后减少,而在 40 ℃下下降(表 4-7);且高温胁迫处理下的 P_{max} 显著低于对照。AQE 和 LSP 的变化与 P_{max} 一致,经 38 ℃处理 6 天后,P_{max},AQE 和 LSP 与对照相比,分别减少了 71.9%,59.2% 和 62.9%。LCP 的变化与 LSP 相反,经 38 ℃处理 6 天,其值比处理 4 天高出 33.3%。

表 4-7　高温胁迫对葡萄叶片光合参数的影响

温度 (℃)	处理时间 (d)	P_{max} ($\mu mol \cdot m^{-2} \cdot s^{-1}$)	AQE	LSP ($\mu mol \cdot m^{-2} \cdot s^{-1}$)	LCP ($\mu mol \cdot m^{-2} \cdot s^{-1}$)
28	2	4.33±0.23 b	0.059±0.013 a	288±14 c	124±7 a
	4	7.80±0.15 c	0.067±0.017 a	504±28 b	104±8 a
	6	9.33±0.37 a	0.071±0.012 a	560±30 b	72±2 b
	8	9.43±0.49 a	0.077±0.009 a	728±50 a	68±7 b
34	2	2.75±0.16 c	0.035±0.007 b	107±12 c	68±6 a
	4	2.94±0.27 c	0.039±0.005 b	172±21 b	32±4 b
	6	4.60±0.52 b	0.047±0.006 ab	208±23 b	30±3 bc
	8	5.36±0.24 a	0.059±0.007 a	300±24 a	12±3 c
36	2	3.25±0.21 d	0.041±0.007 Cb	146±23 b	54±7 a
	4	3.92±0.33 c	0.045±0.016 ab	176±31 b	32±3 ab
	6	4.91±0.34 b	0.049±0.01 ab	288±29 a	28±4 ab
	8	5.44±0.21 a	0.067±0.013 a	336±32 a	12±2 b
38	2	3.33±0.17 ab	0.049±0.014 a	164±14 a	52±3 a
	4	3.91±0.16 a	0.053±0.006 a	194±11 a	24±3 b
	6	2.62±0.14 ab	0.029±0.005 b	108±9 b	32±4 b
	8	2.39±0.06 b	0.017±0.006 b	60±5 c	50±5 a
40	2	2.04±0.07 a	0.023±0.004 a	98±9 a	16±3 b
	4	1.84±0.30 a	0.017±0.014 ab	64±4 ab	24±2 b
	6	1.09±0.13 b	0.009±0.006 ab	44±5 b	34±4 ab
	8	1.11±0.02 b	0.003±0.002 b	28±4 b	48±5 a

4.3.4　高温胁迫对葡萄叶片抗氧化酶活性的影响

图 4-10 表明,高温处理下,超氧化物歧化酶(SOD),过氧化物酶(POD)和过氧化氢酶(CAT)活性均高于对照,且呈现先增加后减少的趋势。在 34 ℃和 36 ℃处理下,最大值均出现在 6 d,而在 38 ℃和 40 ℃下,最大值则出现在 4 d。与对照处理下的最大值相比,SOD 活性在 34 ℃、36 ℃、38 ℃和 40 ℃高温下的最大值分别增加了 49.9%、46.9%、58.6%和 72.3%。POD 的最大值分别是对照处理的 1.3、2.3、3.2 和 5.6 倍,然而 CAT 比对照高出 0.7、1.0、1.3 和 1.5 倍。

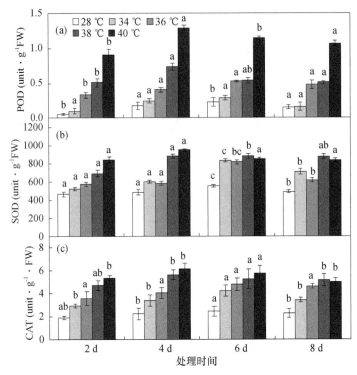

图 4-10　不同处理时间下高温对 POD(a),SOD(b)和 CAT(c)的影响

4.3.5　高温胁迫对葡萄叶片丙二醛(MDA)和相对电导率(REC)的影响

MDA 与 REC 的变化一致,均随着处理时间和胁迫程度的增加而增加(图 4-11)。处理8 d时,MDA 在 40 ℃下显著改变,其值比对照处理高出 2.47 倍。在 40 ℃高温处理下,MDA 在8 d的值是处理2 d的2.25倍。处理6 d和8 d后,REC 的值显著高于2 d和4 d,尤其在38 ℃和 40 ℃。经 40 ℃处理 6 d 和 8 d 后,REC 是处理 2 d 后的 2.4 倍和 2.1 倍。

4.3.6　高温胁迫对红提葡萄顶芽内源激素的影响

本研究测定葡萄的吲哚乙酸(indoleacetiC acid,IAA),赤霉素类(gibberenllins,GA),脱落酸(Abscisic acid,ABA),玉米素(Zeatin,ZT)等。

(1)动态高温胁迫对红提葡萄顶芽内源激素的影响

由图 4-12 可知,除 28 ℃处理外,其他高温处理下 IAA 含量均随着胁迫时间的延长而减少,34 ℃高温处理下 IAA 含量随胁迫时间下降幅度较缓慢,胁迫 8 d 的较 2 d 相比下降了 8.87%,而36、38、40 ℃在胁迫 8 d 时的 IAA 较 2 d 相比分别下降了 44.53%、64.52%、79.23%。高温胁迫处理 8 d 后,40 ℃下的 IAA 分别是 28、34、36、38 ℃处理下的 7.51%、11.45%、18.98%、34.21%。胁迫处理后期(6 d 和 8 d),各高温处理之间的差异性显著($P < 0.05$)。

动态高温胁迫对红提葡萄叶片赤霉素的影响见图 4-13,由此图可知,各高温胁迫下 GA3含量均随着胁迫时间的增加而下降,其中 28 ℃和 34 ℃的下降趋势缓慢,而其他高温处理的下降趋势迅速。经高温胁迫处理 8 d 后,40 ℃高温下 GA3 含量仅有 1.37 $\mu g \cdot g^{-1}$,分别是 40 ℃

高温处理 2、4、6 d 的 53.31％、41.52 和 24.91％;分别是 28、34、36、38 ℃处理下的 12.05％、16.31％、25.70％、41.52％。除胁迫 2 d 外,其余胁迫时间下各高温处理间的差异均达到了 0.05 水平下的显著性。

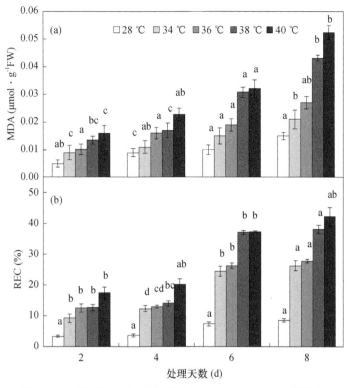

图 4-11 不同处理时间下高温对 MDA(a)和 REC(b)的影响

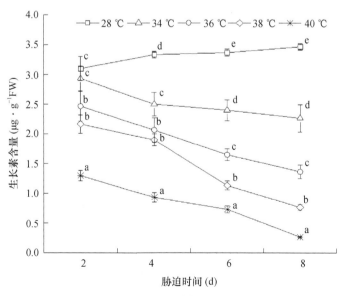

图 4-12 动态高温胁迫对红提葡萄顶芽生长素含量的影响

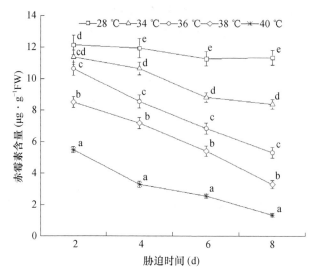

图 4-13　动态高温胁迫对红提葡萄顶芽赤霉素含量的影响

动态高温胁迫对红提葡萄顶芽反玉米素的影响见图 4-14,高温胁迫处理显著降低了 ZT 含量(28 ℃除外)。ZT 在高温胁迫下随着处理时间的延长不断下降,其中 40 ℃高温处理下的下降趋势最为明显,当胁迫处理 8 d 后,ZT 含量仅为 0.17 $\mu g \cdot g^{-1}$,分别是 28、34、36 和 38 ℃处理下的 9.44%、20.99%、20.48%和 36.17%。经高温胁迫处理 2 d 和 4 d 后,各处理间的差异性显著。

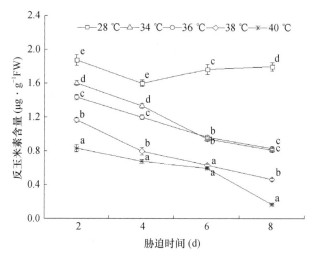

图 4-14　动态高温胁迫对红提葡萄顶芽反玉米素含量的影响

高温处理下红提葡萄顶芽 ABA 含量随胁迫时间的变化规律见图 4-15,从图中可以看出,同一高温胁迫下,ABA 含量随着胁迫时间的延长而增加,28、34 和 36 ℃增长的幅度较小,而 38 ℃和 40 ℃的增长的幅度较大,经 40 ℃处理 2、4、6、8 d 后 ABA 含量分别是相同胁迫时间下 28 ℃处理的 4.67、5.52、5.93、5.95 倍。同一胁迫时间下,ABA 含量随着温度的升高而增加,胁迫处理 8 d 后,经 40 ℃高温处理的 ABA 分别是 28、34、36、38 ℃处理的 5.95、5.33、3.03

和 1.31 倍。同一胁迫时间下,除 34 ℃处理与 28 ℃间差异不显著外,其他温度处理均与 28 ℃处理差异显著($P<0.05$)。

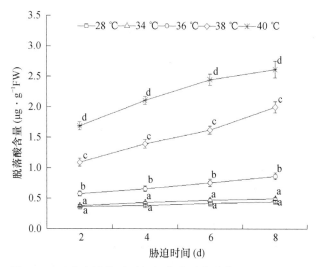

图 4-15 动态高温胁迫对红提葡萄顶芽脱落酸含量的影响

同持续高温胁迫处理下各激素之间的平衡关系变化趋势一致,即随着温度增加和胁迫时间延长,IAA/ABA、GA_3/ABA、ZT/ABA、(IAA＋GA_3＋ZT)/ABA 均呈现下降的趋势,且温度越高持续时间越长,下降的幅度就越大(图 4-16)。经 34 ℃胁迫处理 2、4、6、8 d 后,IAA/ABA、GA_3/ABA、ZT/ABA、(IAA＋GA_3＋ZT)/ABA 较同时间的对照处理相比下降幅度不大,IAA/ABA 分别下降了 12.46％、32.02％、36.69％、41.19％(图 4-16a);GA_3/ABA 分别下降了 8.44％、21.31％、30.63％、33.73％(图 4-16b);ZT/ABA 分别下降了 17.50％、26.35％、52.57％、59.51％(图 4-16c);(IAA＋GA_3＋ZT)/ABA 分别下降了 10.39％、24.20％、34.23％、38.03％(图 4-16d)。而经 40 ℃胁迫处理 8d 后,IAA/ABA、GA_3/ABA、ZT/ABA、(IAA＋GA_3＋ZT)/ABA 较同一时间的对照相比则下降了 98.71％、97.99％、98.29％、98.12％。

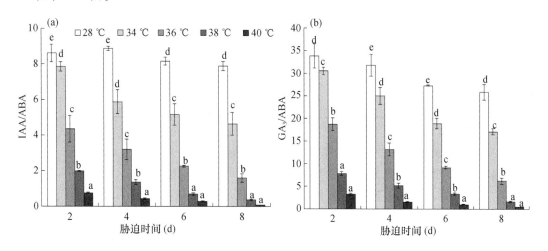

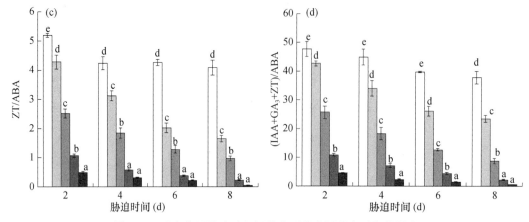

图 4-16 动态高温胁迫对红提葡萄顶芽内源激素平衡的影响

动态高温胁迫处理下红提葡萄顶芽内源激素及其比值之间的相关性分析见表 4-8。从表中可以看出,IAA 与 ZT 和 ZT/ABA 之间显著相关($P<0.05$),与其他指标之间极显著相关($P<0.01$);GA$_3$ 除与 ZT/ABA 显著相关外($P<0.05$),与其他指标之间极显著相关($P<0.01$);ZT 与所有指标极显著相关($P<0.01$);ABA 除与 ZT/ABA 显著相关外($P<0.05$),与其他指标之间极显著相关($P<0.01$);IAA/ABA 与 GA$_3$/ABA、ZT/ABA、(IAA+GA$_3$+ZT)/ABA 极显著相关($P<0.01$);GA$_3$/ABA 与 ZT/ABA 和(IAA+GA$_3$+ZT)/ABA 极显著相关($P<0.01$);ZT/ABA 和(IAA+GA$_3$+ZT)/ABA 极显著相关($P<0.01$)。

表 4-8　动态高温胁迫下红提葡萄内源激素及其比值之间的相关性分析

相关系数	IAA	GA$_3$	ZT	ABA	IAA/ABA	GA$_3$/ABA	ZT/ABA	(IAA+GA$_3$+ZT)/ABA
IAA	1	0.999**	0.988*	−0.998**	0.992**	0.992**	0.947*	0.991**
GA$_3$		1	0.992**	−0.999**	0.996**	0.996**	0.981*	0.995**
ZT			1	−0.996**	0.995**	0.999**	0.992**	0.993**
ABA				1	−0.996**	−0.994**	−0.983*	−0.994**
IAA/ABA					1	0.999**	0.994**	1.000**
GA$_3$/ABA						1	0.991**	1.000**
ZT/ABA							1	0.994**
(IAA+GA$_3$+ZT)/ABA								1

注:*、** 分别表示在 0.05 和 0.01 水平下显著。

(2)持续高温胁迫对红提葡萄顶芽内源激素的影响

高温胁迫处理下红提葡萄顶芽内 IAA 含量随时间的变化情况见图 4-17,即 IAA 含量随着温度的升高和处理时间的延长而减少。41、43、45 ℃高温胁迫处理下,IAA 含量随胁迫时间延长下降的幅度不显著,胁迫处理 7 h 后,41、43、45 ℃下 IAA 含量较 28 ℃相比分别下降了36.36%、48.25%、56.64%。47 ℃高温胁迫处理 7 h 后,IAA 含量下降明显,其中在 7 h 时的值只有 0.24 μg·g^{-1},是 47 ℃处理 1 h 的 54.55%,是 28 ℃处理 7 h 的 16.78%。

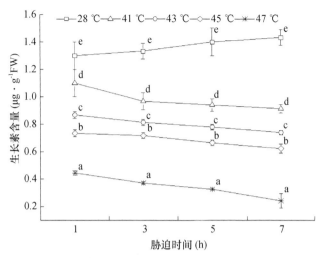

图 4-17 持续高温胁迫对红提葡萄顶芽生长素含量的影响

高温胁迫处理对红提葡萄顶芽内 GA_3 含量的影响见图 4-18,从图中不难看出,GA_3 随温度及胁迫时间的变化规律与 IAA 一致。高温胁迫处理均显著减少了 GA_3 含量,胁迫处理7 h后,41、43、45、47 ℃高温胁迫下的 GA_3 含量分别比 28 ℃减少了 24.96%、41.59%、61.18%、88.56%。经 47 ℃高温胁迫处理 7h 后,GA_3 含量较 47 ℃高温下胁迫1、3、5 h 相比分别减少了的 70.40%、56.86%、41.59%。

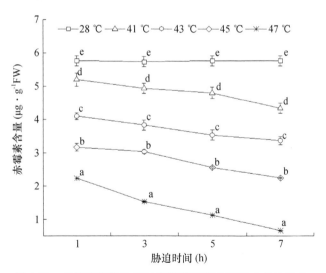

图 4-18 持续高温胁迫对红提葡萄顶芽赤霉素含量的影响

持续高温胁迫对红提葡萄顶芽反玉米素 ZT 的影响见图 4-19,28 ℃处理下的 ZT 显著高于高温处理下的 ZT。经高温胁迫处理 7 h 后,ZT 含量显著减少,尤其是经 47 ℃高温胁迫7 h,其减少的幅度最大。胁迫开始(1 h)时,41、43、45、47 ℃高温胁迫下的 ZT 含量分别是28 ℃的 73.80%、65.48%、50.00%、30.95%;经高温胁迫 7 h 后,41、43、45、47 ℃处理下的ZT 含量分别是 28 ℃的 61.17%、45.86%、25.29%、5.40%。

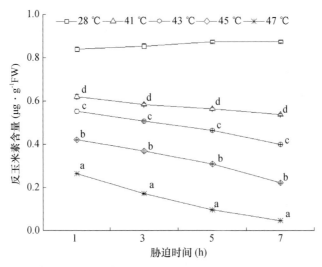

图 4-19　持续高温胁迫对红提葡萄顶芽反玉米素含量的影响

持续高温胁迫处理后,红提葡萄顶芽 ABA 含量随胁迫时间的变化见图 4-20。从图中可知,ABA 含量随着胁迫温度及时间的增加而呈现上升的趋势,41 ℃高温处理下,ABA 含量随胁迫时间的增加与 28 ℃处理相差很少。经 43、45、47 ℃高温胁迫处理后,ABA 含量较28 ℃处理相比大幅度增加。经 47 ℃高温胁迫处理 3 h 后,ABA 含量急剧增加,胁迫 7 h 后,ABA 含量最高,为 1.25 μg·g^{-1},是同一胁迫时间下 28 ℃处理的 5.21 倍,是同一温度下胁迫 1 h 的 1.67 倍。

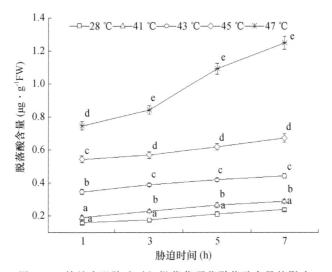

图 4-20　持续高温胁迫对红提葡萄顶芽脱落酸含量的影响

为了研究红提葡萄内部各激素之间的相互作用,本研究分别对 IAA、GA$_3$、ZT 与 ABA 的比值及三者之和与 ABA 的比值进行了分析,结果见图 4-21。研究结果显示,IAA/ABA 随胁迫时间的延长及处理温度的升高而下降,且下降幅度与温度和时间正相关(图 4-21a)。分别经 47 ℃胁迫处理 1、3、5、7 h 后,IAA/ABA 较同时间对照处理相比下降了 92.78%、94.17%、95.44%、

97.15%,即高温胁迫抑制了 IAA 的分泌而促进了 ABA 的分泌,从而延缓了红提葡萄的生长。同样对高温胁迫处理后的 GA$_3$/ABA 进行了分析(图 4-21b),研究结果显示其随时间及温度的变化趋势与 IAA/ABA 一致,温度越高持续时间越长,GA$_3$/ABA 就越小。经 47 ℃胁迫处理 7 h 后其比值最小,只有同一时间 28 ℃处理的 2.21%,但是在 47 ℃胁迫处理的过程中,GA$_3$/ABA 随时间延长减小的幅度不同,47 ℃胁迫 7 h 的值是胁迫 1 h 的 17.67%。

ZT/ABA 随处理温度及胁迫时间的变化规律与 IAA/ABA 和 GA$_3$/ABA 一致,且各处理之间的差异性显著(图 4-21c)。经 47 ℃胁迫处理 7 h 后,ZT/ABA 只有 0.037,这可能是因为 ZT 有很高的生命活性,对温度的反应很敏感。(IAA+GA$_3$+ZT)/ABA 经高温胁迫处理不同时间后的变化见图 4-21d,从图中可以看出,其变化趋势与以上三者一致,均在 47 ℃胁迫 7 h 后出现了最小值。造成各激素之间动态变化的原因可能是因为高温显著抑制了 IAA、GA$_3$、ZT 的分泌,导致其含量降低,而高温又促进了 ABA 的分泌,导致其含量升高,从而延缓了红提葡萄苗木的生长。

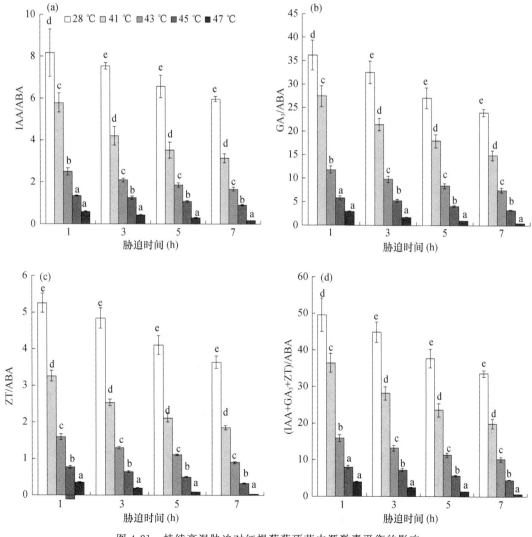

图 4-21　持续高温胁迫对红提葡萄顶芽内源激素平衡的影响

持续高温胁迫处理下红提葡萄顶芽内源激素及其比值之间的相关性结果见表 4-9,从表中不难看出,除 ABA 与其他值之间呈负相关外,其他指标之间均呈现正相关。其中 IAA 与、GA_3、ZT、GA_3/ABA、ZT/ABA、$(IAA+GA_3+ZT)/ABA$ 之间呈显著正相关($P<0.05$),与 IAA/ABA 呈极显著正相关($P<0.01$);GA_3 除与 IAA/ABA 呈显著正相关外($P<0.05$),与其他均呈极显著相关($P<0.01$);ZT 与所有指标都极显著相关($P<0.01$);ABA 除了与 IAA 和 IAA/ABA 显著相关($P<0.05$)外,与其他指标均极显著相关($P<0.01$);IAA/ABA 除了和 GA_3、ABA 显著相关($P<0.05$)外,与其他指标均极显著相关($P<0.01$);GA_3/ABA 与所有指标均极显著相关($P<0.01$);ZT/ABA 和 $(IAA+GA_3+ZT)/ABA$ 与所有指标均极显著相关($P<0.01$),IAA 除外($P<0.05$)。

表 4-9　持续高温胁迫下红提葡萄内源激素及其比值之间的相关性分析

相关系数	IAA	GA_3	ZT	ABA	IAA/ABA	GA_3/ABA	ZT/ABA	$(IAA+GA_3+ZT)/ABA$
IAA	1	0.985*	0.983*	−0.976*	0.992**	0.988*	0.989*	0.989*
GA_3		1	1.000**	−0.997**	0.988*	0.993**	0.994**	0.993**
ZT			1	−0.999**	0.990**	0.995**	0.996**	0.994**
ABA				1	−0.989*	−0.995**	−0.998**	−0.994**
IAA/ABA					1	0.999**	0.998**	0.999**
GA_3/ABA						1	1.000**	1.000**
ZT/ABA							1	1.000**
$(IAA+GA_3+ZT)/ABA$								1

注:*、** 分别表示在 0.05 和 0.01 水平下显著。

植物为了适应高温环境、减少高温胁迫对其生长发育的影响,它们会通过自身的调节作用建立新的激素动态平衡(Fu,2010)。到目前为止,关于高温胁迫处理对 IAA 影响机理还尚不清楚,本研究表明持续高温胁迫和动态高温胁迫都会使 IAA 的含量降低,这与薛思嘉等(2018)对黄瓜的研究结论一致,然而也有相关研究得出了不同的结论(杨东清,2014)。本研究认为造成 IAA 减少的原因可能是因为高温胁迫使植物活性降低,叶片衰老,植物体内 IAA 含量也就随之减少(刘慧 等,2014)。本研究中 GA_3 随高温胁迫时间的变化趋势与 IAA 一致,然而有研究却发现高温胁迫促使水稻籽粒中 GA_3 含量的上升(王丰 等,2006)。GA_3 在高温胁迫下的变化规律还与植物本身的耐热性相关,有待于进一步研究。ZT 在高温胁迫处理后的变化趋势与朱鑫等(2006)的研究结果一致,即温度越高 ZT 含量越少,究其原因可能是因为 ZT 可以促进气孔关闭、减少蒸腾作用来保护植物遭受热害(李文丹 等,2016)。ABA 在植物遭遇逆境胁迫时含量会显著增加,从而能够使植物产生适应性和保护性反应(Tel′ Kosakovskaya et al.,1989)。结果也表明,高温胁迫处理下红提葡萄顶芽的 ABA 含量会增加,这与黄瓜幼苗(Talanova et al.,2002)以及草坪草(Liu et al.,2005)等的研究结果一致。其原因可能是因为高温胁迫下大量积累的 ABA 在减少植物体内水分的运输途径的同时却可以增加共质体的水流运输,从而促进水分吸收,增大气孔开度来抵御高温胁迫(Leung et al.,1998)。

各激素在动态平衡中调控植物的生长,已有研究表明 IAA/ZR 升高有助于胡萝卜的抽苔,而 IAA/(Z+ZR) 降低有助于植株的分蘖(李春喜 等,2000)。本研究中的 IAA/ABA、GA_3/ABA、ZT/ABA、(IAA+GA3+ZT)/ABA 都随着处理温度和胁迫时间的增加而降低,且温度越高持续时间越长,下降的幅度就越大,这说明高温胁迫显著抑制了红提葡萄苗木的生长,此结果与水稻的相关研究一直(陶龙兴 等,2006)。

4.3.7 高温胁迫对红提葡萄叶片热激基因表达的影响

为了对外界的高温胁迫做出应答,植物会产生热激反应,诱导热激蛋白和一些与耐热性相关的基因的表达,对植物起到保护作用(周人纲 等,1994;Miller et al.,2006)。热激转录因子 HSF 可以调节 HSP 的表达,位于信号传导途径的下游可以传递热胁迫信号,因此,在植物耐热性研究中有重要价值(李岩 等,2015)。为了研究设施红提葡萄在持续高温胁迫处理下热激蛋白及相关基因的表达,对红提葡萄苗木进行了人工模拟试验,在基因水平上分析了持续高温胁迫对热激基因表达量的影响,为高温胁迫下设施红提葡萄分子生物学特性的变化提供理论基础。

(1)持续高温胁迫下红提葡萄叶片热激蛋白基因的表达分析

抗逆蛋白和抗逆基因的表达分析对了解植物高温抗热机制有着重要的意义,$Hsp70$ 是植物耐热性研究中最常见的蛋白。对不同高温处理后红提葡萄叶片 $VvHsp70$ 基因的表达进行了检测,结果见图 4-22。从图中可以看出,与对照处理(0 h)相比,经高温处理后的 $VvHsp70$ 基因的表达量上升。41 ℃、43 ℃、45 ℃高温处理下,$VvHsp70$ 的表达量随着胁迫时间的增加而增加。经 47 ℃处理 7 h 后,$VvHsp70$ 的表达量随胁迫时间的延长先上升,3 h 出现了最大值,较胁迫 1 h 增加了 22.66%,之后的 5~7 h 表达量开始下降。各高温处理下的 $VvHsp70$ 基因表达量均与 0 h 的差异显著。

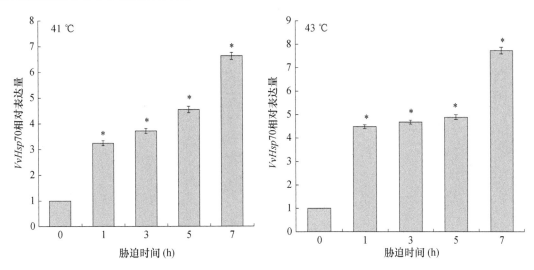

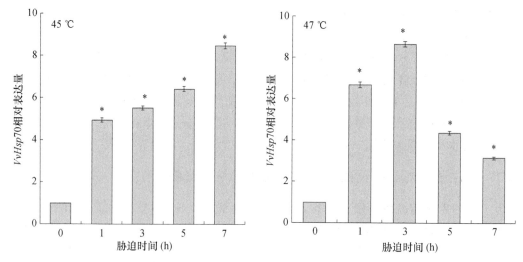

图 4-22　*VvHsp*70 基因在不同温度下的表达量

注：* 表示各处理与 0 h 在 0.05 水平下显著，下同

同样对高温胁迫下 *VvHsp*100 基因的表达量进行了分析，结果见图 4-23。从图中不难发现，经高温胁迫处理后 *VvHsp*100 基因的表达量与对照（0h）相比均上升。*VvHsp*100 基因随胁迫时间的变化规律与 *VvHsp*70 基因一致，即在 41 ℃、43 ℃、45 ℃高温处理下，随着胁迫时间的增加表达量呈上升趋势，其中 41 ℃、43 ℃、45 ℃处理 7 h 后的表达量分别是对照处理（0 h）的 13.45、22.94、22.95 倍。47 ℃高温处理下，*VvHsp*100 的表达量随胁迫时间呈先上升后下降的趋势，在胁迫 5 h 的表达量出现峰值。各处理与对照的差异性均显著。

（2）持续高温胁迫下红提葡萄叶片热激转录因子基因的表达分析

高温逆境也影响了葡萄叶片 Hsfs 的表达，*VvHsfA*1 在高温胁迫下的表达情况见图 4-24。从图中不难看出，41 ℃和 43 ℃高温下，*VvHsfA*1 随胁迫时间的延长其表达量上升，41 ℃和 43 ℃在胁迫 7 h 的表达量分别是对照处理的 5.25 和 5.84 倍。45 ℃和 47 ℃高温下其表达量先上升后下降，各处理与对照之间均呈显著性差异。*VvHsfA*1 在 45 ℃和 47 ℃处理下的表达量最值分别出现在 5 h 和 3 h，分别是对照的 6.84 和 6.59 倍。

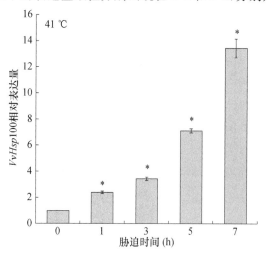
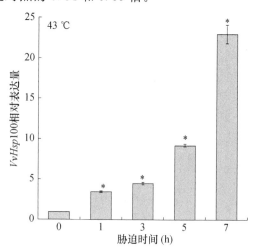

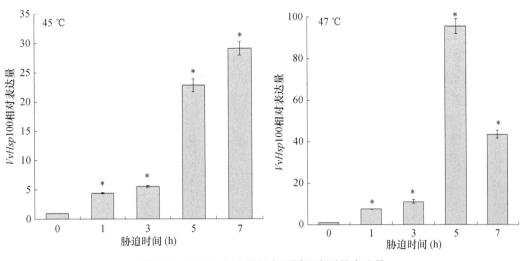

图 4-23 $VvHsp$100 基因在不同温度下的表达量

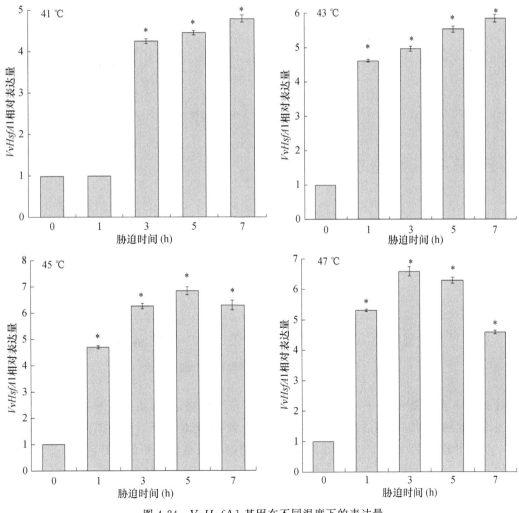

图 4-24 $VvHsfA$1 基因在不同温度下的表达量

　　高温胁迫下 $VvHsfA2$ 随处理时间的表达量与 $VvHsp100$ 一致,即表达量上升(图 4-25)。41 ℃、43 ℃、45 ℃高温胁迫下 $VvHsfA2$ 表达量的最大值出现在 7 h,分别是对照处理的 7.68、9.25、23.31 倍。47 ℃高温胁迫下 $VvHsfA2$ 的峰值出现在胁迫的 5 h,较对照相比,表达量升高了 57.96 倍。高温处理下 $VvHsfA2$ 的表达量与对照的差异显著。

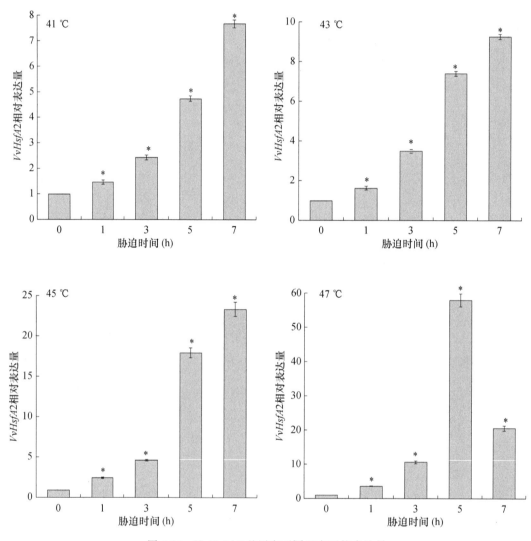

图 4-25　$VvHsfA2$ 基因在不同温度下的表达量

　　对 $HsfsB$ 类家族的 $VvHsfB1$ 基因的表达进行了检测,检测结果见图 4-26。$VvHsfB1$ 基因表达量随胁迫时间的表达情况与 $VvHsfA2$ 一致,表达量大于对照处理。同样地,41 ℃、43 ℃、45 ℃处理下 $VvHsfA2$ 的表达量随胁迫时间的延长也在不断的上升,而在 47 ℃下,表达量随着胁迫时间的延长先上升后下降。各处理与对照之间的差异性显著。

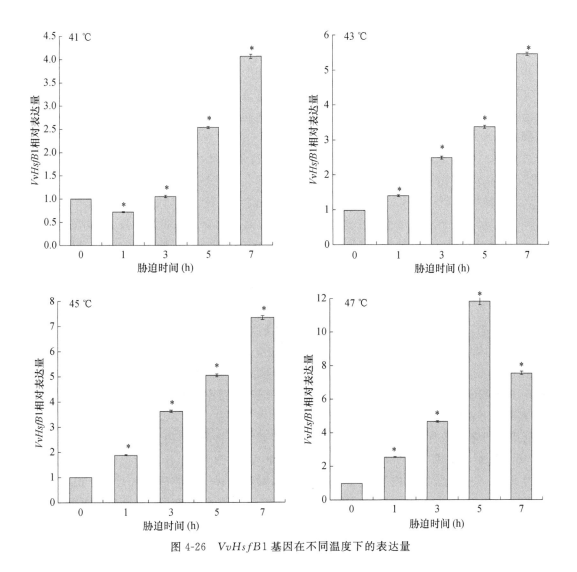

图 4-26 $VvHsfB1$ 基因在不同温度下的表达量

4.4 高温高湿胁迫致灾机理

在设施栽培中,高温高湿是设施栽培中春夏季的主要气象灾害,已经研究表明,高温高湿环境会严重影响植株的生长和果实品质(陈伊娜 等,2015;王斌 等,2011)。前人关于环境因子对于作物叶片气孔和光合特性方面影响的研究有一些报道,已经证实 R:FR 值(杨再强 等,2011)、水分胁迫(王春艳 等,2013)、温度胁迫(郑云普 等,2015)、昼夜温差、重金属污染(Nguyen et al. ,2016)等因素均会对叶片气孔特征和叶片性状产生影响。同时,高温高湿复合灾害对作物的生理生化指标(韩英 等,2016)、抗氧化性(徐小万 等,2008)以及叶片光合参数产生(Shu et al. ,2014)严重影响。王斌等(2011)发现,适当地提高温度湿度(25~35 ℃,75%)可以提高沼泽小叶桦叶片的光合水平,而在高温高湿(30~40 ℃,90%)处理下会抑制沼泽小叶桦的生长,并使其蒸腾速率,净光合速率,气孔导度降低。Wei 等(2013)研究了人工增温对玉米叶片生理生化的影响,发现适当增温可增加玉米叶片气孔指数;Blanke等(2004)发现,水分胁迫导致叶片气孔的关闭,原因有可能是因为干旱导致了叶片中乙烯的释放。目前,关于高温或者高湿单一因素影响气孔特性方面有较多研究,而在高温高湿复合灾害对作物叶片气孔和光合特性的影响鲜有报道。本研究通过人工控制环境试验,研究高温高湿复合灾害对设施葡萄叶片气孔及光合特性的影响,以期为减少设施葡萄气象灾害防御提供参考。

试验于 2016 年 10—11 月在南京信息工程大学农业气象试验站进行,以 1 年生设施葡萄"红提"(*Eriobotrya japonica*)为试材。在伸蔓期选取生长状态良好且发育状况相近的葡萄苗移至人工气候箱(TPG1260,Australian)内进行高温高湿处理。参考舒英杰等(2014)和潘文等(2012)的试验方法,设计本研究中高温高湿胁迫的处理组合。试验设置昼温 30 ℃,空气相对湿度 70%±5%(记为处理 T1RH1)、35 ℃、80%±5%(T2RH2),40 ℃、90%±5%(T3RH3)。以昼温 25 ℃,空气相对湿度 60%±5%为对照(CK),所有处理夜温为 18 ℃。每个处理 3 个重复,连续处理 2 d,4 d,6 d,8 d。人工气候箱内光合有效辐射设置为 800 μmol·m^{-2}·s^{-1},昼夜时长分别设置为 12 h。在上午 10:00—12:00 选取葡萄植株中部健康、年轻的功能叶片(每盆选取一片,每片选择两个取样部位),用脱脂棉轻轻拭去叶片表面的灰尘,将无色速干指甲油均匀涂抹在葡萄叶片下表面(据张延龙等研究知,葡萄属植物叶片气孔仅分布于叶片下表面,因此,本研究只选取叶片下表皮进行实验)边缘处,待指甲油干透后,用无色胶带纸将其轻轻撕下,覆于载玻片上作为样本。将完成的取样放置于 40 倍率的光学显微镜(Olympus CX-31)下,观察叶片下表皮的气孔特征。

利用数码测距软件 Motic Images Advanced 观察气孔特征:每份取样随机选取三个不同视野,每个视野内随机选择五个开放气孔作为测量对象(图 4-27)。测量视野内的气孔数目与视野面积,求算单位面积内气孔数量;测量气孔两侧的保卫细胞横轴长度为气孔宽度,纵轴长度为气孔长度;两侧保卫细胞所围的阴影最宽处为气孔开度;保卫细胞与其所围的阴影总面积为气孔面积;保卫细胞外围总长度为细胞周长;开放的气孔与总气孔之比为气孔开张比。

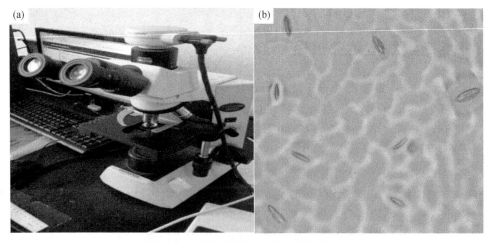

图 4-27　光学显微镜(a)及叶片气孔(b)

4.4.1 高温高湿对葡萄叶片气孔长度及宽度的影响

由图 4-28a 可知,叶片气孔在自然条件(20 ℃,相对湿度 50%)下,气孔长度最大,为 12.82 μm;在 T3RH3 处理 8 d 时,长度最小,为 10.30 μm。CK 气孔长度在 12.40 μm 处上下波动,但无显著差异。从高温高湿胁迫开始,气孔长度出现了明显的下降趋势,且随着胁迫程度的增加,气孔长度的下降趋势也愈加明显。三个胁迫组,气孔长度均在胁迫的第 8 d 达到最低值,与初始相比,分别降低了 9.75%,16.22%,19.47%。由图 4-28b 可知,叶片气孔宽度同样是在自然条件下达到最大,为 8.47 μm;最低宽度出现在 T3RH3 处理 8 d 时,为 6.79 μm。CK 的气孔宽度大约为 8.00 μm 且无明显变化。气孔宽度在 T1RH1 呈缓步下降趋势,而在 T2RH2 则下降较为剧烈,但在处理 8 d 结束时,三个胁迫组的气孔宽度相差不大,与对照相比,大约降低 16%。总体而言,CK 的叶片气孔长度和宽度无明显变化,而胁迫处理的植株随着胁迫程度的增加,长度和宽度的下降趋势越加明显。

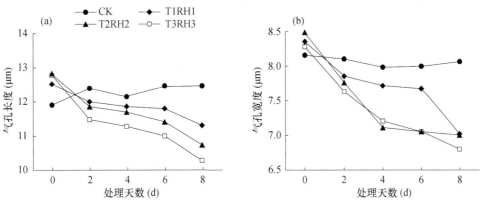

图 4-28 高温高湿对葡萄叶片下表皮气孔长度、宽度的影响

4.4.2 高温高湿对叶片气孔开度及开张比的影响

高温高湿复合灾害对叶片下表皮气孔开度和开张比的影响见图 4-29。图 4-29a 所示,CK 气孔开度的变化是一条围绕 2.70 μm 波动的折线,无明显变化。自然条件下的气孔开度最大,为 3.28 μm。T1RH1 在胁迫刚开始,气孔开度下降较为缓慢,处理 2 d 天之后气孔开度下降加快。T2RH2 与 T3RH3 随处理时间的变化趋势基本近似,处理前两天气孔开度迅速下降之后变缓,且 T2RH2 的下降速率略小于 T3RH3。在 T3RH3 处理到第 8 d 时,气孔开度达到最小,为 1.23 μm。

图 4-29b 所示为下表皮气孔开张比,即开放的气孔占气孔总数的百分比,由图可知,在正常情况下,气孔开张比在 75%~85% 之间,而高温高湿胁迫则会降低气孔开张比,即叶片中关闭的气孔比例增加。在图 4-29 中,CK 及 T1RH1 中气孔开张比随时间的变化幅度很小,说明 T1RH1 与 CK 对气孔开张比的影响不大。从 T2RH2 开始,气孔开张比开始随着处理时间有明显的下降趋势,且随着胁迫程度的加深,下降趋势更加明显,在 T3RH3 处理第 8 天时达到最小值 40%,即关闭的气孔比例增加至气孔总数的 60%。

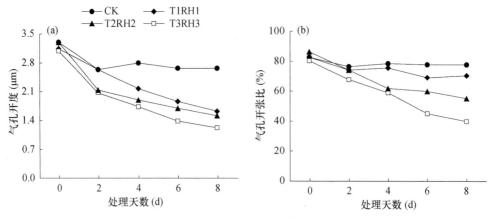

图 4-29　高温高湿对葡萄叶片下表皮气孔开度、开张比的影响

4.4.3　高温高湿对葡萄叶片下表皮气孔密度的影响

如图 4-30 所示,高温高湿复合灾害对叶片的气孔密度也有着一定的影响,CK 的叶片气孔密度随着处理时间的增加略有增加。三个高温高湿胁迫组的叶片气孔密度随处理时间的增加而增大,随着胁迫程度的加深,气孔密度的上升陡度逐渐增加。四个处理组中,气孔密度的变化范围在 $450 \sim 700$ mm^{-2} 之间,最小值为 456.52 mm^{-2},最大值为 669.57 mm^{-2},均出现在 T3RH3 第 8 d。

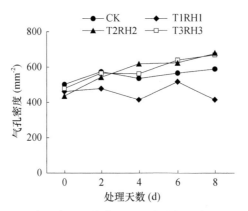

图 4-30　高温高湿对葡萄叶片下表皮气孔密度的影响

4.4.4　高温高湿对葡萄叶片下表皮气孔面积和周长的影响

图 4-31 表示了高温高湿处理对于葡萄叶片下表皮气孔的面积和周长的影响。图 4-31a 可以看出,在自然条件下,不同植株的葡萄叶片气孔的面积大致相同,高温高湿胁迫后,气孔面积开始减小,且各胁迫组之间差异显著。最大气孔面积为 92.45 μm^2,最小气孔面积为 47.61 μm^2。CK 对照组的叶片气孔面积在 85.00 μm^2 上下波动,无明显变化。从第 2 天开始,叶片气孔的变化程度为 T3RH3>T2RH2>T1RH1,且随着处理天数的增加,这种差异也在逐渐增大,即随着胁迫程度的加深,叶片气孔面积减小的速率加快。直至第 8 天,叶片气孔减小至最低值,

三个胁迫组差异减小。

高温高湿对葡萄叶片下表皮的气孔周长也有着一定的影响,从图 4-31b 可以看出,在高温高湿胁迫下,气孔的周长随着时间呈下降的趋势,而与气孔面积不同的是,高温高湿的胁迫程度对气孔周长的减小程度影响不大。叶片气孔周长的最大值为 35.95 μm,最小值为 26.74 μm,随着处理时间的增加,气孔周长缓慢减小。

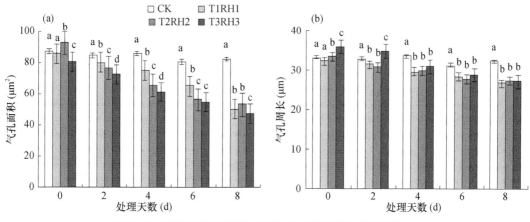

图 4-31 高温高湿对葡萄叶片下表皮气孔面积、周长的影响

4.4.5 高温高湿对葡萄叶片下表皮气孔导度与蒸腾速率的影响

高温高湿对葡萄叶片气孔导度和蒸腾速率的影响见图 4-32。由图 4-32a 所示,CK 和 T1RH1 的气孔导度随着处理时间的增加而不断上升,但是 T1RH1 的上升幅度要明显小于 CK,CK 在第 8 天时气孔导度达到最大,为 0.23 $mol \cdot m^{-2} \cdot s^{-1}$。T2RH2 和 T3RH3 的气孔导度变化则表现为随着处理时间的增加,叶片气孔导度呈现明显的下降趋势,至第 8 天达到最小值,为 0.026 $mol \cdot m^{-2} \cdot s^{-1}$。

叶片蒸腾速率变化曲线与气孔导度类似(图 4-32b),自然条件下叶片蒸腾速率在 1 $g \cdot m^{-2} \cdot h^{-1}$ 处左右。CK 表现为随处理时间的加长而增加,在第 8 天达到最大值 1.91 $g \cdot m^{-2} \cdot h^{-1}$。T1RH1 与 T2RH2 的呈现两条上下波动的曲线,整体趋势在上升,而在 T3RH3 中,随着处理时间的增加,叶片蒸腾速率明显下降,在第 8 天达到最小值 0.72 $g \cdot m^{-2} \cdot h^{-1}$。

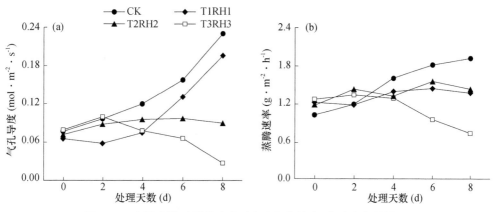

图 4-32 高温高湿对葡萄叶片下表皮气孔导度、蒸腾速率的影响

　　温度湿度的改变对于葡萄叶片的气孔导度,蒸腾速率和气孔特征有着很大的影响。气孔特征改变的同时也影响了气孔导度和蒸腾速率的变化。将四个胁迫组处理 8 d 的数据绘制成相关性系数统计表,如表 4-10 所示,可得,气孔导度,气孔长度,气孔开张比与温度湿度的相关性系数分别为 -0.983,-0.971,-0.989,呈极显著负相关。蒸腾速率,气孔开度与高温高湿的相关性系数分别为 -0.927 和 -0.904,达到显著性水平。气孔导度与气孔长度呈显著正相关,相关性系数为 0.924,气孔导度与气孔开张比的相关系数为 0.994,达到极显著正相关。叶片蒸腾速率与气孔长度,气孔开度,气孔开张比呈现显著正相关,相关系数分别为 0.907,0.892 和 0.905。叶片气孔导度和蒸腾速率的相关系数为 0.862,未达到相关系数临界值,因此不相关。

表 4-10　气孔导度,蒸腾速率与气孔特征间的相关分析

相关系数	湿度 RH	温度 T_m	气孔导度 CS	蒸腾速率 Tr	气孔长度 SL	气孔宽度 SW	气孔开度 SOL	气孔密度 SD	气孔开张比 SOR	气孔周长 SC	气孔面积 SA
湿度 RH	1										
温度 T_m	1	1									
气孔导度 Cs	-0.983^{**}	-0.983^{**}	1								
蒸腾速率 Tr	-0.927^{*}	-0.927^{*}	0.862	1							
气孔长度 SL	-0.971^{**}	-0.971^{**}	0.924^{*}	0.907^{*}	1						
气孔宽度 SW	-0.863	-0.863	0.768	0.865	0.954^{*}	1					
气孔开度 SOL	-0.904^{*}	-0.904^{*}	0.820	0.892^{*}	0.976^{**}	0.996^{**}	1				
气孔密度 SD	0.538	0.538	-0.683	-0.261	-0.382	-0.093	-0.173	1			
气孔开张比 SOR	-0.989^{**}	-0.989^{**}	0.994^{**}	0.905^{*}	0.926^{*}	0.780	0.832	-0.632	1		
气孔周长 SC	-0.720	-0.720	0.601	0.739	0.860	0.971^{**}	0.947^{*}	0.103	0.610	1	
气孔面积 SA	-0.811	-0.811	0.701	0.837	0.919^{*}	0.995^{**}	0.983^{**}	0.006	0.717	0.987^{**}	1

注:相关系数临界值 $R_{0.05}=0.878$,$R_{0.01}=0.959$。

　　植物通过吸收光能来促进光化学反应,但如果光能过剩,便会有光抑制的发生,为应对这

种情况,植物自身进化出一套有效、快速的修复系统。非光化学猝灭系数(qN)是植物耗散过剩的激发能的有效方式,是反映非辐射能力大小的有效指标。本研究表明叶片的非光化学猝灭系数(qN)在适光和强光下经不同温度处理后,均出现显著上升,说明随着温度的增高,叶片激活了更多的其他能量耗散机制。

根据 qN 各组分暗恢复时间的不同,可以分为快组分 qf 和慢组分 qI 两种,快组分主要包括与跨膜质子梯度有关的高能态荧光猝灭(qE)和与状态转换有关的中间组分 qT,由于状态转换在耗散中所占的比例较小,所以 qf 主要是由 qE 组成,通常用 qE 来近似表示依赖叶黄素循环的热耗散,慢组分 qI 反映光抑制程度。本研究发现,两种光强下随着处理温度的升高,qE 均呈现增加趋势,已有研究表明叶黄素循环的关键酶紫黄质脱环氧化酶(VDE)的体外最适温度为 38 ℃,说明光照激活了叶黄素循环,而适光下一定的高温会促进叶黄素循环的运行;对 qI 以及 qE/qN 的分析表明,高温对强光下的叶黄素循环产生抑制,依赖叶黄素循环的热耗散在高温强光胁迫时已不能完全满足对机体的保护作用,PSⅡ原初光能转化效率(Fv/Fm)降低、单位面积的反应中心数量(RC/CSm)减少的加剧以及 qI 的显著升高都证明叶片发生了严重的光抑制。

产生高温强光天气时葡萄发生日灼病概率较大,葡萄日灼病作为一种生理失调症,在中国很多产区普遍发生且危害严重,如 2003 年新疆"红地球"葡萄发生严重的日灼病,造成严重损失。日灼病主要对果实造成伤害,叶片的伤害症状是病部呈水浸状。对果实的研究表明,高温则是导致"红地球"日灼病发生的直接原因,强光则是关键因素。本研究发现,在适宜光强下,高温胁迫会导致叶片较严重的光抑制,但在强光下,叶片在适宜温度下便发生光系统的破坏,随着处理温度的升高,叶片发生严重的光抑制,说明强光对叶片光系统的影响程度大于高温对叶片光系统的影响程度,高温强光胁迫对叶片的伤害更加严重。在试验条件下,未出现大田环境中日灼叶片的失水症状,有研究表明紫外线 B(UV-B)对 PSⅡ有破坏作用,并能加速 D1 蛋白的降解,伴随强光出现的紫外线 B 是否是造成葡萄叶片日烧或气灼的主要因素还有待进一步研究。

适宜光强时,28~34 ℃内,叶片 PSⅡ单位面积有活性反应中心的数量和电子受体侧均未出现伤害,Pn 的下降主要是由于气孔限制引起的,温度超过 37 ℃时,PSⅡ反应中心和电子受体侧均出现伤害,发生较严重的光抑制,随着处理温度的升高依赖叶黄素循环的荧光猝灭占总荧光猝灭的比例增加;强光下,在 28~34 ℃内,PSⅡ反应中心和电子受体侧已受到显著伤害,温度达到和超过 37 ℃时,伤害进一步加剧,叶黄素循环开始受到抑制,强光及高温胁迫引起光合和荧光参数的剧烈变化,强光胁迫比高温胁迫更易造成 PSⅡ功能的伤害。

植物在遭受高温胁迫后,活性氧会大量产生,从而诱导有关抗氧化酶活性的提高,以减轻高温胁迫伤害。SOD 可歧化自由氧离子为 H_2O_2 和 O^{2-},生成的 H_2O_2 会诱导清除酶 POD 和 CAT 活性。45 ℃处理 6 h 时 SOD 活性降低,说明当胁迫强度超出植株的耐受能力时,H_2O_2 合成则明显受抑甚至丧失。但是随后在 150h 时表现出上升趋势的 SOD 活性表明植物在逆境存在一定时间后的自身应答系统被激发,与持续升高的 POD 和 CAT 活性共同作用,增强了植物的抗氧化能力(吴雪霞 等,2013)。同时可以将 45 ℃高温处理 150 h 时 POD 酶活性下降理解为植物高温胁迫长期发生后的适应性表现。另外,高温处理(35 ℃/45 ℃)后叶片积累大量 MDA,是植物细胞通过积累活性氧产生的膜脂过氧化产物,可破坏膜的完整性(Reddy et al.,2004;刘群龙 等,2011)。由上可知,动态的抗氧化酶活性会帮助植物适应逆境,但伤害(如积累 MDA)在 6 d 时没有减少,故有研究证明温度驯化能提高植物的抗热能力(张俊环和黄卫东,2003)。

夏季的高温高湿复合灾害对于伸蔓期葡萄的叶片生长有着很大的影响,适当的提高温度湿度(30 ℃,70%湿度)可促进葡萄叶片的新陈代谢,但过高的温度和湿度则会使植株叶片健康指数大幅下降甚至死亡。叶片的气孔导度在自然条件下(20 ℃,50%湿度)不高,根据杨再强等人研究高温对叶片衰老的影响,可知温度较低限制了叶片中抗氧化酶活性,进而使叶片活力下降。在三个胁迫组中,温度的升高使得气孔导度明显升高,但温度的升高也伴随着湿度的升高,湿度的升高则抑制了叶片活力,进而导致气孔导度下降。因此,在 T2RH2 和 T3RH3 中,随着处理天数的增加,气孔导度开始出现下降的趋势。叶片的气孔特征与高温高湿胁迫呈显著的负相关关系。在处理期结束(8 d)时,叶片的气孔导度,蒸腾速率则与气孔特征有着显著的正相关关系。

研究数据表明,伸蔓期设施葡萄在温度 25～30 ℃,相对湿度 60%～70%的环境下最为适宜,叶片健康指数最高,与杨阿利(2011)等研究结果:葡萄生长期的最适宜温度 25～28 ℃,相对湿度 70%～80%近似。研究结果可为温室中设施葡萄的栽培和高温高湿灾害提供一定的依据。

4.5 干旱胁迫致灾机理

干旱是主要的非生物制约因素之一,会对葡萄的生长和产量产生不利影响(Blum,2011)。叶片组织的水分亏缺会造成叶片渗透势(P)下降,但各种溶质对渗透调节的作用尚不清楚(During,1984),葡萄作为一种耐旱作物,其抗旱能力可能取决于溶质中促进渗透的有机和无机化合物比例的变化(Patakas et al.,2002)。水分胁迫会增强植物超氧化物歧化酶、过氧化氢酶和抗坏血酸过氧化物酶活性。Maatallah 等(2016)认为干旱胁迫,尤其是在 20%的田间持水量下,会使月桂的相对生长率(RGR),比叶重(LMA)和叶绿素含量降低。干旱胁迫会影响葡萄的生长发育和产量品质,在葡萄的花芽分化后的前三周出现水分亏缺会影响葡萄的开花坐果,因此,花后干旱对葡萄种植的损失最大(Hardie et al.,1976),果期水分亏缺会使葡萄果实低糖,低酸(Gachons et al.,2005)。葡萄藤在生长初期对干旱十分敏感,水分的亏缺会造成葡萄发育减缓,叶片与根系的生长受到抑制,节间芽数量减少,其藤蔓木质部的平均直径减小(Sara et al.,2013)。Patakas 等(1999)发现,地中海区域的葡萄会受到高蒸发量以及低土壤含水量造成的水分亏缺影响。目前,关于干旱及复水对葡萄的光合参数的影响却少有报道。通过人工控制试验环境,研究不同品种的葡萄在干旱胁迫下光合荧光参数的变化以及干旱胁迫后的恢复情况,比较葡萄品种间的抗旱性和恢复性,以期为葡萄种植的气象灾害防御和预防提供参考。

试验于 2017 年 4—6 月在南京信息工程大学农业气象试验站进行,以 1 年生葡萄红提和夏黑为试材,种植土壤为黑壤土。参考惠竹梅(2007)等人的试验方案,干旱胁迫处理见表 4-11,每个处理 3 盆,重复 3 次。以土壤含水量保持在田间持水量的 75%为对照(CK),试验环境昼温 25 ℃(±5 ℃),夜温 18 ℃(±5 ℃),空气相对湿度 60%±5%。利用 HOBO 气象站的土壤水分传感器检测土壤水分含量,复水处理将土壤含水量保持在田间持水量的 75%,

每个胁迫处理后第二天开始复水,隔两天测量一次叶片生理指标,连续测 5 次。

表 4-11 水分处理试验设计

处理	胁迫时间(d)	土壤含水量(%)	叶片水势(Ψ_b)
轻微胁迫 T1	3	16～20	$-0.3\ \text{MPa}\leqslant\Psi_b\leqslant-0.2\ \text{MPa}$
轻度胁迫 T2	6	12～16	$-0.4\ \text{MPa}\leqslant\Psi_b\leqslant-0.3\ \text{MPa}$
中度胁迫 T3	9	18～12	$-0.5\ \text{MPa}\leqslant\Psi_b\leqslant-0.4\ \text{MPa}$
重度胁迫 T4	12	4～8	$-0.6\ \text{MPa}\leqslant\Psi_b\leqslant-0.5\ \text{MPa}$
致死胁迫 T5	15	0～4	$\Psi_b\leqslant-0.6\ \text{MPa}$
CK	0	20～24	$\Psi_b\geqslant-0.2\ \text{MPa}$

4.5.1 干旱胁迫及复水对葡萄叶片净光合速率影响

葡萄叶片的光合参数随着干旱胁迫的加剧而产生变化(表 4-12)。两个葡萄品种叶片的净光合速率,气孔导度和蒸腾速率均呈现下降的趋势,且随着胁迫时间的延长,其减小的幅度增大,干旱处理后的第 15 天,葡萄叶片的光合参数均达到最小值。红提品种,叶片净光合速率的最大值出现在 CK 对照组,为 $10.16\ \mu\text{mol}\cdot\text{m}^{-2}\cdot\text{s}^{-1}$,其最小值为 $1.18\ \mu\text{mol}\cdot\text{m}^{-2}\cdot\text{s}^{-1}$,比 CK 显著降低了 88.3%。夏黑品种的最大净光合速率出现在 CK,为 $16.57\ \mu\text{mol}\cdot\text{m}^{-2}\cdot\text{s}^{-1}$,最小值为 $5.70\ \mu\text{mol}\cdot\text{m}^{-2}\cdot\text{s}^{-1}$,比 CK 显著降低了 65.6%。干旱胁迫对夏黑品种的影响小于红提。

表 4-12 干旱对葡萄光合参数的影响

品种	时间(d)	净光合速率 Pn ($\mu\text{mol}\cdot\text{m}^{-2}\cdot\text{s}^{-1}$)	气孔导度 Cs ($\text{mol}\cdot\text{m}^{-2}\cdot\text{s}^{-1}$)	蒸腾速率 $Tr(\text{g}\cdot\text{m}^{-2}\cdot\text{h}^{-1})$
红提	CK	10.16±0.09 a	0.064±0.004 a	1.44±0.08 a
	3	6.13±0.32 b	0.041±0.002 b	1.08±0.16 b
	6	5.99±0.11 c	0.034±0.001 c	0.56±0.07 c
	9	5.58±0.32 c	0.035±0.005 c	0.54±0.08 c
	12	2.71±0.10 d	0.024±0.005 d	0.42±0.01 c
	15	1.18±0.17 e	0.019±0.003 d	0.22±0.02 d
夏黑	CK	16.57±0.49 a	0.249±0.112 a	2.98±0.48 a
	3	15.25±0.68 b	0.209±0.021 b	2.65±0.14 b
	6	9.99±0.35 c	0.168±0.110 c	2.34±0.11 c
	9	9.11±0.20 d	0.114±0.029 d	1.58±0.61 d
	12	7.81±0.34 e	0.088±0.051 e	0.89±0.06 e
	15	5.70±0.32 f	0.075±0.054 f	0.69±0.05 f

干旱胁迫及复水葡萄叶片净光合速率如图 4-33 所示,红提与夏黑的光饱和点均出现在光量子通量密度为 $1000\ \mu\text{mol}\cdot\text{m}^{-2}\cdot\text{s}^{-1}$,复水后,红提叶片在 CK 对照组中的最大净光合速率

在 10 μmol · m^{-2} · s^{-1} 处上下波动(图 4-33a)。复水 1 的净光合速率恢复最快,在恢复 12 d 时便基本恢复至正常状态,复水 2 的叶片最大净光合速率在 15 d 的恢复中达到了 CK 对照组的 92.1%,复水 3 的恢复到了 89.1%,复水 4 达到了 64.4%。图 4-33b 为夏黑品种的恢复过程,如图所示,夏黑叶片的净光合速率要高于红提,其最大净光合速率在 14~20 μmol · m^{-2} · s^{-1} 范围内波动。在恢复过程中,复水 1 恢复最快,在 9 d 时便已完全恢复至胁迫前状态,复水 2 的叶片最大净光合速率在 15 d 时完全恢复至初始状态,复水 3 在 15 d 时恢复了 86.9%,复水 4 在 15 d 时达到了初始状态的 76.1%,复水 5 恢复到了 54.3%。比较两个品种叶片净光合速率的恢复过程,会发现在复水 1,2,3 中,夏黑的恢复能力要明显高于红提,在复水 4,5 中,红提的恢复能力则高于夏黑。

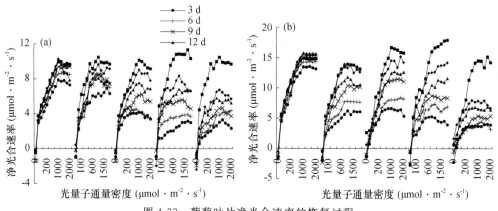

图 4-33　葡萄叶片净光合速率的恢复过程

(光响应曲线从左到右分别为复水 1、复水 2、复水 3、复水 4、复水 5)

4.5.2　干旱胁迫及复水对葡萄叶片气孔导度的影响

随干旱胁迫加剧,红提品种叶片的气孔导度最大值为 0.064 mol · m^{-2} · s^{-1},与 CK 相比显著下降了 70.3%。夏黑品种叶片的气孔导度最大值为 0.249 mol · m^{-2} · s^{-1},出现在对照组,最小值为 0.075 mol · m^{-2} · s^{-1},与 CK 相比显著降低了 69.8%。气孔导度红提整体高于夏黑,两个品种降幅接近。葡萄叶片气孔导度在干旱胁迫后的恢复过程如图 4-34 所示。图 4-34a 为红提品种的恢复过程,如图所示,红提在正常环境下,光饱和点处的气孔导度在 0.07~0.09 mol · m^{-2} · s^{-1} 范围内波动。在五个恢复组中复水 1 的气孔导度在 9 d 时便恢复至胁迫前状态,在 15 d 时,复水 2 在光饱和点处的叶片气孔导度恢复到了 CK 的 93.6%,复水 3 恢复到了 87.4%,复水 4 恢复到了 78.3%,复水 5 恢复到了 61.9%。图 4-34b 为夏黑品种气孔导度的恢复过程,如图所示,在正常环境下夏黑叶片的气孔导度要高于红提,光饱和点处的气孔导度在 0.15 mol · m^{-2} · s^{-1} 处上下波动。在恢复过程中,复水 1 的叶片气孔导度在第 3 天便基本恢复至初始状态,复水 2 在 12 d 时基本恢复至胁迫前状态,复水 3 在光饱和点处的气孔导度,15 d 时恢复了 92.8%,复水 4 恢复到了 78.0%,复水 5 恢复至 CK 的 58.2%。比较两个葡萄品种气孔导度的恢复过程,发现两个品种气孔导度恢复能力的规律与净光合速率类似,在胁迫较轻时恢复力夏黑大于红提,胁迫较重时则相反。

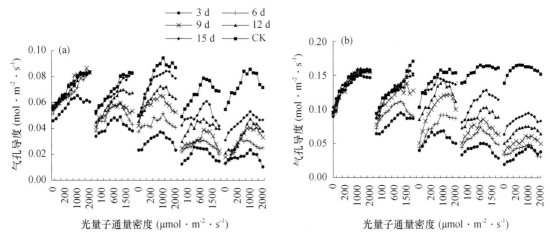

图 4-34 葡萄叶片气孔导度的恢复过程

（光响应曲线从左到右分别为复水 1、复水 2、复水 3、复水 4、复水 5）

4.5.3 干旱胁迫及复水对葡萄叶片蒸腾速率影响

红提品种叶片的蒸腾速率的最大值为 $1.44\ g\cdot m^{-2}\cdot h^{-1}$，最小值为 $0.22\ g\cdot m^{-2}\cdot h^{-1}$，15 d 内降低了 84.7%。夏黑品种的葡萄叶片蒸腾速率最大值为 $2.98\ g\cdot m^{-2}\cdot h^{-1}$，最小值为 $0.69\ g\cdot m^{-2}\cdot h^{-1}$，在 15 d 内显著降低了 76.8%。葡萄叶片蒸腾速率在干旱胁迫后的恢复过程如图 4-35 所示，由左到右分别是五个不同的干旱胁迫组的蒸腾速率的恢复过程，干旱胁迫程度从低到高。在干旱胁迫后的恢复过程中蒸腾速率的变化规律与气孔导度类似，正常环境下的葡萄叶片，其蒸腾速率随着光照强度的增加而增加，达到光饱和点后增加速率减缓；而干旱胁迫后的葡萄叶片，在恢复过程中，其叶片蒸腾速率会在光照强度达到光饱和点后，随着光照强度的增加而减小，恢复时间越长，减小的趋势越小。图 4-35a 为红提品种叶片蒸腾速率的恢复过程，由图可知，红提在 CK 对照组中，光饱和点处的蒸腾速率在 $1.5\ g\cdot m^{-2}\cdot h^{-1}$ 处上下波动。在恢复过程中，复水 1 恢复组恢复最快，在复水 12 d 时蒸腾速率已恢复至 CK 正常状态，复水 2 在复水 15 d 时恢复到了 CK 的 95.1%，复水 3 在 15 d 恢复到 87.7%，复水 4 恢复到了 76.9%，复水 5 恢复到了 62.9%。图 4-35b 为夏黑品种气孔导度的恢复过程，由图可知，正常环境中的夏黑叶片蒸腾速率要高于红提，光饱和点处的蒸腾速率在 2～3 $g\cdot m^{-2}\cdot h^{-1}$ 范围内波动。在五个恢复组中，复水 1 的叶片蒸腾速率在第 3 天便基本恢复至初始状态，复水 2 在复水 12 d 时蒸腾速率基本恢复至正常状态，复水 3 恢复组的叶片蒸腾速率复水 15 d 恢复至 CK 的 91.8%，复水 4 在 15 d 时恢复了 67.4%，复水 5 恢复了 62.3%。比较可知，在胁迫程度较轻时，夏黑叶片光合参数的恢复能力高于红提，胁迫程度较低时，红提的恢复能力则高于夏黑。

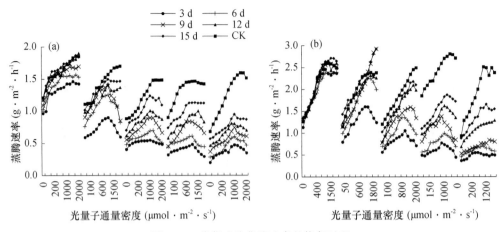

图 4-35 葡萄叶片蒸腾速率的恢复过程

（光响应曲线从左到右分别为复水 1、复水 2、复水 3、复水 4、复水 5）

4.5.4 干旱胁迫及复水对葡萄叶片荧光参数的影响

由表 4-13 可知,随着干旱胁迫的不断增加,2 个葡萄品种植株叶片的初始荧光 F_0 呈现上升的趋势,在干旱处理 15 d 时达到了最大值。其中红提品种 15 d 时的初始荧光 F_0 与 CK 对照相比显著增加了 48.2%,而夏黑品种则相比 CK 显著增加了 50.2%。由此说明,干旱胁迫会破坏葡萄叶片 PSII 反应中心或使之失活,且会使类囊体膜受损,而损伤程度则与葡萄品种有关。

Fv 为可变荧光产量,代表可参与 PSII 光化学反应的光能辐射部分,Fm 为最大荧光产量,是 PSII 反应中心处于完全关闭时的荧光产量。Fv/Fm 比值则是 PSII 的最大量子产量,称为原始光能转化效率,表征了植物所具有的潜在最大光合能力(光合效率)。由表可知,在干旱胁迫下,叶片的原始光能转化效率 Fv/Fm 随着胁迫时间的增加而略有降低,15 d 内,与 CK 相比,红提品种下降了 4.7%,夏黑品种下降了 4.5%,对照差异均不显著。

ΦPSII 又称 Yield 或 Fv'/Fm',为实际光化学量子产量,它反映 PSII 反应中心在部分关闭情况下的实际原初光能捕获效率,是在叶片不经过暗适应而在光下直接测定得到的。由表可知,葡萄叶片的 PSII 实际量子效率随着干旱胁迫程度的加剧而下降,最小值出现在 15 d 时。其中红提品种,15 d 时的 PSII 实际量子效率与 CK 相比,显著降低了 40.6%,夏黑品种则显著降低了 26.4%,由此可知,红提叶片的 PSII 反应中心对水分胁迫更为敏感。

qP 为叶绿素荧光的光化学猝灭系数,是由光合作用引起的荧光猝灭,反映 PSII 反应中心的开放程度,表征了植物光合作用活性的大小。光化学猝灭 qP 是由质体醌类 QA 等再氧化所造成的,qP 越大,QA 重新氧化的量越大,则 PSII 的电子传递活性越大。由表可知,在干旱胁迫下,葡萄叶片的光化学猝灭 qP 随着胁迫时间的增加呈现下降趋势。与 CK 相比,品种红提叶片的光化学猝灭 qP 显著下降了 44.6%,品种夏黑显著下降了 30%。

ETR 表示光合电子的相对传递速率,其快慢与植物的光合速率有关。由表可知,葡萄叶片的电子传递速率 ETR 随着干旱胁迫时间的增加而减小,并在胁迫处理的第 15 天达到最小。与对照组相比,红提品种的电子传递速率在 15 d 时显著降低了 57.7%,夏黑品种则显著降低了 59.7%。由此说明,干旱胁迫会使葡萄叶片的电子传递速率降低,植株干旱缺水,会影响光合作用中电子的传递速率,进而使光合电子在传递过程中受到损伤,导致植株叶片的光合能力减弱。

表 4-13 干旱对葡萄荧光参数的影响

品种	时间(d)	F_0	F_v/F_m	PSⅡ	qP	ETR
红提	CK	100.34±4.66 a	0.85±0.032 a	0.64±0.032 a	0.74±0.043 a	2.27±0.03 a
	3	113.17±3.75 b	0.89±0.002 a	0.54±0.012 b	0.61±0.020 b	2.25±0.55 a
	6	109.83±2.67 b	0.89±0.013 a	0.52±0.012 c	0.49±0.016 c	1.83±0.74 b
	9	123.49±7.76 c	0.86±0.024 a	0.43±0.065 d	0.43±0.022 d	1.38±0.38 c
	12	144.41±2.65 d	0.81±0.060 a	0.41±0.012 e	0.41±0.024 d	1.12±0.41 c
	15	148.77±7.74 d	0.81±0.012 b	0.38±0.044 f	0.42±0.075 d	0.96±0.42 c
夏黑	CK	107.81±2.11 a	0.88±0.018 a	0.72±0.043 a	0.75±0.042 a	3.92±0.03 a
	3	110.88±1.09 b	0.86±0.068 a	0.69±0.076 a	0.67±0.002 b	3.45±0.32 b
	6	126.55±6.68 b	0.85±0.022 a	0.65±0.023 ab	0.56±0.042 c	2.79±0.05 c
	9	139.10±1.03 c	0.84±0.056 a	0.62±0.037 b	0.47±0.053 d	2.34±0.54 d
	12	151.28±1.53 d	0.83±0.046 a	0.58±0.068 b	0.42±0.065 e	1.77±0.10 e
	15	161.92±5.86 e	0.84±0.063 a	0.53±0.032 c	0.45±0.017 e	1.58±0.07 f

葡萄叶片初始荧光的恢复过程如图 4-36a 所示。由图可知,随着恢复时间的不断增加,四个恢复组之间的差异逐渐减小。葡萄叶片的初始荧光在 CK 对照组中最小,在复水 3d 时最大。其中复水 1 的叶片初始荧光在 9 d 内基本恢复至正常水平,复水 2,3 的叶片初始荧光在 15 d 内恢复至正常水平,复水 4 在 15 d 内恢复到了 93.3%,复水 5 恢复到了 91.1%,由此可知,红提叶片的初始荧光恢复力会随着干旱胁迫的增强而降低。

葡萄叶片的 PSⅡ 的最大量子产量的恢复过程如图 4-36b 所示。由图可知,随着恢复时间的增加,红提品种的叶片最大量子产量在 0.8 处上下波动,不同的复水处理之间没有明显的变化关系。叶片 F_v/F_m 随着恢复时间的不断增加略有上升,但该变化并不显著。

葡萄叶片的 PSⅡ 实际量子效率 F_v'/F_m' 如图 4-36c 所示,由图可知,随着干旱恢复时间的不断增加,葡萄叶片的 PSⅡ 实际量子效率也呈现上升趋势,且随着复水前干旱胁迫程度的增加,葡萄叶片 F_v'/F_m' 的初始值和恢复力均随之减小。复水 1 的叶片实际量子效率在 12 d 时便已恢复至正常水平。经过 15 d 的水分恢复处理,红提叶片的 F_v'/F_m' 在复水 2 恢复至正常水平下的 95.3%,已基本达到 CK 正常水平。复水 3 恢复至初始状态下的 91.2%,复水 4 恢复至 84.1%,复水 5 恢复至 80.6%。

葡萄叶片的 qP(光化学猝灭系数)如图 4-36d 所示。由图可知,随着干旱恢复时间的不断增加,不同干旱处理组之间的差异增大,叶片的 qP 也不断增大。这说明干旱胁迫的加剧可造成红提叶片的光化学猝灭系数的恢复力降低。其中,复水 1,2 的 qP 在 12 d 的恢复处理下基本达到了初始水平,复水 3 在恢复中达到了 CK 对照组的 87.8%,复水 4 恢复至 82.5%,复水 5 恢复到 CK 的 77.2%。

葡萄叶片的电子传递速率 ETR 如图 4-36e 所示。与上述规律相同,干旱胁迫程度的增加会降低葡萄叶片的恢复力。复水 1 的电子传递速率在 15 d 时完全恢复至正常水平,复水 2 的电子传递速率在干旱胁迫后的恢复中,15 d 增加了 90.3%,基本恢复了正常水平。复水 3 在 15 d 的恢复中,ETR 增加至 CK 对照组的 87.9%,复水 4 的 ETR 增加到了 CK 对照组的 82.5%,复水 5 恢复至了 81.5%。

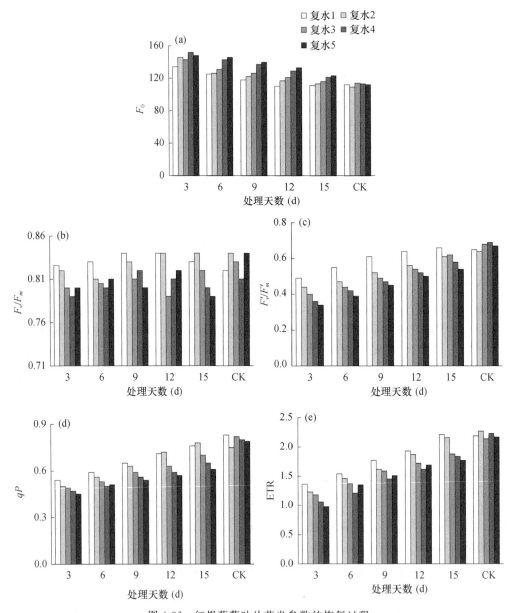

图 4-36　红提葡萄叶片荧光参数的恢复过程

夏黑叶片的初始荧光 F_0 在干旱胁迫后的恢复过程如图 4-37a 所示。由图可知,随着恢复时间的增加,四个胁迫处理的叶片初始荧光都在随之下降。复水 1 的叶片初始荧光在复水12 d时已恢复正常,复水 2 经过 15 d 的恢复处理,其初始荧光基本恢复至正常水平。复水 3 恢复到 CK 对照组的 92.4%,复水 4 的初始荧光恢复到了正常状态的 89.6%,复水 5 恢复至了 92.8%。

图 4-37b 为夏黑叶片的 PSⅡ 实际量子效率 Fv/Fm。由图可知,夏黑叶片的 PSⅡ 实际量子效率在 0.8~0.85 范围内波动,随着干旱后恢复时间的增加,呈现略微上升的趋势,但并不显著。夏黑叶片的 PSⅡ 实际量子效率 Fv'/Fm' 如图 4-37c 所示,随着干旱恢复时间的增加,叶片的实际量子效率也随之增加。其中,复水 9 d 时,复水 1 的叶片实际量子效率便恢复正常,复水 2 处理组在 15 d 的恢复中 Fv'/Fm' 恢复至 CK 对照组的正常水平,复水 3 恢复至 CK 对照组的 95.6%,复水 4 恢复至初始状态的 94.2%,复水 5 恢复至 93.4%。

夏黑的 qP 光化学猝灭系数如图 4-37d 所示,与之前的规律类似,干旱胁迫程度的增加会降低叶片的恢复力。其中复水 1 在恢复 15 d 时达到 CK 初始水平,复水 2 在经过 15 d 的恢复处理,光化学猝灭系数增加了 88.0%,恢复到了初始状态的 96%,达到正常水平,复水 3 的 qP 恢复至 CK 对照的 90.1%,复水 4 恢复到了初始状态的 87.8%,复水 5 恢复到 84.8%。

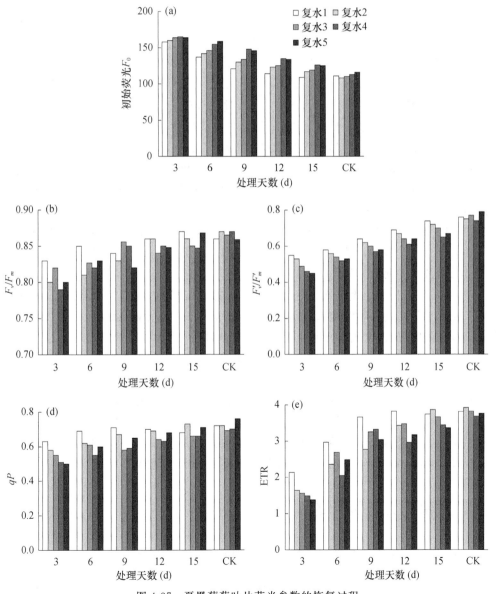

图 4-37　夏黑葡萄叶片荧光参数的恢复过程

夏黑叶片的电子传递速率 ETR 如图 4-37e 所示。由图可知,夏黑叶片 ETR 在干旱后恢复过程中的变化规律与红提类似。复水 1 在恢复 9 d 时便已达到 CK 初始水平,复水 2 在 15 d 的恢复过程中,其叶片的电子传递速率恢复至初始状态的 98.7%,基本恢复至正常水平。复水 3 的 ETR 恢复至初始状态的 95.8%,复水 4 恢复至初始状态的 93.5%,复水 5 恢复至初始状态的 89.4%。

土壤干旱会影响作物的生长发育及产量品质,作物的生理特征与作物细胞内的渗透调节和水分利用效率有关,在缺水条件下,作物可以通过调节气孔导度,叶片水势,叶片渗透势和相对含水量来抵御干旱胁迫(Franco et al.,2006)。但是,长期的水分亏缺会使植物叶片受到不可逆转的伤害,甚至萎蔫死亡,这是因为缺水导致植物水分输送系统动力不足,长时间便会损伤木质部中的导管,进而对叶片气孔导度的控制力降低(Zhang et al.,2006)。因此,在本研究的干旱恢复过程中,两个葡萄品种的光和荧光参数,均在复水 1,2 中迅速恢复至初始水平,在复水 3 中经过 15 d 的复水也基本达到正常状态,而在复水 4,5 中,叶片的恢复能力则开始下降,在复水过程中无法恢复至初始水平,叶片持续萎蔫状态。干旱胁迫也会使叶片细胞内的活性氧升高,但光和能力并没有随之升高,导致其不能被有效地耗散掉,因而导致活性氧的代谢失调,光合作用能力受到影响(Valladares et al.,2002)。严重的水分亏缺会破坏植物叶片中的膜系统,损伤细胞原生质,使膜脂过氧化加剧,进而导致叶绿体结构发生变化,PSⅡ反应中心失活(Ann et al.,2003)。本研究发现,干旱胁迫会降低葡萄叶片的光合荧光参数,并对其蒸腾速率与气孔导度随光照强度的变化规律产生影响。参考王晶晶(2013)等人的研究结果,发现,葡萄叶片的气孔导度在正常水分环境中,随着光照强度的增加而增加,直至达到光饱和点,达到光饱和点后则不再随之变化;而遭受干旱胁迫后的叶片,气孔导度则会在光照强度达到光饱和点后,随着光照强度的增大而不断减小,甚至使光饱和点减小。干旱期间,植物叶片通过控制气孔开闭来控制气孔导度,进而控制蒸腾速率(王玉国 等,1991),气孔导度与蒸腾速率呈正相关关系,因此,葡萄叶片的蒸腾速率也呈现和气孔导度相似的变化规律,这与肯吉古丽·苏力旦(2014)等人的研究结果类似。

在干旱胁迫下,植物的生理性状变化反应了植物的抗旱能力,抗旱性强的品种,其生理变化速率要比抗旱性弱的品种缓慢,以维持植物的正常生长发育(Marshall et al.,2000)。本研究中,比较红提和夏黑两个葡萄品种,会发现在干旱胁迫过程中,叶片的光合参数下降幅度夏黑要大于红提;而在旱后恢复过程中,夏黑在复水 1,2,3 中的光合参数恢复能力要大于红提,而在复水 4,5 中,光合参数的恢复能力则是红提大于夏黑。因此,夏黑的光合反应机制对干旱较为灵敏,在应对轻度干旱可维持较高的恢复能力,而在干旱加重时恢复能力就会降低。荧光参数中,干旱胁迫中红提的下降幅度总体大于夏黑,而在干旱后恢复中,两个葡萄品种的恢复速率相差不大。综合两个葡萄品种的光合荧光参数分析,在轻中度干旱胁迫下,夏黑的适应能力要大于红提,而在重度干旱胁迫中,红提的适应能力则大于夏黑。

4.6 设施葡萄灾害指标的提取

4.6.1 设施葡萄灾害指标提取方法——以寡照灾害为例

根据实验过程中各指标受影响状况,选取丙二醛含量、最大净光合速率、叶绿素含量作为确定葡萄寡照胁迫的判定指标，R 为寡照胁迫指数，计算公式如下：

$$R = r_1 \times \frac{|A_{CK} - A_E|}{|A_{CK}|} + r_2 \times \frac{|B_{CK} - B_E|}{|B_{CK}|} + r_3 \times \frac{|C_{CK} - C_E|}{|C_{CK}|} \tag{4-2}$$

式中，R 为寡照胁迫指数，A_E、B_E、C_E 分别为不同程度寡照处理后的丙二醛含量、最大净光合速率、叶绿素含量，A_{CK}、B_{CK}、C_{CK} 分别为对照处理下的丙二醛含量、最大净光合速率、叶绿素含量，r_1、r_2、r_3 分别为丙二醛、最大净光合速率、叶绿素的权重。

r_1、r_2、r_3 采用层次法进行计算，具体过程如下。

（1）r_1 为丙二醛含量、r_2 为最大净光合速率、r_3 叶绿素含量，表 4-14 为 r_1 相对于其他指标的重要程度比值。

表 4-14　相对于其他指标的重要程度比值

$r_1 r_1$	$r_1 r_2$	$r_1 r_3$
1	2/3	2/7

通过对 r_1、r_2 和 r_3 的两两比较后作出的判断矩阵 $\boldsymbol{R}$ 如表 4-15 所示。

表 4-15　矩阵 $\boldsymbol{R}$

	r_1	r_2	r_3
r_1	1	2/3	2/7
r_2	3/2	1	3/7
r_3	7/2	7/3	1

（2）将判断矩阵 $\boldsymbol{R}$ 的各横向量进行几何平均，然后归一化，得到的行向量就是权重向量。

设 $\boldsymbol{R}$ 的最大特征根为 $\lambda_{\max}$，其相应的特征向量为 $\boldsymbol{W}$，则 $\boldsymbol{R}\boldsymbol{W} = \lambda_{\max}\boldsymbol{W}$。计算过程如下：

判断矩阵每一行元素的乘积 $M_i = \prod_{j=1}^{n} b_{ij}$，$i = 1, 2, 3, \cdots, n$。计算 M_i 的 n 次方根 $\overline{W_i} = \sqrt[n]{M_i}$，对向量 $\boldsymbol{w} = [\overline{W_1}, \overline{W_1}, \cdots, \overline{W_1}]^T$ 归一化，$w_i = \overline{W_i} / \sum_{i=1}^{n} \overline{W_i}$，$w_i$ 即为指标权重；计算判断矩阵的最大特征根 $\lambda_{\max} = \frac{1}{n} \sum_{i=1}^{n} \frac{(AW)_i}{w_i}$；计算结果为：$w_i = 0.2, w_i = 0.3, w_i = 0.7, \lambda_{\max} = 3$。

（3）判断矩阵一致性检验

为了度量不同阶数判断矩阵是否具有一致性，需引入判断矩阵的平均随机一致性指标 RI 值。$1 \sim 15$ 阶判断矩阵的 RI 值如表 4-16 所示，当阶数大于 2，判断矩阵的一致性比率 $CR = CI/RI < 0.10$ 时，即认为判断矩阵具有满意的一致性，否则需要调整判断矩阵，以使之具有满意的一致性。

表 4-16　随机一致性指标 RI 值

n	1	2	3	4	5	6	7	8	9	10	11	12	13	14	15
RI	0	0	0.52	0.89	1.12	1.26	1.36	1.41	1.46	1.49	1.52	1.54	1.56	1.58	1.59

一致性检验计算得出 $CI = 0$，查表 4-16，$n = 3$ 时，$RI = 0.52$，$CR = 0/0.52 = 0 < 0.1$，表明该判断矩阵具有令人满意的一致性，不再需要作调整。优化后计算公式为：

$$R = 2 \times \frac{|A_{CK} - A_E|}{|A_{CK}|} + 3 \times \frac{|B_{CK} - B_E|}{|B_{CK}|} + 7 \times \frac{|C_{CK} - C_E|}{|C_{CK}|} \tag{4-3}$$

根据式(4-3),计算不同程度寡照处理下的葡萄叶片寡照胁迫指数 R 如表4-17所示。

表 4-17　寡照胁迫指数随胁迫时间的变化

R	1 d		3 d		5 d		7 d		9 d	
	R 值	等级	R 值	等级	R 值	等级	R 值	等级	R 值	等级
CK	0.00	正常	0.00	正常	0.00	正常	0.00	正常	0.00	正常
L1	4.22	中度Ⅱ	5.73	中度Ⅱ	6.02	重度Ⅲ	6.91	重度Ⅲ	7.40	重度Ⅲ
L2	2.03	轻度Ⅰ	3.25	轻度Ⅰ	4.62	中度Ⅱ	6.63	重度Ⅲ	6.90	重度Ⅲ

当葡萄植株在适宜生长的光照环境下生长时,寡照胁迫指数较小,在0～2之间,Q 值越大,寡照胁迫程度越深,根据 Q 值的变化,将寡照胁迫等级划分为:轻度、中度、重度三个等级,具体如下:

表 4-18　寡照胁迫等级划分标准

寡照胁迫指数 R	胁迫等级
$0 < R \leqslant 2$	正常生长
$2 < R \leqslant 4$	轻度Ⅰ
$4 < R \leqslant 6$	中度Ⅱ
$6 < R \leqslant 8$	重度Ⅲ
$R > 8$	特重Ⅳ

通过测定葡萄寡照胁迫下的丙二醛含量、最大净光合速率及叶绿素含量,计算葡萄的寡照胁迫指数。再根据表4-18划分的寡照胁迫等级划分标准,确定葡萄遭受寡照胁迫等级。

4.6.2　设施葡萄各生育期灾害指标

应用设施葡萄气象灾害等级方法,根据不同生育期设施葡萄对温、光、湿的响应,分生育期划定设施葡萄的气象灾害等级同时确定设施环境适宜度评价方法,方便设施环境灾害预警。统计葡萄发育过程中主要物候期,包含了萌芽期、新梢生长期、开花期、幼果生长期、果实成熟等5个主要物候期,其划分标准如表4-19所示。

表 4-19　葡萄物候期及划分标准

物候期	划分指标
萌芽期	从萌芽到展叶
新梢生长期	萌芽到新梢停止生长
开花期	始花期到终花期
幼果生长期	子房膨大到浆果着色
果实成熟期	果实变软到完全成熟

(1)萌芽期

棚覆膜以后到发芽期,这个阶段的温度管理比较安全,主要是控制白天的最高温度不要超过 25 ℃,夜间温度任其自然。10 ℃以上的温度条件下经过 10d 左右时间即开始萌芽。白天温室内温度一般在在 15～20 ℃,夜间不能低于 8 ℃。这样萌芽才能整齐。萌芽期温度超过 30 ℃持续时间超过 4 h,个别葡萄品种的芽体即有灼伤现象;由于温室内较为密闭,所以温室内空气湿度过大是温室中常常出现的主要问题。湿度过大会在温室内形成水雾,在棚膜上形成水滴,影响室内光照。萌芽期湿度过大,会促进枝条顶芽先萌发,而其他芽眼萎缩干枯。这个时期影响葡萄萌芽的环境因素主要为温度和湿度。具体指标见表 4-20。

表 4-20 萌芽期设施葡萄灾害指标

萌芽期 (2月上旬—3月上旬)	低温灾害 (夜间平均温度/ ℃)	白天/空气相对湿度
一级	6.0～7.0	<80%(低湿)
二级	4.0～5.9	>90%(高湿)
三级	2.0～3.9	
四级	<2.0	

萌芽期设施环境适宜度评价:

温度适宜度评价:$F(T)=\begin{cases} 1-\dfrac{T-19}{10} & T>20\ ℃ \\ 1 & 15\ ℃\leqslant T\leqslant 20\ ℃ \\ 1-\dfrac{16-T}{10} & T<15\ ℃ \end{cases}$

湿度适宜度评价:$F(D)=\begin{cases} 1-\dfrac{D-88}{10} & D>90\% \\ 1 & 80\%\leqslant D\leqslant 90\% \\ 1-\dfrac{80-D}{10} & D<80\% \end{cases}$

式中,$F(T)$ 为温度适宜度,$F(D)$ 为空气适宜度。T、D 分别为设施空气温度和相对湿度。

(2)新梢生长期

葡萄萌芽到开花的时间随着温室内温度的变化缩短或延长。温室内气温在 25 ℃时,葡萄萌芽至开花需要 30～45 d;如果温度上升到 30 ℃时,萌芽至开花就会缩短到 25～38 d。但是温度过高,促进了极性生长,顶端优势非常明显,结果使枝条顶芽发育快及顶梢生长势强,而其他枝条瘦弱。生长太快,则节间变长,枝条细弱,花序分化差,花序小甚至退化萎缩。因此,葡萄萌芽到开花时期白天的最高温度必须控制在 25 ℃左右,夜间维持在 15～18 ℃。一般白天温室中气温达 27 ℃时就要注意开始通风换气,使温度降至 25 ℃左右。这个时期影响葡萄新梢生长的环境因素主要有温度、湿度和光照。具体灾害指标见表 4-21。

表 4-21 新梢生长期设施葡萄灾害指标

新梢生长期 (3月上旬—4月中旬)	低温灾害 (夜间平均温度/℃)	高温灾害 (白天平均温度/℃)	寡照灾害	白天空气 相对湿度
一级	6.0～8.0	30.0～34.9	以连续3 d无日照,或连阴4 d中有3 d无日照,且另外1 d日照时数≤3 h	<60%(低湿) 70%～80%(高湿)
二级	4.0～5.9	34.9～38.0	以连续4～7 d无日照或连续7 d日照时数≤3 h或1月内出现2次	80%～90%(高湿)
三级	2.0～3.9	38.0～40.0	以连续7～10 d无日照或连续10 d日照时数≤3 h或1月内出现2次	>90%(高湿)
四级	<2.0	>40.0	以大于10 d无日照或连续10 d以上日照时数≤3 h	

新梢生长期设施环境适宜度评价:

温度适宜度评价:
$$F(T)=\begin{cases}1-\dfrac{T-25}{10} & T>26\ ℃\\ 1 & 22\ ℃\leqslant T\leqslant 26\ ℃\\ 1-\dfrac{22-T}{10} & T<22\ ℃\end{cases}$$

湿度适宜度评价:
$$F(D)=\begin{cases}1-\dfrac{D-70}{10} & D>70\%\\ 1 & 60\%\leqslant D\leqslant 70\%\\ 1-\dfrac{65-D}{10} & D<60\%\end{cases}$$

(3)开花期

葡萄开花期要求的最适温度是25～28 ℃,最低温度不能低于15 ℃左右,昼夜平均温度在20 ℃左右时葡萄授粉完成最好。不同类群的品种开花所需最适温度有所不同,欧亚种品种群的葡萄开花期需要28 ℃左右的温度,欧美杂交种葡萄需要26 ℃左右的温度。开花期温度过高时要及时打开通风口,用通风的方法迅速将温度降到开花所需温度。白天温度应控制在25～30 ℃,严禁超过35 ℃,温度过高,会导致雌、雄蕊发育畸形,花粉萌发和受精过程受阻,造成坐果率极低,导致栽培失败。具体灾害指标见表4-22。

表 4-22 开花期设施葡萄灾害指标

开花期 (4月中旬—4月下旬)	高温灾害 (白天平均温度/℃)	低温灾害 (白天平均温度/℃)	寡照灾害	白天空气 相对湿度
一级	30.0～32.0	18～20	以连续3 d无日照,或连阴4 d中有3 d无日照,且另外1 d日照时数≤3h	<45%(低湿) 60%～70%(高湿)

续表

开花期 (4月中旬—4月下旬)	高温灾害 (白天平均温度/℃)	低温灾害 (白天平均温度/℃)	寡照灾害	白天空气 相对湿度
二级	32.0～34.0	15～18	以连续 4～7 d 无日照或连续 7 d 日照时数≤3 h 或 1 月内出现 2 次	70%～80%(高湿)
三级	34.0～36.0	12～15	以连续 7～10 d 无日照或连续 10 d 日照时数≤3 h 或 1 月内出现 2 次	80%～90%(高湿)
四级	＞36.0	＜12	以大于 10 d 无日照或连续 10 d 以上日照时数≤3 h	＞90%(高湿)

开花期设施环境适宜度评价:

温度适宜度评价: $F(T)=\begin{cases} 1-\dfrac{T-26}{10} & T>28\ ℃ \\ 1 & 25\ ℃\leqslant T\leqslant 28\ ℃ \\ 1-\dfrac{25-T}{10} & T<25\ ℃ \end{cases}$

湿度适宜度评价: $F(D)=\begin{cases} 1-\dfrac{D-60}{10} & D>60\% \\ 1 & 50\%\leqslant D\leqslant 60\% \\ 1-\dfrac{50-D}{10} & D<50\% \end{cases}$

(4)幼果生长期

此期间主要防止白天气温过高,造成高温伤害或使新梢徒长,浪费大量营养,引起严重的生理落果。因此,应注意最高温度不要超过 30 ℃。白天通风,一般白天保持在 25～28 ℃,夜温保持在 16～20 ℃为宜,不低于 15 ℃。具体灾害指标见表 4-23。

表 4-23 幼果生长期设施葡萄灾害指标

幼果生长期 (5月上旬—6月上旬)	高温灾害 (白天平均温度/℃)	寡照灾害	白天空气 相对湿度
一级	30.0～34.9	以连续 3 d 无日照,或连阴 4 d 中有 3 d 无日照,且另外 1 d 日照时数≤3 h	＜60%(低湿) 80%～90%(高湿)
二级	34.9～38.0	以连续 4～7 d 无日照或连续 7 d 日照时数≤3 h 或 1 月内出现 2 次	＞90%(高湿)
三级	38.0～40.0	以连续 7～10 d 无日照或连续 10 d 日照时数≤3 h 或 1 月内出现 2 次	
四级	＞40.0	以大于 10 d 无日照或连续 10 d 以上日照时数≤3 h	

幼果生长期设施环境适宜度评价：

温度适宜度评价：$F(T) = \begin{cases} 1 - \dfrac{T-26}{10} & T > 28\ ℃ \\ 1 & 25\ ℃ \leqslant T \leqslant 28\ ℃ \\ 1 - \dfrac{25-T}{10} & T < 25\ ℃ \end{cases}$

湿度适宜度评价：$F(D) = \begin{cases} 1 - \dfrac{D-80}{10} & D > 80\% \\ 1 & 70\% \leqslant D \leqslant 80\% \\ 1 - \dfrac{70-D}{10} & D < 70\% \end{cases}$

(5)成熟期

浆果进入着色期后,温室白天温度应保持在 2～28 ℃,最高不超过 30 ℃,若超过 30 ℃,则对花色素的生成有明显的阻碍作用,造成着色不良。这一阶段夜间保持 15 ℃,以增大昼夜温差。此期应注意延长通风时间,随着外界气温增高,夜间可不封闭通风口。葡萄成熟期要控制土壤水分和空气湿度,空气相对湿度保持在 60%～65%。具体灾害指标见表 4-24。

表 4-24　成熟期设施葡萄灾害指标

成熟期 (6月上旬—7月中旬)	高温灾害 (室内白天平均温度/ ℃)	寡照灾害	白天空气 相对湿度
一级	30.0～34.0	以连续 3 d 无日照,或阴 4 d 中有 3 d 无日照,且另外 1 d 日照时数≤3 h	<50%(低湿) 65%～75%(高湿)
二级	34.0～38.0	以连续 4～7 d 无日照或连续 7 d 日照时数≤3 h 或 1 月内出现 2 次	75%～80%(高湿)
三级	38.0～40.0	以连续 7～10 d 无日照或连续 10 d 日照时数≤3 h 或 1 月内出现 2 次	80%～90%(高湿)
四级	>40.0	以大于 10 d 无日照或连续 10 d 以上日照时数≤3 h	>90%(高湿)

成熟期设施环境适宜度评价：

温度度适宜度评价：$F(T) = \begin{cases} 1 - \dfrac{T-34}{10} & T > 34\ ℃ \\ 1 & 28\ ℃ \leqslant T \leqslant 34\ ℃ \\ 1 - \dfrac{28-T}{10} & T < 28\ ℃ \end{cases}$

湿度适宜度评价：$F(D) = \begin{cases} 1 - \dfrac{D-60}{10} & D > 60\% \\ 1 & 50\% \leqslant D \leqslant 60\% \\ 1 - \dfrac{50-D}{10} & D < 50\% \end{cases}$

4.6.3 风灾指标

（1）因子分析法

大风对日光温室生产造成的影响，最主要的是对温室设施的破坏，其次才是对作物的机械损伤。黄川容（2012）将气象数据与灾情资料相结合，通过因子分析，确定造成灾害的主要因子，并在此基础上，计算成灾概率，并进行概率聚类分析，确定风灾发生指标，具体步骤如下所示：

因子分析方法用于研究相关矩阵的内部依赖关系，它将多个变量综合为少数几个"因子"。

设原始数据矩阵为：

$$\boldsymbol{X} = \begin{bmatrix} x_{11} & x_{12} & \cdots & x_{1p} \\ x_{21} & x_{22} & \cdots & x_{2p} \\ \vdots & \vdots & & \vdots \\ x_{p1} & x_{p2} & \cdots & x_{pp} \end{bmatrix} \tag{4-4}$$

式中，p 为变量数。将原始数据进行标准化处理：

$$x_{ik} = \frac{x_{jk} - \overline{x}_k}{S_k} \quad (i=1,2,\cdots,n; k=1,2,\cdots,p) \tag{4-5}$$

式中，$\overline{x}_k = \dfrac{1}{n}\displaystyle\sum_{i=1}^{n} x_{ik}$，$S_k^2 = \dfrac{1}{n-1}\displaystyle\sum_{i=1}^{n}(x_{ik}-\overline{x}_k)^2$。

求解 $\boldsymbol{R}$ 矩阵的特征方程 $|R-\lambda I|=0$，记特征值为 $\lambda_1 > \lambda_2 > \cdots > \lambda_p \geqslant 0$，由特征向量矩阵

$$\boldsymbol{U} = \begin{bmatrix} u_{11} & u_{12} & \cdots & u_{1p} \\ u_{21} & u_{22} & \cdots & u_{2p} \\ \cdots & \cdots & & \cdots \\ u_{p1} & u_{p2} & \cdots & u_{pp} \end{bmatrix} \tag{4-6}$$

而得：

$$\boldsymbol{R} = \boldsymbol{U} \cdot \begin{bmatrix} \lambda_1 & & & 0 \\ & \lambda_2 & & \\ & & \ddots & \\ 0 & & & \lambda_p \end{bmatrix} \cdot \boldsymbol{U}' \tag{4-7}$$

式中，$\boldsymbol{U}$ 为正交矩阵，并且满足 $\boldsymbol{U}'\boldsymbol{U} = \boldsymbol{U}\boldsymbol{U}' = \boldsymbol{I}$，既有：

$$\boldsymbol{XX}' = \boldsymbol{U} \cdot \begin{bmatrix} \lambda_1 & & & 0 \\ & \lambda_2 & & \\ & & \ddots & \\ 0 & & & \lambda_p \end{bmatrix} \cdot \boldsymbol{U}' \tag{4-8}$$

将上式两边左乘以 $\boldsymbol{U}'$，右乘以 $\boldsymbol{U}$ 得：

$$\boldsymbol{U}'\boldsymbol{XX}'\boldsymbol{U} = \boldsymbol{U}'\boldsymbol{U} \begin{bmatrix} \lambda_1 & & & \\ & \lambda_2 & & \\ & & \ddots & \\ & & & \lambda_p \end{bmatrix} \cdot \boldsymbol{U}'\boldsymbol{U} = \begin{bmatrix} \lambda_1 & & & 0 \\ & \lambda_2 & & \\ & & \ddots & \\ 0 & & & \lambda_p \end{bmatrix} \tag{4-9}$$

令 $\boldsymbol{F} = \boldsymbol{U}'\boldsymbol{X}$，于是上式变为：

$$F'F = \begin{bmatrix} \lambda_1 & & & 0 \\ & \lambda_2 & & \\ & & \ddots & \\ 0 & & & \lambda_p \end{bmatrix} \qquad (4\text{-}10)$$

式中,F 为主因子阵,并且 $F_a = U'X_a (a=1,2,\cdots,n)$,即每个 F_a 为第 a 个样品主因子观测值。

在因子分析中,通常只选其中 m 个($m<p$)主因子。根据变量的相关选出第一主因子 F_1,使其在各变量公共方差中的贡献为最大,然后消去这个因子的影响,再从剩余的相关中选出与 F_1 不相关的因子 F_2,也使其在各个变量剩余因子方差中贡献最大。以此类推,直到各个变量公共因子方差被分解完毕为止。

根据灾情资料中各站点发生灾害日的风速,统计一年中该风速所属风力等级的出现日数。计算该等级风力造成灾害的概率。

$$P(i) = n/N \qquad (4\text{-}11)$$

式中,$P(i)$ 为第 i 等级风力成灾概率,n 为第 i 等级风力成灾日数,N 为第 i 等级风力总的发生日数,i 为 $5,6,\cdots,12$。

(2)聚类分析

聚类分析的功能是建立一种分析方式,它将一批样品或变量按照它们在性质上的亲疏程度进行分类。

动态聚类法又称逐步聚类法,首先,按照一定的方法选取一批凝聚点,然后让样品向最近的凝聚点凝聚。这样由点凝聚成类,得到初始分类。初始分类不一定合理,然后按最近距离原则修改不合理的分类,直到分类比较合理为止,从而形成了一个最终的分类结果。

第 1 步,先将原始数据进行标准化处理。

第 2 步,选择预定数目的凝聚点对样品进行初始分类。凝聚点是指一批被当作待形成类中心的代表性点。凝聚点的选择对分类结果有很大影响。若凝聚点的选择不同,最终分类结果也将有所不同。在计算机上选择凝聚点常用的方法是计算每一类的重心,将这些重心作为凝聚点。将数据作标准化处理,用 x_{ij} 表示已标准化后的第 i 个样品的第 j 个指标,令 $SUM(i) = \sum_{i=1}^{m} x_{ij}$,$MI = \min_{1 \le i \le n} SUM(i)$,$MA = \max_{1 \le i \le n} SUM(i)$,如欲将全部样本分为 K 类,对每个样本 x_i 计算:

$$\frac{(k-1)(SUM(i)-MI)}{MA-MI}+1 \qquad (4\text{-}12)$$

若与该数接近的整数为 k,则将样本 x_i 归入第 k 类($1 \le k \le K$),由此得到初始分类。

第 3 步,计算每一类的重心,记作 $\bar{x}_1, \bar{x}_2, \cdots, \bar{x}_k$,以该重心作为新的凝聚点,再计算每一个样品 $n_1, n_2, \cdots, n_k$ 至新凝聚点的距离,即 $D_{ij}^2 = (\bar{x}_i - \bar{x}_j)'(\bar{x}_i - \bar{x}_j)$,并将它划入最近凝聚点所属的类别。当所计算的重心与原来的凝聚点完全相同,则过程终止,否则将重复按第 3 步的过程计算。第 3 步的重复过程是迭代过程,每一次迭代都使对应的分类函数缩小。当上下两次的重心完全相同时,计算过程收敛,此时分类函数趋于定值。按批修改法的最终分类结果受到初始分类的影响,这是动态聚类法的一个缺点。

依据当地日光温室风灾灾情资料,结合气象资料,将风灾发生地与其相距最近的自动气象站信息对应起来。采用因子分析方法研究分析 2 min 平均风速、10 min 平均风速、最大风速、极大风速、瞬时风速等变量之间的相关关系。

先将数据编辑、定义为矩阵块,运用 DPS 因子分析输出结果。通过因子分析,根据变量的相关选出第一主因子为最大风速,其在各变量公共方差中的贡献最大。

依据因子分析结果,以最大风速为研究因子。根据风力等级,并考虑实际情况,选取最大风力达 5 级或其以上(即风速大于 8.0 m·s^{-1})的灾情资料进行分析。5 级风力虽小,但从实际灾情资料上看,可对温室造成一定灾害。根据灾情资料中各站点发生灾害日的最大风速,统计一年中该风速所属风力等级的出现日数,计算该等级风力造成灾害的概率。

用同样的方法计算其他站点的致灾风速的成灾概率,得到一个致灾风速成灾概率序列。将各站点致灾风速成灾概率进行动态聚类。聚类结果将成灾概率分为 4 个等级,见表 4-25。

表 4-25　成灾概率动态聚类结果

等级	成灾概率	对应风速(m/s)
1	0.013~0.091	8.1~11.2
2	0.111~0.500	10.9~13.7
3	0.500~0.760	13.4~17.2
4	>0.760	>17.2

根据表 4-25 结果可知,第 1 等级的成灾概率为 0.013~0.091,小于 0.1,第 2 级的成灾概率为 0.111~0.5,第 3 级的成灾概率为 0.5~0.76,第 4 级成灾概率>0.76。其对应风速范围大致可确定为 8.1~11.2 m·s^{-1},10.9~13.7 m·s^{-1},13.4~17.2 m·s^{-1},>17.2 m·s^{-1};相当于风力等级为 5 级、6 级、7 级、>8 级。为了便于实际应用,结合蒲福风力等级,对结果进行调整,详情见表 4-26。

表 4-26　温室致灾风力等级

等级	成灾概率	风速(m·s^{-1})	风力等级
1 级	≤0.1	8.0~10.7	5 级
2 级	0.1~0.5	10.8~13.8	6 级
3 级	≥0.5	≥13.9	≥7 级
4 级	>0.76	>17.2	8 级

第5章 设施葡萄生长发育及产量预报

5.1 设施葡萄物候期预测

园艺作物的生育期模拟与大田作物相比较滞后,始于 20 世纪 70 年代末到 80 年代初。据有关资料统计发现,目前园艺作物的模拟模型仅占作物模拟模型总数的 5% 左右(陈人杰 等,2002)。设施园艺产业具有高投入、高产出和周年生产等特性,为作物模型的研究开辟了崭新的研究领域(施泽平 等,2005)。虽然园艺作物生长模型研究开展时间较短。但是许多生长模型已经相继建立。荷兰在作物模型研究方面一直保持了领先的地位,在温室番茄、黄瓜、甜椒等作物研究方面取得了丰硕的成果,除了与以色列等国合作开发了园艺模拟(Horticultural Simulator & IIORTISIM)外,还与以色列、美国等共同研发了温室番茄生长发育模拟模型(TOMGRO)(Dayan,1993),这两个模型已经成为当今世界上较有影响力的园艺作物模型。HORTISIM 是借鉴、引用了大量常见园艺作物的生长模型,并通过结合环境控制、栽培管理、决策支持等方面的研究进行了模块化设计和技术集成,最终形成了一个综合的模拟系统,实现了对番茄、黄瓜、甜椒等多种园艺作物生长发育过程的模拟(Marcelis et al.,1998)。目前该系统已在荷兰和以色列等国家进行了大量的实验验证,但瓶颈所在是没有实现交互性友好、操作管理方便的用户界面,这在很大程度上制约了模型与模拟系统的实用化发展。TOMGRO 模型是 20 世纪 80 年代中期以色列、荷兰等国学者用 Fortran 语言开发的用于设施番茄的环境管理及决策支持的综合性系统,该系统主要研究了环境要素(温度、湿度、CO_2 浓度,辐射等)对于番茄生长发育和产量的影响。此模型作为设施番茄研究中最为成功的模型,经过 Gary 等人的改进和优化,日前已经发展到 3.0 以上版本,并被许多国家引进应用到生产中。除了上述两个较有影响力的模型之外,其他相关作物模型也被研发,如美国加利福尼亚州立大学和美国 Computer Associates 软件开发公司合作开发了常见温室花卉栽培管理模型,美国密歇根州立大学研制开发了温室花卉决策支持系统(greenhouse care system),该系统通过温差对花卉的株高进行精准控制,达到定时上市的目标,是一个比较成功的作物模型,已被农场主广泛应用(Fisher,1996);以色列与美国以温室莴苣生长最适温度的日动态变化模拟为研究核心,合作开发了温室莴苣模型。

(1)模型原理

温度对葡萄发育的影响可以用热效应来表示,每日热效应 $F(T)$ 指作物在实际温度条件下生长一天相当于在最适宜温度条件下生长一天的比例;辐射对葡萄发育的影响可以用辐射效应来表示,每日辐射效应 $F(R)$ 指作物在实际辐射条件下生长一天相当于在最适宜辐射条件下生长一天的比例;每日温光效应 $F(TR)$ 就是葡萄在最适温光条件下生长一天相当于在实际温光条件下生长一天的比例。葡萄的生长发育主要受自身遗传特性及温度、光照等环境条件的影响,因此,对于特定的葡萄品种,其完成某一特定发育阶段所需的累计温光效应是恒定的,以累计温光效应为尺度,可以建立基于温光的葡萄生育期预测模型(徐国彬 等,2006;Larsen et al.,1998;Marcelis et al.,1998)。温光效应 $F(TR)$ 计算方法如下:

$$R = \sum_{i=1}^{24} PAR(i) \tag{5-1}$$

$$F(R) = 1 - \exp^{-aR} \quad (R > 0) \tag{5-2}$$

$$F(T) = \begin{cases} 0 & T < T_b \\ (1 - \exp^{-\beta(T-T_b)})(1 - \exp^{-\gamma(T_m-T)}) & T_b \leqslant T \leqslant T_m \\ 0 & T \geqslant T_m \end{cases} \tag{5-3}$$

$$F(TR) = F(T) \times F(R) \tag{5-4}$$

式中,$PAR(i)$ 为一天中第 i 小时内的光合有效辐射(MJ·m^{-2}),R 为每日光合有效辐射(MJ·m^{-2})。每日辐射效应的值介于 0~1 之间。T 为日平均气温(℃);T_b 为葡萄发育的下限温度(℃),T_m 为葡萄发育上限温度。a、β、γ 为模型待定参数。根据式(5-3),当日平均气温小于 T_b 或大于 T_m 时,每日热效应为 0;当日平均气温介于 T_b 与 T_m 之间时,每日热效应介于 0 和 1 之间。

(2)模型检验方法

本研究采用回归估计标准误差(root mean squared error,RMSE)对模拟值和观测值之间的符合度进行检验:

$$\text{RMSE} = \sqrt{\frac{\sum_{i=1}^{n} (OBS_i - SIM_i)^2}{n}} \tag{5-5}$$

式中,OBS_i 为实际观测值,SIM_i 为模型模拟值,n 为样本容量。

(3)试验材料和设计

试验于 2015—2016 年在江苏南京信息工程大学农试站盘城葡萄园和镇江句容葡萄园进行,供试葡萄品种为 3 年生红提。室外气象资料来自南京信息工程大学的气象台站和镇江附近气象台站,大棚内气象数据用自动气象站(Watchdong2000,USA)采集。本研究利用 2015 年的观测资料建立红提葡萄的生育期模型,用 2016 年的资料对模型进行验证。

(4)生育期的划分和观测

试验期间统计葡萄发育过程中主要物候期,包含了萌芽期、新梢生长期、开花期、幼果生长期、果实成熟等 5 个主要物候期,其划分标准如表 5-1 所示。

表 5-1　设施葡萄物候期及划分标准

物候期	划分指标
萌芽期	从保温到萌芽
新梢生长期	萌芽到新梢停止生长
开花期	始花期到终花期
幼果生长期	子房膨大到浆果着色
果实成熟期	果实变软到完全成熟

利用2015年的观测资料采用统计软件(Spss 11.0)对公式(5-1)、(5-2)、(5-3)中的模型参数进行拟合,得到设施红提葡萄生育期模型中的待定参数值,如表5-2所示。

表5-2 设施葡萄生育期预测模型的参数

α	β	γ
0.25	0.39	0.70

根据公式(5-1)~(5-4),利用2015年南京盘城和镇江句容的生育期和气象观测资料可计算得到葡萄完成各生育期所需的累积光温效应及有效积温,结果如表5-3所示。各发育阶段经历的天数和从萌芽到成熟经历天数见图5-1和图5-2。

表5-3 设施葡萄各个生育期所需的天数、累积温光效应、有效积温

地点	项目	萌动—萌芽	萌芽—开花	开花—坐果	坐果—转色	转色—成熟	合计
南京盘城	天数(d)	7	25	18	39	34	116
	温光效应	2.5	14.6	11.8	35.6	28.3	93.0
	有效积温(℃·d)	24.6	235.6	252.8	585.6	544.4	1643.0
镇江句容	天数(d)	8	28	22	42	36	128
	温光效应	3.4	16.5	12.4	37.6	30.3	100.2
	有效积温(℃·d)	35.0	255.4	282.4	606.3	577.6	1757.7

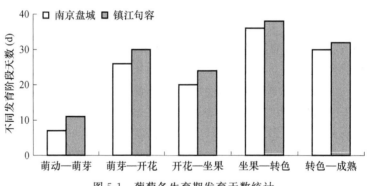

图5-1 葡萄各生育期发育天数统计

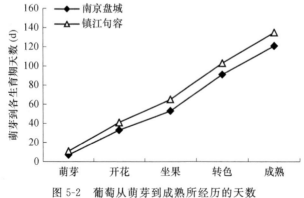

图5-2 葡萄从萌芽到成熟所经历的天数

再利用 2016 年的南京盘城和镇江室外气象资料及大棚内气象资料,根据公式(5-1)~(5-5),计算葡萄生育过程中每天的温光效应,然后依据表 5-3 中各品种对应的完成各生育期所需的累积温光效应,反推各个生育期的持续天数,从而确定各生育期的起止时间,并与实际生育期观测资料进行对比,结果如表 5-4 和图 5-3 所示。

表 5-4　红提葡萄达到各生育期天数模拟值与实测值

项目		南京盘城	镇江句容
萌动—萌芽	实测(d)	7	11
	模拟值(d)	9	12
	误差(d)	−2	−1
萌芽—开花	实测值(d)	26	30
	模拟值(d)	30	28
	误差(d)	−4	2
开花—坐果	实测值(d)	20	24
	模拟值(d)	18	22
	误差(d)	2	−2
坐果—转色	实测值(d)	36	38
	模拟值(d)	32	34
	误差(d)	−4	4
转色—成熟	实测值(d)	35	32
	模拟值(d)	33	28
	误差(d)	2	−4

可以看出,模型能较好地预测葡萄生育期出现时间,预测的各生育期持续天数与实测值误差不超过 4 d。将预测的和实测的到达各生育期的天数代入公式(5-5),计算得出模型对萌芽期、新梢生长期、开花期、幼果生长期、果实成熟等各生育期预测的回归估计标准误差 RMSE 分别为:1.51 d、3.83 d、2.68 d、3.71 d、2.45 d,基于 1∶1 线的决定系数 R^2 为 0.92。

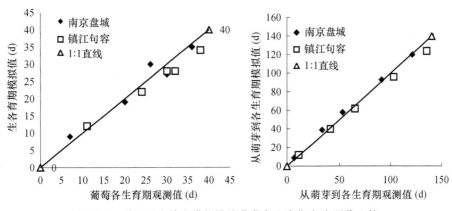

图 5-3　利用温光效应模拟设施葡萄各生育期与实测值比较

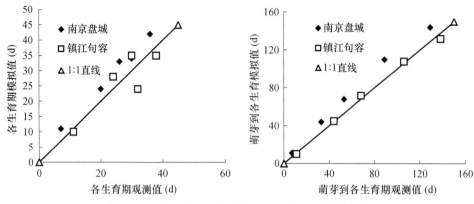

图 5-4 利用 GDD 法模拟葡萄生育期与实测值比较

为比较基于温光效应的发育模型与常用的有效积温法(GDD)预测葡萄生育期的效果,本节同时采用有效积温法和光温效应的发育模型进行了模拟研究,结果如图 5-4。由图 5-4 可知,本研究建立的基于温光效应的葡萄生育期预测模型的预测精度明显高于有效积温法(GDD)。用两种方法预测葡萄生育期时的 RMSE 和预测结果基于 1:1 线的决定系数 R^2 如表 5-5 所示。由此可见,基于温光效应的模型(ATRE)预测葡萄生育期的精确度明显高于有效积温法(GDD),特别是在展叶、坐果和果实成熟这三个生育期采用累计温光效应预测精度明显高于有效积温法。

表 5-5 不同模型预测葡萄生育期时的 RMSE 和 R^2

预测方法	RMSE(d)					R^2
	萌动—萌芽	萌芽—开花	开花—坐果	坐果—转色	转色—成熟	
温光模型	1.5	3.0	1.5	4.0	3.0	0.92
有效积温法	4.02	7.81	4.46	6.40	11.83	0.86

5.2 葡萄果实生长和品质模拟

5.2.1 葡萄果实生长模型构建

(1)试验设计

试验于 2015—2016 年在江苏南京、镇江的大棚内分别进行,供试品种为红提,树龄 3 年。试验大棚为长 26 m,宽 8 m,高 3 m 的钢架结构塑料大棚。选取大棚中央葡萄树各 5 株。

气象数据采集:大棚内外气象数据用自动气象站(Watchdong2000,USA)采集,采集环境要素为温度,湿度,辐射,每 2S 采集一次,存储 20 min 的平均值。

果实直径:葡萄坐果后,待果实长到 1 cm 左右,每隔 5 天利用精度 0.02 mm 游标卡尺测定果实横径和纵径,算得平均值,作为葡萄果实直径。

叶面积测定:测定叶片长和宽,求得叶片面积。叶面积模型为破坏性取样模拟出的葡萄叶长、叶宽乘积与叶面积的回归模型。

（2）果实生长模型的构建

葡萄果实的生长发育主要受自身遗传特性及温度、光照等环境条件的影响，因此对于特定的葡萄品种，其完成某一特定发育阶段所需的累计光温效应是恒定的，以累计光温效应为尺度，可以建立基于光温的葡萄果实生长模型（徐国彬 等，2006；Larsen et al.，1998；Marcelis et al.，1998；袁昌梅 等，2006；徐小利 等，1992）。因此根据葡萄果实发育呈指数关系，利用露地葡萄果实发育数据模拟得到不同叶面积的光温效应与果实直径（横径与纵径的平均值）的关系模型：

$$D = \frac{D_0 \times D_m}{D_0 + (D_m - D_0) \times e^{-E_t}}$$ (5-6)

式中，D 为坐果 t 天的果实直径（cm），D_0 坐果后果实直径，D_m 为每次测量的最大果径，E_t 为坐果后的累计温光效应，u 为果实直径相对生长率。

利用 2015 年镇江句容和南京盘城的葡萄观测，结果见图 5-5 和 5-6，葡萄果实的直径与截获的温光效应及天数呈正相关。在葡萄果实生长前期和后期，不同区域的果实发育差异较小，葡萄果实发育较一致。利用公式（5-6）拟合得到模型参数，D_0 为 0.25 cm，D_m 为 2.9 cm，u 为 0.04，拟合决定系数为 0.946，RMSE 为 0.19 cm。

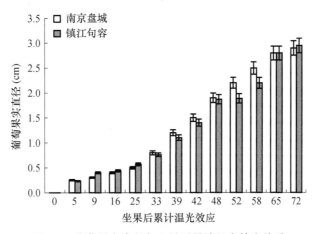

图 5-5　葡萄果实直径与坐果后累计温光效应关系

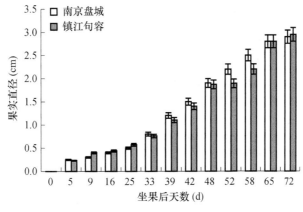

图 5-6　葡萄果实直径与坐果后天数关系

5.2.2 葡萄果实品质模型构建

利用 2015 年盘城果实测定品质数据,果实固形物、果实总酸、果实还原糖含量与坐果后温光效应的关系见图 5-7a,5-7b,5-7c。从图可以看出果实固形物随坐果后温光效应增加逐渐增加,果实成熟时达到最大,为 17.6%。果实总酸含量随坐果后温光效应增加逐渐减少,果实成熟时为 6.4 g·L^{-1},果实还原糖含量随坐果后温光效应增加而增加,收获时达到146 g·L^{-1}。

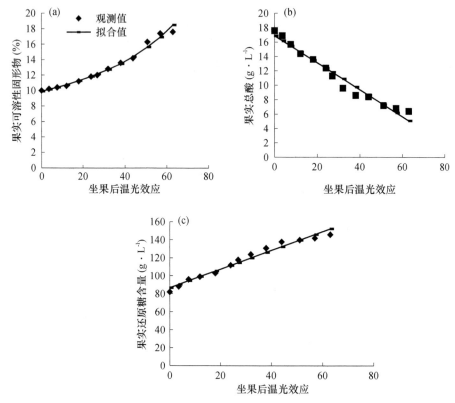

图 5-7 果实品质与坐果后温光效应的关系

利用 DPS 软件拟合得到果实品质与温光效应的关系模型及误差见表 5-6。从表看出,3个指标的拟合决定系数达到 0.96 以上,果实固形物、果实总酸、果实还原糖标准差分别为0.377%,0.772 g·L^{-1},3.942 g·L^{-1}。

表 5-6 果实品质与温光效应的关系模型

指标	模型	se	R^2
可溶性固形物	$Y=3.779/(1-0.618\exp(0.004x)$	0.377	0.982
果实总酸	$Y=16.879-0.187x$	0.772	0.964
果实还原糖	$Y=86.629+1.042x$	3.942	0.970

5.2.3 模型验证

(1)直径模拟结果

利用试验中 2016 年南京盘城葡萄温室室内外的气象资料及试验中测得大棚内葡萄果实生长数据,根据公式(5-1)至(5-4),计算葡萄生育过程中不同叶面积每天的光温效应,然后根据建立的果实发育模型(5-5)计算得出葡萄果实的直径数据,并与实际测得的果实发育数据进行对比,结果如表 5-7 和图 5-8 所示。

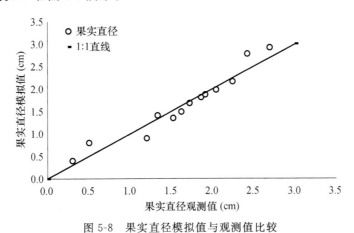

图 5-8　果实直径模拟值与观测值比较

表 5-7　葡萄果实直径模拟值与实测值

观测次数	观测值(cm)	模拟值(cm)	误差(cm)
1	0.3	0.4	0.1
2	0.5	0.8	0.3
3	1.2	0.9	0.3
4	1.33	1.41	0.08
5	1.52	1.35	0.17
6	1.62	1.49	0.13
7	1.72	1.68	0.04
8	1.86	1.81	0.05
9	1.91	1.87	0.04
10	2.04	1.98	0.06
11	2.24	2.16	0.08
12	2.42	2.78	0.36
13	2.69	2.92	0.28

(2)果树品质模拟结果

利用南京盘城 2017 年测定室内气象数据和果实品质数据,利用公式(5-1)～(5-4),计算得到温室葡萄坐果后累计温光效应,再利用上述构建模型计算得到果实品质数据,在与实际测定品质数据对比,结果见图5-9。从图可以看出,模型对果实固形物(图5-9a)模拟效果在果实后期较好,前期有一定误差,基于1:1线的RMSE为0.95%,决定系数为0.93。模型对果实总酸(图5-9b)模拟效果在果实后期偏高,前期模拟值偏低,基于1:1线的RMSE为0.64 g·L^{-1},决定系数为0.91。模型对果实还原糖(图5-9c)模拟效果前期较好,后期偏高,总体基于1:1线的RMSE为3.52 g·L^{-1},决定系数为0.94.

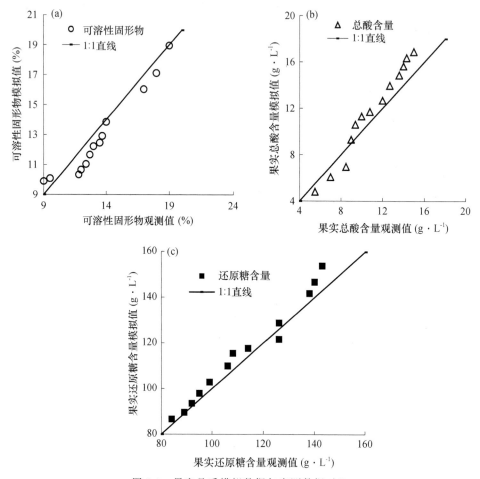

图5-9 果实品质模拟数据与实测数据对比

葡萄在水肥充足的情况下,其生长发育主要受温度和光照的影响,因此,不同叶面积截获的温光效应对于葡萄果实的发育意义重大。适宜的温光效应,有利于干物质的形成,促进果实的生长发育,提高葡萄果实的品质。本研究是在葡萄气象和生育期观测资料的基础上,综合考虑影响葡萄生长发育的两个主要环境因子光照和温度及影响光合作用的叶面积,建立了基于叶面积累积温光效应的葡萄果实发育预测模型。利用不同栽培方式下的葡萄果实发育实测资料对模型的预测效果进行了检验,结果表明本模型的预测精度高,适宜用于预测葡萄果实的发育。但是本模型仅仅是建立在单一品种的基础上,缺少其他品种的验证,对于其普适性还有待验证。另外,在每次测量时,直径及果实品质的最值的获取具有一定得随机性,这是本模型今后需要改进的地方。

5.3 设施葡萄产量预报

设施葡萄产量年际间波动较小。在正常气候条件下,根据设施葡萄的生育期和生理特性,考虑旬平均气温、旬平均最高气温、旬平均最低气温、旬平均相对湿度、旬总日照时数等气象因子对葡萄生长发育和产量高低的影响。用 BP 神经网络模型进行设施葡萄产量预报试验,以解决气候出现异常的情况下用统计模型难以准确预报设施葡萄产量的问题,并考察 BP 神经网络方法在产量预报中的应用前景。

5.3.1 趋势产量的预报模型构建

(1)调和权重法

趋势产量的预报采用调和权重方法。这种线性回归与滑动平均法相结合的实产模拟法,将某个阶段的产量趋势看作一段直线。而以该趋势后延的改变位置来反映历史趋势的连续变化。资料处理上,通常把年序或其他时间参数作为自变量,把实际产量作为因变量,建立趋势产量预报方程。某一阶段的线性趋势方程为:

$$Y_i(i) = a_i + b_i t \tag{5-7}$$

式中,$i = 1, 2, 3, \cdots, n-k+1$。$k$ 为滑动步长,n 为样本序列个数,t 为时间序列,i 为方程个数。当 $i=1$ 时,$t = 1, 2, 3, \cdots, k$;当 $i=2$ 时,$t = 2, 3, 4, \cdots, k+1$;$\cdots$;当 $i = n-k+1$ 时,$t = n-k+1$,$n-k+2, \cdots, n$。

计算每个方程在 t 点的函数值 $Y_i(t)$,其公式如下:

$$Y_i(t) = \frac{1}{q} \sum_{i=1}^{q} Y_i(i) k \tag{5-8}$$

式中,$i = 1, 2, 3, \cdots, q$,每个 t 点上分别有 q 个函数值,q 的多少与 n, k 有关。再求算每个 t 点上的平均函数值。

确定趋势产量函数 $W(t+1)$ 的增长量,方程式如下:

$$W(t+1) = Y_t(t+1) - Y_t(t) \tag{5-9}$$

式中,$Y_t(t+1)$ 为后一年的趋势产量,$Y_t(t)$ 为前一年的趋势产量。

其平均增长量计算公式如下:

$$\overline{W} = \sum_{t=1}^{n-1} C_{t+1}^n \cdot W(t+1) \tag{5-10}$$

式中,C_{t+1}^n 为调和权重系数,$C_{t+1}^n > 0$,$\sum_{t=1}^{n-1} C_{t+1}^n = 1$,$t = 1, 2, 3, \cdots, n-1$。

调和权重系数计算公式为:

$$C_{t+1}^n = m(t+1)/(n-1) \tag{5-11}$$

式中,C_{t+1}^n 为 $m(t+1)$ 序列样本的权重,第一个序列样本的权重为 $m(2) = 1/(n-1)$,第二个样本的权重为 $m(3) = m(2)/(n-2)$,$\cdots$,依次类推 $m(t+1) = m(t)/(n-t)$,其中 $t = 2, 3, 4, \cdots$,$n-1$。趋势产量的预报值可由下式得到:

$$Y_t'(t+1) = Y_t(t) + \overline{W} \tag{5-12}$$

式中，$Y'_t(t+1)$ 为趋势产量的预报值，$Y_t(t)$ 为前一年的趋势产量，$\overline{W}$ 为趋势产量的平均增长量。

（2）多项式预报法

多项式预报方法的趋势产量模拟预报方程如下：

$$Y'_t = \alpha T^3 + \beta T^2 + \gamma T + \varepsilon \tag{5-13}$$

式中，T 代表年序，Y'_t 代表某年的趋势产量。

使用多项式方法分离气象产量和趋势产量，相对于滑动平均分离方法而言，其优点在于不必减少样本数，尤其是当产量和气象资料的样本数比较少时，这种方法的优点比较明显。

（3）气象产量预报模型的构建

利用统计软件 DPS，2014—2016 年南京盘城、镇江句容、泰州姜堰气象数据和设施葡萄产量调查数据分析分离得到的历年气象产量与同期室内气象资料之间的相关关系发现：气象产量 Y_w 和 1 月下旬室内平均气温、1 月下旬室内平均最高气温、3 月上旬室内平均气温、3 月上旬室内最低气温、5 月上旬室内平均湿度、5 月下旬室内平均湿度、5 月上旬总日照时数、6 月上旬室内平均气温、6 月上旬室内平均日最高气温等 9 个气候因子的相关关系较为显著，其中 6 个因子的显著水平达到 0.01，3 个因子的显著水平达到 0.05。另外，葡萄的气象产量和其花期、发育成熟期、花芽分化期等重要生理期的部分气象因子相关程度也很高，如下表 5-8 所示，表中带"＊"的显著水平为 0.05，带"＊＊"的显著水平为 0.01。

表 5-8　室内气象因子与设施葡萄产量相关系数

影响因子	相关系数
1 月下旬室内平均气温	0.624＊＊
1 月下旬室内平均最高气温	0.537＊＊
3 月上旬室内平均气温	0.526＊
3 月上旬室内最低气温	0.745＊＊
5 月上旬室内平均湿度	0.625＊＊
5 月下旬室内平均湿度	0.523＊
5 月上旬总日照时数	0.827＊＊
6 月上旬室内平均气温	0.626＊
6 月上旬室内平均日最高气温	0.814＊＊

在利用 BP 神经网络时，为了满足 BP 网络节点函数的条件及有效提高网络训练速度，将学习矩阵的训练样本数据 Si 标准化为 0.1～0.9，计算公式：

$$x_i = \frac{X_{io} - X_{\min}}{X_{\max} - X_{\min}} \tag{5-14}$$

式中，x_i 变换后数据，X_{io} 为观测数据，$X_{\max}$、$X_{\min}$ 分别为观测值中最大和最小值。

隐含层和输出层传递函数采用 S 型对数函数 logsitic：

$$f(S_j) = \frac{1}{1 + \exp(-S_j/c)^2} \tag{5-15}$$

输出层神经单元的输出信号按下列公式计算：

$$y_{jk}^{in} = \sum_i w_{ik} x_i \tag{5-16}$$

$$y_k^{out} = f_0(y_{jk}^{in}) \tag{5-17}$$

$$u_j = f_1\left(\sum_k w_{kj} y_k^{out}\right) \tag{5-18}$$

式中,y_{jk}^{in} 是隐含层第 k 神经单元从输入层接收到的输入信号,w_{ik} 是输入层到隐含层的权重,y_k^{out} 是第 k 神经单元从输入层接收到输入信号后的输出信号,w_{kj} 是输出层的权重。u_j 是输出层第 j 神经单元的输出信号。

5.3.2 设施葡萄产量预报试验

(1)趋势产量与气象产量的分离

趋势产量与气象产量的分离使用多项式方法,此方法相对于滑动平均分离方法而言,其优点在于不必减少样本数以分离趋势产量 Y_t 和气象产量 Y,可分离得到下表中数据。利用南京盘城、镇江句容 2012—2016(2017)年调查的产量数据以 3 年的滑动分离后得到趋势产量与气象产量见表 5-9。

表 5-9　不同地点年份趋势产量与气象产量滑动平均分离表

地点	年份	平均单产(kg/亩)	趋势产量(kg/亩)	气象产量(kg/亩)
镇江句容	2012	1250	1244.0	6
	2013	1237	1238.3	−1.3
	2014	1228	1211.3	16.6
	2015	1169	1215.0	−46
	2016	1248	1208.5	39.5
南京盘城	2012	1305	1325.0	−20
	2013	1345	1379.3	−34.3
	2014	1488	1422.0	66
	2015	1433	1465.0	−32
	2016	1474	1483.0	−9
	2017	1542	1508.0	−34

(2)设施葡萄产量预报

趋势产量由地理环境、水肥、品种和生产力水平等因素决定,逐年变化幅度比较小,有相对的稳定性。

气象产量利用 BP 神经网络模拟,在模型选定相关的参数值为:初始学习速率 $\eta = 0.1$,惯量因子 $\alpha = 0.9$,最大迭代次数=10000 次,目标误差=0.0001。模型的训练样本和检验样本数据独立,神经网络模型采用 Matlab12 软件通过编程实现。

利用南京盘城、镇江句容的气象数据,模拟得到的 2017—2018 年气象产量的值和模拟得到的趋势产量的值相加,即为模拟的单产,结果见表 5-10。从表中可以看出,模拟预报精度除镇江句容 2018 为 73%,其余均达 89% 以上,模拟预报精度基本满足产量预报的精度要求。由于设施葡萄产量数据序列太短,用于模型检验数据不够,今后加大数据收集进一步对产量模型进行验证。

表 5-10　趋势产量、气象产量预测结果

地点	年份	趋势产量(kg/亩)	气象产量(kg/亩)	预测产量(kg/亩)	实际产量(kg/亩)	预测精度
镇江句容	2017	1208.5	63.7	1272.2	1423.0	89%
南京盘城	2018	1508.0	−15.4	1492.6	1373.8	91%
镇江句容	2018	1208.5	−76.2	1131.1	1541.8	73%

第6章 设施葡萄病害等级预报

设施作物栽培在人工设施环境下进行，与露地栽培的环境条件有根本区别，既有利于作物周年生产和供应，也为病虫害的发生流行提供了良好的条件。随着温室栽培的出现和迅速发展，使病虫害种类显著增加，危害程度明显加重，并为露地蔬菜提供了菌源和虫源(王悦娟，2012)。

6.1 设施葡萄病害简介

农作物在生长发育和产品贮藏过程中，受外界真菌、细菌、病毒等生物浸染或受不良环境条件影响，使作物的形态、生理活动受到破坏、干扰，引起生长不良、产量下降、品质变劣，甚至死亡的现象，叫作作物病害(李会杰，2013)。

引起作物病害的病源种类很多。根据病源种类可分为两大类：(1)侵染性病害：由于外界有害微生物的侵害而引起的病害。如真菌、细菌、病毒、线虫或寄生性种子植物等；(2)非侵染性病害(或称生理病害)：由于外界环境不适合而引起的病害。例如营养元素的缺乏，水分的不足或过量，低温的冻害和高温的灼病，肥料、农药使用不合理，或废水、废气造成的药害、毒害等(张艳敏 等，2012)。

6.1.1 侵染性病害

在植物侵染性病害中，按病源类型可分为 3 种：病毒性病害：由各种植物病毒侵染而发生的病害；真菌性病害：由各种真菌病原菌侵染植物根、茎、叶、果实等部位而引起蔬菜病害，种类最多，危害最大；细菌性病害：由植物病原菌侵染引起的植物病害。分清这几类病害类型，对于病害防治非常重要(张静辉，2011)。

(1)病毒性病害

设施作物病毒性病是一类蔓延快、危害较重的病害。设施作物病毒是一类只有电子显微镜下才能看到的蛋白质、核酸颗粒构成的微生物，有条状、球状、纤维状三类。病毒是专性寄生物，离开活体就不能繁殖，只有在寄主活细胞中才能合成病毒的核蛋白，繁殖形成新的病毒(陈洁云，2003)。

病毒病的症状有以下一些特点：①大部分病毒对植物直接杀死作用较小，主要影响植株生长发育，降低产量和质量。②大部分是全株性的，少数局部表现症状。③地上部分症状较明显，根部较少表现症状。病毒病的外部症状变化较大，大致分三种：①由于叶绿素发育受影响，引起各种变色和褪色，主要有花叶和黄化两种。花叶是指叶肉色泽浓淡不匀，叶片呈淡绿、深绿或黄绿相嵌的斑驳。黄化则是叶片均匀褪绿而呈黄绿色或黄色。一般叶片变色不受叶脉限制。在花瓣和果实上也能形成各种斑驳。②引起卷叶、缩叶、皱叶、萎缩、丛枝、癌肿、丛生、矮化等各种畸形。③引起枯斑、环斑和组织坏死，分为局部枯斑和系统枯斑。

野生杂草和其他作物所带的一种病毒可以侵染多种不同植物，在有些多年生的杂草宿根中，病毒可以潜伏其上越冬。一般种子内带毒的不多，只有少数豆类可以由种子传染。有些病毒可以在昆虫体内长期存活和繁殖，因而成为病毒病的传染来源。病毒必须由伤口侵入，在细胞内繁殖，然后侵入韧皮部和筛管再传播到全株各部分，这是病毒侵入和发展的一个特点。

（2）真菌性病害

真菌俗称霉菌，是一类没有根茎叶分化，没有维管束和叶绿素，依靠其他生物提供营养来维持生活的微生物。菌丝体丝状，靠孢子繁殖。真菌病害是设施病害中最重要的病害，种类多，危害重，每种作物都有几种到几十种真菌危害，在设施作物上，危害严重的霜霉病、枯萎病、白粉病、黄萎病、锈病等都是真菌引起的病害。设施作物的真菌病害按传播方式分为土传病害和气传病害。土传真菌病害主要是指病原真菌可在土壤中长期存活，通过土壤和灌溉水传播病害。这类病害的特点一是病原菌可以在土壤中长期存活，即使没有寄主也可存活3~5年以上；二是寄主范围广，每种病菌可危害多种蔬菜，轮做倒茬困难；三是病菌可以在土壤中积累，随着种植年限增加，老菜区土壤带菌量增多，往往造成突发性的病害大流行；四是病菌在土壤中，采用药剂或其他措施消灭病菌困难。气传病害，是指病菌通过空气进行传播。主要包括霜霉病、白粉病、灰霉病、叶霉病等（孙晓东 等，2005）。

（3）细菌性病害

设施作物细菌性病害分布也较广，一般作物都有一种到几种病害，其中禾本科、茄科上较多。植物病原细菌的一般性状：细菌是一种单细胞的微生物，比真菌小比病毒大，一般长为1~3 μm，宽0.3~0.8 μm，有球状、杆状、螺旋状，危害植物的细菌都是杆状、并有1~7根鞭毛，可以在水中游动，以分裂方式繁殖，一分为二，在条件适宜时每20 min可繁殖一代。一般细菌性病害危害后，在病斑处可看到水浸状病斑，特别是早期或病健交界处，有时可看到叶片表面出现菌脓，即白色或黄褐色黏液，准确的方法是对病斑用刀片切成条状加上水，在显微镜下检查有无云雾状的细菌溢。

6.1.2 非侵染性病害

非浸染性病害不是由上述病毒、细菌、真菌等病原菌侵染引起的，而是由于不良的环境条件及有毒气体、污水、缺肥、缺微量元素等原因造成的。危害症状大体可分为，叶片变色，植株枯死，落花落果，畸形等。与病毒很相似，要认真区分。

区分方法：①生理病害发生多受土壤和气候条件影响，一般在田间分布是比较成片的，发病区与地形土质或其他特殊环境条件有关。而侵染性病害发生往往比较随机。与地形、土质关系不明显。②经显微镜检查，或肉眼观察找不到病原菌。③生理病害是不能相互传染的。因此把有病组织与健康组织接触后，或接种都不能引起新的病害株出现。常见的生理病害一般由缺肥、缺微量元素或管理不当引起（袁财富 等，2010）。

（1）葡萄黑痘病

该病对葡萄的叶片、果实、新梢、叶柄、果梗、穗轴、卷须和花序均能侵染，尤其在幼嫩部分受害最重(图 6-1、图 6-2)。叶部初期出现针眼大小红褐色至黑褐色的小斑点,周围有淡紫色的晕圈,以后逐渐扩大,形成直径 1～4 mm 的近圆形不规则形的病斑,中央呈灰白色,稍凹陷,边缘暗褐色或紫褐色。后期病斑中部叶肉枯干破裂,而叶片出现穿孔。叶脉受害呈多角形病斑,造成叶片皱缩,严重影响光合作用。果面发生近圆形浅褐色斑点,病斑周边紫褐色,中心灰白色,稍凹陷,很像乌眼,所以有人称为"乌眼病"。在病斑上面有微细的小黑点,即是分生孢子盘。受害果实生长缓慢,绿色,质硬味酸有时龟裂,失去食用价值。新梢、叶柄、穗轴、花序产生暗褐色椭圆略凹陷的病斑,不久病斑中部逐渐变成灰黑色,边缘呈紫黑色或深褐色。

图 6-1　黑痘病危害果实症状　　　　　图 6-2　黑痘病危害叶片症状

防治方法:消灭越冬病原。在秋季落叶后,结合冬剪彻底清除病蔓、病叶、病果和主蔓上的枯皮,集中深埋或烧毁。药剂防治。在早春葡萄芽鳞片膨大时,喷 1 次 3～5 度石硫合剂加0.3%五氯酚钠效果较好。或单喷 3～5 度石硫合剂,消灭越冬病原菌,并兼治锈壁虱、介壳虫等。当葡萄梢长到 3～5 片叶时,每隔 10 天左右喷 1 次波尔多液(1∶0.5～0.7∶200～240),或 80%乙蒜素乳油 1500 倍液,或 50%甲基硫菌灵悬浮剂 1500 倍液,22.5%异菌脲悬浮剂1500 倍液,20%多菌灵・异菌脲悬浮剂 1000 倍液,50%福美双可湿性粉剂 500～700 倍液,或50%多菌灵可湿性粉剂 800 倍液,或 75%百菌清可湿性粉剂 800～1000 倍液,或退菌特可湿性粉剂 800 倍液或 65%代森锌可湿性粉剂 500～600 倍液。上述药剂,要交替使用,防止产生抗药性。

(2)葡萄白腐病

此病主要为害果穗,有时新梢和叶片也被侵害。一般接近地面的果穗,其穗轴、果梗最先发病,受害部位初期出现水渍状的病斑,逐渐扩大,环绕穗轴,使其果粒软腐,振动时病粒容易脱落(图 6-3)。在烂果表面上产生灰白色小粒点,即分生孢子器。潮湿季节受害变软的果粒表面破裂,溢出淡黄色黏液。枝蔓病初呈水渍状褐色不规则病菌的分生孢子器,严生时枝蔓病斑干枯,表皮与木质部分离,病部皮层纵裂成乱麻状。有时病部上端产生愈伤组织,成瘤状,使病枝上部叶变黄或变红褐色,直至干枯死亡。叶片多在叶尖或叶缘先发病,病斑初期为水渍状淡褐色近圆形或不规则的大病斑,同时产生灰白色小粒点,即病菌分生孢子器。

图 6-3　葡萄白腐病危害果实症状

防治方法:清除病原。发病期间及时清除树上和地上的病穗、病粒和病叶等,集中深埋,不仅可减少病菌再次侵染,也减少越冬病菌的数量。秋季落叶后,彻底清除园内病枝、病叶、病果等病残组织,减少越冬病原。加强栽培管理:合理修剪,及时绑蔓、摘心、除副梢和疏叶,创造通风透光环境,以减少发病,并且要增施有机肥、叶面追肥,使树体强健,提高抗病力。另外,对地面附近果穗套袋,也可减少病菌侵染。药剂防治:①铲除越冬病原菌:在早春葡萄发芽前向树上和地面上喷 3～50 倍石硫合剂或喷 50% 福美砷可湿性粉剂 200 倍液,或喷 5%g 菌丹可湿性粉剂 200 倍液,对消灭越冬病菌有良好效果,并可兼治炭疽病、白粉病、霜霉病、褐斑病等。②喷药保护:在展叶后结合降治黑痘病喷 50% 福美双可湿性粉剂 500～700 倍液,或 50% 退菌特可湿性粉剂 800 倍液,或 75% 百菌清可湿性粉剂 600～800 倍液。因白腐菌抗铜力较强,喷波尔多液防治效果不佳。

(3)葡萄炭疽病

此病主要危害果实,穗轴和果梗也能受害。葡萄在浆果着色后期接近成熟时发病最重,故称为晚腐病。一般在距地面近的果穗尖端先发病,初期在果面上发生水渍状的褐色小斑点,逐渐扩大,呈圆形深褐色病斑,略凹陷,2～3 天后,产生小黑点,排列成同心轮纹状,即为病菌的分生孢子盘。在多雨潮湿天气,自盘中流出粉红或橙红色的分生孢子(分生孢子器和分生孢子)。严重时病斑扩展到整个果面,果粒变软腐烂,逐渐失水干缩,变成僵果脱落。果梗、穗轴受害时产生椭圆形凹陷病斑,影响果实成熟。叶面上密生圆形褐色小斑点,严重时连成一片,叶色变黄而脱落。葡萄炭疽病危害果实症状见图 6-4。

防治方法:消灭越冬病原。结合冬季修剪清除留在植株和支架上的副梢、穗轴、卷须、僵果等,并把落地的枯、落叶彻底清除烧毁或深理。杀灭菌丝体:菌丝体主要在 1 年生枝上越冬,在发芽前喷 500 倍退菌特,或 100～200 倍福美砷,或喷 30 石硫合剂加 0.5% 五氯酚钠 200 倍混合液等强力杀菌剂,消灭越冬病原。药剂防治:在 6 月中下旬至 7 月上旬出现分生孢子时,每隔 10 天左右,喷 1 次 800～1000 倍的退菌特可湿性粉剂,40% 福星(氟硅唑)乳油 8000 倍液、25% 丙环唑乳油 5000 倍液,80% 大生 M-45 可湿性粉剂 800 倍液,或 30% 苯醚甲·丙环乳油

5000 倍液,或半量式波尔多液 200 倍液,均收到良好的效果。但应交替用药,提高药效。

图 6-4　葡萄炭疽病危害果实症状

（4）葡萄霜霉病

葡萄霜霉病主要危害叶片,也为害新梢、花蕾和幼果幼嫩部分（图 6-5、图 6-6）。叶片正面出现不规则淡黄色半透明油浸状小斑点,逐渐扩大呈绿色,边缘界限不明显,多为数个小斑连成一个不规则或多角形的大病斑,并在叶背面产生黄白色的霜状霉层,病斑后期变成淡褐色,干裂枯焦而卷曲,严重时叶片脱落。嫩梢同样出现油（或水）浸状病斑,表面有黄白色霉状物,但较叶片稀少。病斑纵向扩展较快,颜色逐渐变褐,稍凹陷,严重时新梢停止生长而扭曲枯死。

幼果感病初期,病部变成淡绿色,后期病斑变深褐色下陷,产生一层霜状白霉,果实变硬萎缩。果实半大时受害,病部变褐凹陷,皱缩软腐易脱落,但不产生霉层,也没有少数病果干缩在树上。一般从着色到成熟期果实不发病。

图 6-5　葡萄霜霉病危害叶片症状

图 6-6　葡萄霜霉病危害果实症状

防治方法:消灭病原。在生长季节和秋季修剪时都要彻底清除病枝、病叶、病果、集中烧毁。加强管理:在生长期间及时剪除多余的副梢枝叶,创造通风透光条件。雨季注意排水,降低湿度,同时注意减少土壤越冬孢子被雨溅到叶片上的机会。此外,多施磷、钾肥,酸性土壤多施生石灰,均可提高树体的抗病力。药剂防治:在发病前每 10 天左右喷 1 次波尔多液进行保护。发病后立刻喷 50％克菌丹 5000 倍液,或 65％代森锌 500 倍液,或 40％乙磷铝 200 倍液,或 25％甲霜灵 800～1000 倍液,或 58％瑞毒锰锌可湿性粉剂 600 倍液,50％烯酰吗啉水分散粒剂 1500 倍液,64％杀毒矾可湿性粉剂 500～600 倍液等。

(5)葡萄白粉病

病菌主要侵害葡萄的叶片(图 6-7)。老熟器官不发病。叶片开始在表面产生灰白色粉状物,即病菌的菌丝体和分生孢子。发病严重时全叶盖满白色粉状物,叶片卷曲枯萎而脱落。有时产生小黑点,是孢子的闭囊壳。粉斑下叶表面呈褐色花斑,严重时全叶枯焦。果实受害后,先在果上面长满白色粉状物,病斑上去粉后出现褐色星芒状花纹,表皮细胞死亡。果实停止生长,有时变成畸形,味酸,果实长大后,在多雨时感病,病处开裂后腐烂。果梗和新梢初期表面呈灰白色粉斑,后期粉斑下面形成雪花状或不规则的褐斑,使穗轴、果梗变脆,枝蔓不能很好成熟,影响果实品质和产量。

图 6-7　葡萄白粉病危害叶片症状

防治方法:清除病原。冬夏季修剪时注意收集病枝、病叶、病果,集中深埋。加强生长期肥水管理。雨季注意排水防涝,喷磷酸二氢钾和根施复合肥,增强树势,提高抗病力,并且要及时摘心、绑蔓、除副梢,改善通风、透光条件,减轻病害发生。药剂防治。在葡萄芽膨大而未发芽前喷 3～50 倍石硫合剂,彻底消灭越冬病原。葡萄发芽抽枝后生病,可喷 40％福星(氟硅唑)乳油 8000 倍液、25％丙环唑乳油 5000 倍液,或 30％苯醚甲·丙环乳油 5000 倍液,或 70％甲基托布津 1000 倍液,或 25％粉锈宁 500 倍液,一般每 10 天左右喷 1 次,连喷 3 次,交替用药,即可控制。另外,喷 0.5％面碱水加 0.1％洗衣粉效果也很好。

(6)葡萄褐斑病

褐斑病仅危害叶片,症状见图 6-8。大褐斑病初在叶面长出许多近圆形、多角形或不规则形的褐色小斑点。以后斑点逐渐扩大,直径达 3～10 mm。病斑中部呈黑褐色,边缘褐色,病、健部分界明显。叶背病斑呈淡黑褐色。发病严重时,一张叶片上病斑数可多达数十个,常互相愈合成不规则形的大斑,直径可达 9cm 以上;后期在病斑背面产生深褐色的霉状物,即病菌的孢梗束及分生孢子。严重时病叶干枯破裂,以至早期脱落。小褐斑病在叶片上呈现深褐色小斑,中部颜色稍浅,后期病斑背面长出一层较明显的黑色霉状物。病斑直径 2～3 mm 左右,大小比较一致。

图 6-8　葡萄褐斑病危害叶片症状

大褐斑病,分生孢子梗常 10～30 梗集结成束状,直立,暗褐色,单个分生孢子梗大小 92～225 mm×2.8～4 mm>有 1～6 个隔膜。老熟的分生孢子梗先端常有 1～2 个孢痕。分生孢子着生于分生孢子梗顶端,长棍棒状,微弯曲,基部稍膨大,上部渐狭小,有 0～9 个隔膜,褐色至暗褐色,大小 12～64 mm×3.2～6.8 mm。

小褐斑病,分生孢子梗较短,松散不集结成束,淡褐色。分生孢于长柱形,直或稍弯,有3～5 个分隔,棕色。

分生孢子萌发和菌丝体在寄主体内发展需要高湿和高温,故在高湿和高温条件下,病害发生严重。褐斑病一般在 5、6 月初发,7—9 月为发病盛期。多雨年份发病较重。发病严重时可使叶片提早 1～2 个月脱落,严重影响树势和第二年的结果。

病菌以菌丝体和分生孢子在落叶上越冬,至第二年初夏长出新的分生孢子梗,产生新的分生孢子通过气流和雨水传播,引起初次侵染。分生孢子发芽后从叶背气孔侵入,发病通常自植株下部叶片开始,逐渐向上蔓延。病菌侵入寄主后,经过一段时期,于环境条件适宜时,产生第二批分生孢子,引起再次侵染,造成陆续发病。直至秋末,病菌又在落叶病组织内越冬。

防治方法:①消灭越冬病原:秋后及时清扫落叶烧毁,冬剪时,将病叶彻底清除扫净烧毁或深埋。②加强管理:及时绑蔓、摘心、摘除副梢和老叶,创造通风透光条件,减少病害发生。增施有机肥和喷施磷酸二钾 3～4 次,提高树体抗病力。③药剂防治:早春芽膨大而未发前,结合其他病虫害喷 3～5 度石硫合剂,展叶后 6 月份开始每 10 天左右喷 1 次 40％福星(氟硅唑)乳油 8000 倍液、25％丙环唑乳油 5000 倍液,或 30％苯醚甲·丙环乳油 5000 倍液,或喷 50％多菌灵 800～1000 倍液。交替应用,效果均好。

(7)葡萄房枯病

葡萄房枯病也被称为葡萄粒枯病。该病在一般年份危害不严重,但是在高温、高湿的环境条件下,若果园管理不善、树势衰弱时发病严重。主要危害果粒和穗轴,严重时也可以危害叶片,危害果实症状见图 6-9。发病初期小果梗基部呈深黄色,边缘具有褐色至深褐色晕圈,病斑逐渐扩大,色泽变为褐色,当病斑绕果梗一周时,小果梗即干缩,病菌常从小果梗蔓延至穗轴上。果粒发病,最初从果蒂部分失水萎蔫,出现不规则的褐色病斑,逐渐扩大到全果,使果粒变紫变黑,失水干缩后,成为僵果,并在果粒表面长出稀疏的小黑点,即该病菌的分生孢子器。穗轴干枯后,病部以下的果穗全部变为黑色僵果,悬挂于蔓上不易脱落。叶片发病时,出现圆形小斑点,逐渐扩大后,病斑边缘呈褐色,中部灰白色,后期病斑中央散生有小黑点。一般葡萄房枯病与葡萄白腐病的病果粒颜色相似,较难区别,但是葡萄房枯病的病果粒在萎缩后长出小黑点,分布稀疏,小黑点颗粒较大,病果不易脱落;而葡萄白腐病的病果粒则在干缩前就出现灰白色的小粒点,该小粒点分布密集,颗粒较小,而且病果极易脱落。

图 6-9　葡萄房枯病危害果实症状

发病条件:葡萄房枯病病菌以分生孢子器和子囊壳在病果和病叶上越冬,第二年 3—7 月放射出分生孢子和子囊孢子。分生孢子和子囊孢子靠风雨传播到寄主上,即为病菌初次侵染的来源。分生孢子在 24～28 ℃,经 4 h 即能萌发。子囊孢子则在 25 ℃下,经 5 h 才能萌发。温度在 9～40 ℃之间,该病菌均可以生长发育,但是以 35 ℃最为适宜。该病菌本身生长发育虽然要求较高的温度,但是病菌侵入寄主时的温度常较正常生长发育的温度低。因此,在 7—9 月,气温在 13～35 ℃的范围内均能发病,但以 24～28 ℃最适于葡萄房枯病的发生。

防治方法：①清理田园。秋季落叶后，要注意收集和清理病株残体并扫除田间落叶，集中烧毁或深埋，以减少第二年初次病菌来源。②喷药保护，一般在葡萄落花后喷第一次药，以后每半月喷 1 次，共喷 3～5 次，喷药时要注意使果穗均匀着药。常用的药剂是 40％福星（氟硅唑）乳油 8000 倍液、25％丙环唑乳油 5000 倍液，或 30％苯醚甲·丙环乳油 5000 倍液，或 80％大生 M-45 可湿性粉剂 800 倍液，或 70％甲基琉菌灵超微可湿性粉剂 1000 倍液、50％苯菌灵可湿性粉剂 1500 倍液、75％百菌清可湿性粉剂 700～800 倍液。隔 15～20 天 1 次，共防 3～5 次。③加强栽培管理。果园及时排水，增施肥料，促使树势生长健壮，提高树体抗病力。在发病严重的地区，可以选择栽培抗病品种。

关于葡萄品种的抗病性，一般欧亚系统的葡萄较容易感染此病；美洲系统的葡萄发病较轻。在果园潮湿、管理不善、树势衰弱的条件下，此病发生严重。

（8）葡萄灰霉病

灰霉病主要为害葡萄花穗、幼小及近成熟果穗或果梗、新梢及叶片，症状图见 6-10。果穗染病初呈淡褐色水浸状，很快变为暗褐色，整个果穗软腐。潮湿时，果穗上长出一层淡灰色霉层，即病菌的分生孢子梗和分生孢子。如果入侵后持续干旱，果实干腐，或保持坚硬甚至变成棕色而不变软，或干枯脱落；若湿度大腐烂迅速扩展至整个果穗，损失严重。新梢、叶片染病，产生淡褐色，不规则病斑。有时出现不明显轮纹，上生稀疏灰色霉层。成熟果实及果梗染病，果面上出现褐色凹陷斑，整个果实很快软腐，果梗变黑，病部长出黑色菌核，

图 6-10　葡萄灰霉病危害果穗症状

灰葡萄孢霉，属半知菌亚门真菌。分生孢子梗自寄主表皮、菌丝体或菌核上长出、密集。孢子梗细长分枝，浅灰色，大小 280～550 mm×12～24 mm。顶端细胞膨大，其上着生分生孢子，聚集呈葡萄穗状。分生孢子圆形或椭圆形，单胞，石色或淡灰，大小 9～15×6～18 mm。菌核黑色不规则片状 1～2 mm，外部为疏丝组织，内部为拟薄壁组织。病原菌的有性世代为富克尔核盘菌，属于囊菌亚门真菌。灰葡萄孢霉是一种寄主范围很广的兼性寄生菌，能侵染多种水果、蔬菜和花卉。

灰霉菌主要以菌核和分生孢子越冬，其抗逆性强。翌年春季温度回升、遇雨或湿度大时从

菌核上萌发产生分生孢子,或是其他寄主上的分生孢子借气流传播到花穗上。分生孢子在清水中几乎不萌发,在花器上有外渗物刺激时很容易萌发侵染,发病后产生大量分生孢子,借风雨传播蔓延进行多次再侵染。灰霉病要求低温高湿条件,菌丝生长和孢子萌发适温 21 ℃。相对湿度 92%~97%,pH3~5 对侵染后发病最有利,在糖类或酸类物质刺激下,很快萌发。侵入时间与温度有很大关系,16~21 ℃、18 h 可完成侵入,温度过高或过低都会延长侵入期,4 ℃约需 36~48 h,2 ℃则需要 72 h。春季葡萄花期,气温不太高,若遇连阴雨,空气湿度大常造成花穗腐烂脱落。另一个易发病期是果实成熟期,与果实糖分转化、水分增高、抗性降低有关。管理粗放、施磷钾肥不足、机械伤、虫伤较多的葡萄园易发病,地势低洼、枝梢徒长、郁闭、通风透光不足果园发病重。

防治方法:清洁葡萄园,结合秋季修剪清除病残体,摘除病花穗,减少菌核量,结合其他病害防治,做好越冬期的预防工作。加强管理,多施有机肥,增施磷钾肥,控制速效氮肥使用量,防止徒长,对生长过旺枝蔓适当进行修剪,使葡萄园通风降湿,抑制发病。花前喷 40%咳霉胺悬浮剂 600 倍液,50%速克灵可湿性粉剂 2000~2500 倍液或 50%扑海因可湿性粉剂 1500 倍液、50%农利灵可湿性粉剂 1500 倍液、45%特克多悬浮剂 4000~4500 倍液、70%甲基硫菌灵超微可湿性粉剂 800~1000 倍液、36%甲基硫菌灵悬浮剂 600~800 倍液、50%苯菌灵可湿性粉剂 1500 倍液、50%多霉灵(万霉灵、乙霉威)可湿性粉剂 1500~2000 倍液、65%抗霉灵(硫菌·霉威)可湿性粉剂 1500 倍液,对抗性灰霉菌有效,隔 10~15 天 1 次,连续防治 2~3 次。

6.2　设施葡萄霜霉病对光谱的影响及光谱诊断模型的构建

6.2.1　霜霉病对葡萄叶片光谱参数的影响

作物叶片因病虫危害导致其细胞结构、色素、水分、氮素含量及外部形状等发生变化,从而会引起光谱的变化(Renee et al.,1985;冯先伟 等,2004)。目前,国内外学者利用光谱技术在对作物干旱、冻害、渍害、缺素、病虫害等胁迫条件下叶片的光谱特征进行了相关研究(王纪华 等,2001;王磊 等,2004;Ceccato et al.,2001),在作物的病害调查方面,也有光谱识别作物病害的研究。葡萄受霜霉病危害时在光谱上会表现出一些特有的诊断光谱特征,且单叶和冠层的光谱特征又各有不同,这方面的研究报道不多。因病虫危害导致作物群体 LAI、生物量、覆盖度等冠层结构参数发生变化,从而会引起光谱的变化(黄麟 等,2006),为遥感技术快速、大面积监测棉花黄萎病的发生,发展提供了可能。目前,国内外学者利用光谱技术已对作物病虫害胁迫条件下冠层光谱特征进行了相关研究(Kobayashi et al.,2001),在作物的病害调查方面,也有光谱识别作物病害的研究。

因此,首先研究葡萄霜霉病病叶光谱特征有助于我们对葡萄霜霉病病叶光谱有一整体认识,对于揭示遥感监测葡萄霜霉病的光谱机理和发展葡萄病害的遥感监测技术具有重要意义。

(1)冠层光谱反射率总体特征

b0、b1、b2、b3、b4 分别为正常植株、发病轻度、发病中度、发病重度、发病极严重植株。通过绘制葡萄霜霉病不同等级的冠层平均光谱反射率曲线,结果表明(图 6-11),在可见光波段

(400～700 nm),随病情加重,光谱反射率基本呈现逐渐上升趋势,反射率值为 b4>b3>b2>b1>b0。发病极严重植株(b4)在可见光波段光谱反射率最大值为 0.129,比正常植株(b0)高 0.376;近红外波段(700～1000 nm)光谱反射呈现相反的趋势,即正常葡萄冠层(b0)光谱反射率最高,轻度的(b1)的光谱反射率次之,极严重(b4)的光谱反射率最低,且光谱反射率值差距增大。

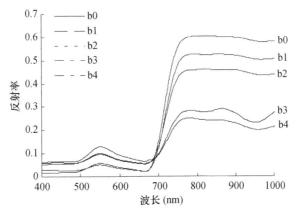

图 6-11　不同程度霜霉病对葡萄冠层光谱反射率的影响

(2)霜霉病对葡萄冠层一阶微分光谱特征的影响

由于微分光谱分析技术能够去除背景噪音或无关信息的影响,因此,微分光谱能够清晰地反映出作物光谱的变化特征,被广泛地应用在光谱特征的分析中。微分光谱分析技术应用最广的是一阶微分光谱。一阶微分即原始光谱曲线各点的斜率,它反映光谱反射率变化的剧烈程度,正值表示反射率升高,负值表示反射率降低,0 表示反射率未发生变化。各波段的峰值则代表原始光谱曲线上峰谷之间的"边"中反射率发生剧烈变化的点,正值为反射率突然增大的点,负值为反射率突然降低的点。由此可见,一阶微分值可以反映原始光谱曲线的部分特征,光谱反射率与叶片内含物的数量和结构密切相关,所以光谱曲线的一阶微分值与叶片的结构、性质也有关。前人的研究表明:当作物受到病虫危害时,由于叶片的结构、生化成分均发生了一定的变化,因此,一阶微分光谱的变化也表现出一定的变化特征。

研究表明(图 6-12),一阶微分变化最大的波段位于红边区域,即图中所示的 680～760 nm 之间反射率微分光谱的最大值与其所对应的波长。不同病害程度 bo、b1、b2、b3、b4 的红边位置分别为 725 nm、722 nm、721 nm、720 nm、718 nm,红边幅值分别为 0.0128、0.0105、0.0089、0.0063、0.0053,发病极严重植株(b4)的红边幅值相比正常植株(b0)的红边幅值降低了 58.6%。葡萄霜霉病不同严重度冠层一阶微分光谱的红边均具有"双峰"现象,分别位于 718 nm 和 720～730 nm 附近,与正常植株冠层的红边相似。所不同的是随着病情严重度的增加,"双峰"同时下降,红边位置明显向短波方向移动,即红边斜率减小,红边位置发生"蓝移",这与(陈兵 等,2007)的研究结果相似。葡萄叶片受到霜霉病害侵染,叶绿素含量降低,叶片衰老程度增加,细胞结构等发生了破坏,导致红边幅值显著下降。

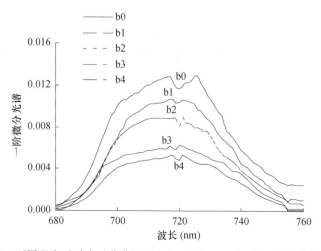

图 6-12　不同程度霜霉病对葡萄冠层 680～760 nm 一阶微分反射光谱的影响

（3）葡萄霜霉病发病叶片的光谱反射率特征

对葡萄不同发病时期正常叶片与病叶之间的光谱反射率分析后发现：正常叶片（b0）与病叶之间的光谱反射率有明显差异，如图 6-13 所示，在 400～1000 nm 波段范围内，正常叶片反射率均明显低于病叶。在可见光区（400～700 nm），随病情加重，光谱反射率呈现逐渐上升趋势，即正常叶片（b0）的光谱反射率最低，轻度病叶（b1）的光谱反射率次之，极严重叶片（b4）的光谱反射率最高。并且，在黄绿光区至橙红光区范围内（520～680 nm）表现尤为明显，在 550 nm 附近形成一个波峰。可见光波段范围内单叶光谱反射率主要受叶绿素含量的影响，正常叶片单位面积上叶绿素含量高，对光吸收的多，反射率较低，病害叶片叶绿素含量低，对光吸收的少，因此，反射率较高。在红外区（700～1000 nm）波段范围内单叶光谱反射率主要受叶绿素 a 和 b、叶片单位面积含水量、干物质含量和叶片内部结构的影响（陈兵 等，2007）。当葡萄受到霜霉病菌危害时，一方面，叶片变黄变干枯、叶绿素含量迅速下降；另一方面，叶肉细胞被破坏、水分含量下降使得叶片变薄，理论上叶片层数减少，使近红外光谱反射率在 900～1000 nm 波段内略有下降（陈兵 等，2007）。由于病害叶片中叶绿素 a 和 b 迅速下降、大量细胞死亡等物质变化的影响大于叶肉细胞破坏、失水使叶片厚度变薄的影响，致使反射率较正常植株叶片高。

葡萄叶片自生长正常至被病菌侵染到病情逐渐加重，植株不断失水，葡萄叶片变黄干枯、叶绿素含量下降，对蓝光、绿光的吸收减弱，蓝光与绿光波段的反射率逐渐增加，对红光的反射也增强，在红光波段的 680 nm 附近形成了一个小小的吸收谷（如图 6-13）。而在红边和近红外区，由于影响叶片光谱反射率的因素较多，反射率相对不稳定，但由于叶片内部组织逐渐受到损害，光合产物形成受阻，大量物质开始分解等综合表现出该区域光谱反射率逐渐升高，至叶片完全干枯时，该区域光谱反射率急剧上升并出现最高点。表明葡萄不同严重度叶片光谱反射曲线的变化呈现一定规律性且与病害叶片的生理变化规律相一致。

对葡萄霜霉病发病叶片的一阶微分光谱特征的研究表明（如图 6-14 所示）：一阶微分变化最大的波段位于红边区域，即图中所示 680～780 nm 之间反射率微分光谱的最大值与其所对应的波长。葡萄霜霉病不同病害程度病叶光谱的红边均具有"单峰"现象，与正常单叶的红边相似。所不同的是随着病情严重度的增加,峰高逐渐降低,红边位置明显向短波方向移动,即红边斜率减小,红边位置发生"蓝移"。表现出了病害特有的光谱特征。

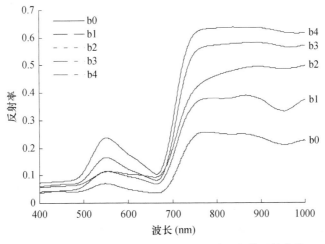

图 6-13 葡萄叶片不同霜霉病程度下单叶光谱反射曲线

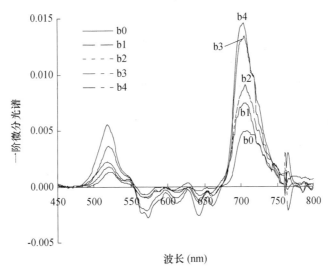

图 6-14 不同程度霜霉病葡萄叶片一阶微分光谱曲线

6.2.2 霜霉病叶片叶绿素含量的光谱红边参数诊断模型

(1)霜霉病对叶片叶绿素含量的影响

不同病害程度下葡萄霜霉病叶片叶绿素含量变化如表 6-1 所示。不同病害程度下,葡萄霜霉病叶片光合色素含量都表现出明显的差异。随着病情严重程度的增加,霜霉病害叶片叶绿素 a、叶绿素 b、叶绿素总量逐渐下降,叶绿素 a、叶绿素 b、类胡萝卜素、叶绿素总量、叶绿素 a/b 与正常植株样本(b0)相比差异性均达到显著水平。说明霜霉病的发生间接影响葡萄叶片光合色素,并且发生发展程度的强弱在叶片上表现不同。b4(极严重)植株的叶绿素 a、叶绿素 b、类胡萝卜素、叶绿素总量相比 b0 正常植株分别降低了 47.7%、62%、57.3%、51.6%。

表 6-1 不同病害程度下葡萄霜霉病叶片叶绿素含量

病害程度	叶绿素 a (mg/g)	叶绿素 b (mg/g)	类胡萝卜素 (mg/g)	叶绿素总量 (mg/g)	叶绿素 a/b
b0(正常)	3.48±0.18 a	1.29±0.19 a	0.96±0.07 a	4.77±0.24 a	2.86±0.15 a
b1(轻度)	3.22±0.27 b	1.14±0.15 b	0.87±0.09 b	4.36±0.86 b	2.82±0.15 b
b2(中度)	2.90±0.44 c	0.98±0.19 c	0.98±0.27 c	3.88±0.59 c	2.99±0.43 c
b3(重度)	2.20±0.03 d	0.64±0.01 d	0.48±0.01 d	2.84±0.23 d	3.43±0.37 d
b4(极严重)	1.82±0.25 e	0.49±0.04 e	0.41±0.02 e	2.31±0.14 e	3.71±0.24 e

注:不同小写字母分别表示在 0.05 水平上的差异显著。

（2）不同程度葡萄霜霉病害光谱红边参数特征

光谱红边是由作物叶片叶绿素在红光波段对光的强烈吸收与叶片内部组织在近红外波段对光的多次散射形成的强反射所造成的,范围一般在 680～750 nm 之间。由于光谱红边参数主要依据作物的营养状况、生物量和物候期而发生变化,作物的叶片组织发生变化时也会引起光谱红边参数的相应变化,尤其当作物受到各种胁迫时,作物的红边特征常发生显著的变化(刘炜 等,2010),因此,光谱红边特征常被用来指示作物生长的好坏。进一步对葡萄霜霉病胁迫后,不同病害程度的 6 个光谱红边参数分析后发现,病害胁迫导致光谱红边位置(REP)、红谷位置(Lo)、红边幅值(Dr)、红边宽度(Lwidth)、红边深度(Depth672)和红边面积(Area672)的值均发生了很大的变化。

由不同病害程度葡萄霜霉病叶片叶绿素含量的变化和叶片光谱红边参数特征可知,霜霉病使得葡萄叶绿素 a、叶绿素 b、叶绿素总量及光谱红边参数 REP、Lo、Dr、Lwidth、Depth672 和 Area672 的值均发生了较大的变化。为更好地分析霜霉病害发生后葡萄叶片叶绿素含量与光谱红边参数的关系,在此对两者进行了相关分析(表 6-2)。

表 6-2 葡萄霜霉病叶片叶绿素含量与红边参数间的相关性

叶绿素	红边参数					
	REP	Lo	Dr	Lwidth	Depth672	Area672
Chl a	0.846**	0.891**	0.254	−0.851**	0.773**	0.913**
Chl b	0.732**	0.793**	0.178	−0.733**	0.678**	0.752**
Chl a+b	0.858**	0.872**	0.213	−0.846**	0.791**	0.923**

注:表中 ** 表示达 0.01 显著水平。

病害叶片 Chl a,Chl b 和 Chl a+b 均与红边参数 REP、Lo、Depth672 和 Area672 呈极显著正相关,与红边参数 Lwidth 呈极显著负相关,与红边参数 Dr 未达显著相关。在极显著相关范围内,整体上 Chl a+b 含量与红边参数的显著性最好,Chl a 含量其次,Chl b 含量较好。其中,Chl a,Chl a+b 与红边参数 Area672 的相关性最好,相关系数分别是 0.913,0.923;Chl b 含量与红边参数 Lo 的相关性最好,相关系数为 0.793;Chl a,Chl b 和 Chl a+b 与红边参数 Depth672 的相关性最差,相关系数分别是 0.773,0.678 和 0.791。对 Chl a 和 Chl a+b 而言,红边参数相关性顺序是 Area672＞Lo＞Lwidth＞REP＞Depth672＞Dr,对于 Chl b,红边参数相关性顺序为 Lo＞Area672＞Lwidth＞REP＞Depth672＞Dr。由于不同严重度病害叶片与光谱红边参数具有很好的相关性,因此,可利用光谱红边参数对葡萄霜霉病病害叶片进行诊断。

(3)霜霉病叶片叶绿素含量的光谱红边参数诊断模型

在综合分析相关分析结果的基础上,以 2016 年观测样本数据作为训练样本,选择与葡萄霜霉病叶片叶绿素含量相关性最好的不同红边参数建立叶片叶绿素含量的诊断模型。其中,以红边参数 Area672 为自变量,以 Chl a,Chl a+b 为因变量,建立葡萄霜霉病叶片 Chl a,Chl a+b 的诊断模型;以红边参数 Lo 为自变量,以 Chl b 含量为因变量,建立葡萄霜霉病叶片 Chl b 含量的诊断模型(表 6-3)。分析表 6-3 得,建立的所有叶绿素含量诊断模型的决定系数均通过了 0.01 的极显著相关,而不同红边参数建立的诊断模型精度不同。以红边参数 Area672 为自变量建立的葡萄霜霉病叶片 Chl a,Chl a+b 诊断模型的 R^2 均超过了 0.8,总体上精度高于以红边参数 Lo 为自变量建立 Chl b 含量的诊断模型,以红边参数 Area672 为自变量建立的 Chl a+b 含量诊断模型的精度最高,最高 R^2 达到 0.925。模型精度的大小顺序是:Chl a+b> Chl a> Chl b,与叶绿素含量的变化,叶绿素含量与红边参数相关性分析的结果具有很好的一致性。基于此,Chl a 的最佳诊断模型类型是线性函数,Chl b 和 Chl a+b 的最佳诊断模型类型是指数函数,模型表达式分别如表 6-3 中所示。

表 6-3 葡萄霜霉病叶片叶绿素含量与光谱红边参数诊断模型

模型因变量 y	模型自变量 x	诊断模型	决定系数(R^2)
Chl a	Area672	$y=-5.3044x+4.6789$	0.916
		$y=5.6078e^{-2.0367x}$	0.915
		$y=-1.7834\ln(x)+0.8495$	0.901
		$y=-8.8901x^2+1.2125x+3.6014$	0.852
		$y=1.2954x^{-0.68}$	0.859
Chl b	Lo	$y=0.0168x-10.307$	0.882
		$y=0.000009e^{0.0206x}$	0.913
		$y=11.126\ln(x)-71.427$	0.849
		$y=0.0002x^2-0.2657x+83.165$	0.903
		$y=2E-39x^{13.661}$	0.812
Chl a+b	Area672	$y=-7.8962x+6.5357$	0.918
		$y=8.1339e^{-2.289x}$	0.925
		$y=-2.6619\ln(x)+0.8279$	0.916
		$y=-11.21x^2+0.3209x+5.1771$	0.911
		$y=1.5652x^{-0.7654}$	0.871

注:表中加粗部分表示葡萄霜霉病叶片 Chl a、Chl b、Chl a+b 的最佳诊断模型。

(4)霜霉病叶片叶绿素含量的光谱红边参数诊断模型验证

为避免单一利用 R^2 检验模型精度不准确,本节利用实际观测数据对模型精度进行检验。由图 6-15 可知,3 个拟合方程(图 6-15a、b、c)的 R^2 均超过 0.8,分别为 0.912、0.909、0.873,RMSE 均小于 0.2,分别为 0.077、0.049、0.144。表明利用光谱红边参数 Area672

和 Lo 建立的方程来诊断葡萄霜霉病叶片叶绿素 a,叶绿素 b 和叶绿素总量的准确性较高,稳定性较好,表现较为优秀。

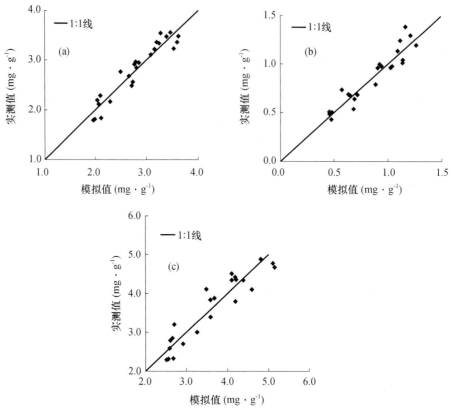

图 6-15　葡萄霜霉病叶片叶绿素含量红边参数诊断模型的模拟值与实测值比较

(a)Chl a;(b)Chl b;(c)Chl a+b

　　葡萄霜霉病植株冠层与正常植株冠层的光谱反射率有明显差异。在 400～700 nm 可见光波段范围内,受病害侵染的植株反射率高于正常葡萄植株光谱,反射率大小表现为:b4＞b3＞b2＞b1＞bo,在 700～1000 nm 近红外波段范围内,受病害侵染植株冠层光谱反射率低于正常植株。不同发病时期的霜霉病病叶光谱反射率随发病严重度的增加而表现出有规律的变化,可见光(400～700 nm)到近红外(700～1000 nm)波段,霜霉病病叶光谱反射率均随病情加重呈现上升趋势,且蓝紫光至红光范围内(520～680 nm)尤为明显。对光谱一阶微分特征研究表明,在红边范围内(680～780 nm)病害不同严重度处理间变幅最大,对于植株冠层而言,一阶微分光谱反射率大小表现为:bo＞b1＞b2＞b3＞b4,受害植株叶片一阶微分光谱反射率呈现相反的趋势。分析后发现红边斜率均减小,红边位置发生"蓝移",表现出病害特有的光谱特征。霜霉病发生条件下,葡萄叶片叶绿素 a、叶绿素 b、叶绿素总量与正常植株样本(b0)相比差异性均达到显著水平,并随着病情严重程度的增加光合色素含量均呈现逐渐下降的趋势。基于相关性的不同选择与霜霉病叶片叶绿素含量相关性最好的 2 个红边参数 Area672 和 Lo 分别建立了叶片叶绿素含量的诊断模型。其中,以红边参数 Area672 为自变量建立的叶片 Chl a,Chl a+b 诊断模型和以红边参数 Lo 为自变量建立的叶片 Chl b 含量的诊断模型均具有较高的精度,能很好地诊断葡萄霜霉病叶片叶绿素含量的变化。

6.3 设施葡萄霜霉病流行规律

葡萄霜霉病(*Plasmopara viticola*)是一种世界性病害,葡萄霜霉病在葡萄萌芽之初就开始发生,主要对叶片产生危害。葡萄霜霉病的发生与气象条件紧密相关,病情严重度与温度、湿度联系最为关键。总的来说,低温高湿是此病发生和流行的重要条件。在冷凉潮湿地区和雨露雾高频出现地区霜霉病发生非常严重(李怀方 等,2001)。塑料大棚生产葡萄范围广,数量大,研究大棚小气候中葡萄霜霉病的发生与流行规律,建立预测模型,可及时预测病害发生时间、发病严重度等情况,提前制定预防治疗计划,可以减少农药施用剂量与使用次数,减少成本、提高品质。2016 年 6—8 月,在实验室人工气候箱内对红提葡萄叶片进行人工接种霜霉病菌,在不同温度和湿度组合下研究葡萄霜霉病的发生、发展流行趋势,在此基础上,对环境参数进行了统计分析、逐步回归,建立了葡萄霜霉病流行预测模型。

(1)不同温湿度下霜霉病害发生时间统计

对供试红提葡萄叶片进行人工接种霜霉病菌,置于设定好温湿度的人工气候箱内,套袋保湿 24 h 后去袋,观察其霜霉病发生情况,并对其进行统计。不同温湿度组合下霜霉病害发生显症时间如表 6-4 所示。

表 6-4 不同温湿度组合下霜霉病害发生显症时间

控制条件	15 ℃/70%	15 ℃/80%	15 ℃/90%	20 ℃/70%	20 ℃/80%	20 ℃/90%	25 ℃/70%	25 ℃/80%	25 ℃/90%	30 ℃/70%	30 ℃/80%	30 ℃/90%
显症时间(d)	*	3	1	1	1	1	2	1	1	*	2	1

注:* 表示观测期间霜霉病害为显症。

观测期间,15 ℃/70%、30 ℃/70%环境下,霜霉病菌并未对葡萄叶片进行侵染,而其他温湿度组合下,都表现出了不同程度的侵染症状。其中,30 ℃/80%、25 ℃/70%环境下显症时间为 2 天,显症时间较长,15 ℃/80%环境下显症时间最长,为 3 天。可以看出,在温度较低或较高的环境下,抑制霜霉病菌的发展,表现为未侵染叶片或以较慢的速度侵染叶片。而 20～25 ℃温度和较高的湿度环境,对霜霉病菌的侵染具有促进作用。

(2)不同温湿度下霜霉病害病叶率统计

不同温湿度组合环境下,调查霜霉病叶片数均为 30 片。成功接种霜霉病的葡萄叶片,进行观测,记录病叶率(表 6-5)。从表中可以看出,当葡萄叶片出现发病症状后,叶片的病叶率随着时间的发展基本呈现先增大的趋势,后趋于平缓,最终达到一个稳定值。其中,25 ℃/90%条件下,病叶率的值最高,其次为 20 ℃/90%条件下,观测 1 d 病叶率分别为 90%、86.7%,到第 15 d 分别达到 96.7%、93.3%。说明高湿的环境下,有利于霜霉病的发展。

表 6-5 不同温湿度下霜霉病害病叶率

控制条件	调查叶片数	观测 1 d	观测 3 d	观测 6 d	观测 9 d	观测 12 d	观测 15 d
15 ℃/80%	30	0	30%	33.3%	33.3%	33.3%	33.3%
15 ℃/90%	30	53.3%	53.3%	53.3%	53.3%	53.3%	53.3%

续表

控制条件	调查叶片数	观测 1 d	观测 3 d	观测 6 d	观测 9 d	观测 12 d	观测 15 d
20 ℃/70%	30	60%	63.3%	63.3%	66.7%	66.7%	66.7%
20 ℃/80%	30	63.3%	80%	83.3%	83.3%	83.3%	83.3%
20 ℃/90%	30	86.7%	93.3%	93.3%	93.3%	93.3%	93.3%
25 ℃/70%	30	0	50%	53.3%	53.3%	53.3%	53.3%
25 ℃/80%	30	56.7%	70%	73.3%	73.3%	73.3%	73.3%
25 ℃/90%	30	90%	96.7%	96.7%	96.7%	96.7%	96.7%
30 ℃/80%	30	0	13.3%	53.3%	53.3%	53.3%	53.3%
30 ℃/90%	30	60%	73.3%	76.7%	76.7%	76.7%	76.7%

这与前人的研究结果较为一致。病叶率最低出现在 15 ℃/80% 环境下,仅为 33.3%,说明较低温的环境对霜霉病菌的发展具有一定的抑制作用。观测 1 d 的病叶率大小顺序为 25 ℃/90%>20 ℃/90%>20 ℃/80%>30 ℃/90%>20 ℃/70%>25 ℃/80%>15 ℃/90%>15 ℃/80%>25 ℃/70%>30 ℃/80%,观测 15 d 的病叶率大小顺序为 25 ℃/90%>20 ℃/90%>20 ℃/80%>30 ℃/90%>25 ℃/80%>20 ℃/70%>25 ℃/70%>30 ℃/80% = 15 ℃/90%>15 ℃/80%。当观测到 3～6 d 时,病叶率的值趋于稳定。

(3)不同温湿度下霜霉病害发病面积统计

不同温湿度下霜霉病害发病面积如图 6-16 所示。不同温湿度条件下,病斑面积占叶片总面积的百分比随着受害时间的增加均呈现增大的趋势。在发病初期,不同温湿度条件下病斑面积占叶片总面积的百分比差距不大,均处于较低的值。而随着受害时间的增加,表现出不同的发展趋势。到观测 15 d 时 25 ℃/90% 条件下病斑面积占叶片总面积的百分比值最高达 43.93%,15 ℃/80% 最低,为 17.5%,仅为 25 ℃/90% 条件下的 39.8%。研究结果可以看出,当病害侵染第 6～9 d 时,病害发展速率最快,观测 9 d 后病害发展速率有所减缓。不同温湿度下葡萄叶片在抗病原菌侵入方面差异不显著,而在病害扩展速度上有显著差异。

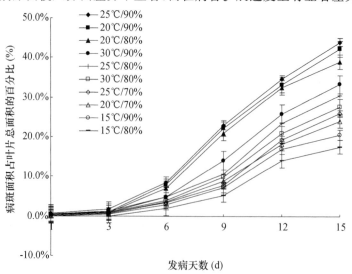

图 6-16 不同温湿度下葡萄叶片霜霉病害发病面积

(4)葡萄霜霉病发病条件临界值的确定

不同温度和湿度组合的环境(15 ℃/70％、15 ℃/80％、15 ℃/90％、20 ℃/70％、20 ℃/
80％、20 ℃/90％、25 ℃/70％、25 ℃/80％、25 ℃/90％、30 ℃/70％、30 ℃/80％、30 ℃/90％)
下,对葡萄霜霉病的开始发病时间、温度和湿度等环境参数进行监测研究,相同温度下,低湿度
抑制霜霉病发病,高湿促进霜霉病发病;温度过高或过低都不利于葡萄霜霉病的发生,同一湿
度下,低温比高温更利于发病。

根据病斑面积占叶片总面积的百分比值对葡萄霜霉病等级进行划分,将划分结果与葡萄
霜霉病发生的日平均温度和日平均相对湿度进行相关分析。结果如表 6-6 所示。

表 6-6　病害等级与日平均温度和日平均相对湿度的相关关系

项目	开始发病时间	日平均气温	日平均相对湿度
病害等级	0.85 **	0.957 **	0.981 **

注:** 表示通过 0.01 信度检验。

依据人工气候箱试验数据结果和前人研究结果确定葡萄霜霉病的发病临界环境值:
当相对湿度达到 70％时,霜霉病将发生,并随着适度的增加而严重。最适发病日温度
20～25 ℃,高于或低于此温度,病害发展将受到抑制,甚至不发生。本研究通过室内人
工气候箱模拟塑料大棚中的葡萄霜霉病发生发展试验,调查了不同温湿度组合下葡萄霜
霉病的发生发展情况。研究结果表明,30 ℃/80％、25 ℃/70％环境下霜霉病显症时间为
2 天,显症时间较长,15 ℃/80％环境下显症时间最长,为 3 d。不同温湿度下葡萄叶片在
抗病原菌侵入方面差异不显著,而在病害扩展速度上有显著差异。环境条件中空气相对
湿度大,温度在 20～25 ℃时利于霜霉病的发生和流行。每年 5—7 月是霜霉病发病的高
峰期,大棚内较容易得到霜霉病菌发生对温湿度的最适要求。温度过高过低、湿度过低
都会减缓霜霉病的流行。

6.4　设施葡萄霜霉病害气象等级预报模型

近年来,节能型日光温室产业发展迅速,以其投资少、效益高、见效快、节约能源的优点,深
受广大农民青睐(李晓仁 等,2000)。由于其单位面积产值高,一般可达到大田作物的 7～10
倍。因此,节能型日光温室,在提高农产品质量、效益和竞争力的同时,增强了农业综合生产能
力,已成为农业种植业中效益最高的产业。日光温室高温、高湿以及封闭特殊的小气候环境,
使病虫害发生的种类、数量明显增加,危害程度日趋严重(郭安红 等,2012;李宁静 等,2010;
张留江 等,2010;杨其长,2002;崔振洋 等,1994)。目前,对于农业病虫害等级预报的研究有
很多,主要包括大田农作物的主要病虫害,如水稻稻瘟病(张留江 等,2010)、赤霉病、白粉病、
玉米螟、小麦蚜虫等。但对节能型日光温室内的病虫害预报预警相应研究内容尚未见报道。
通过试验观测,收集设施葡萄生长期设施小气候数据,掌握了设施葡萄适宜生长的气象条件,
建立适宜于葡萄设施栽培的小气候预报模型,进而建立葡萄霜霉病害等级预报模型,为设施葡
萄霜霉病害气象保障服务提供决策支持。

(1)霜霉病气象等级指标

葡萄霜霉病病原 *Plasmopara viticola* 属鞭毛菌亚门、单轴霉属,病菌卵孢子在发病组织或病落叶中越冬,或以菌丝在芽中越冬,可存活 1～2 a。次年在适宜条件下卵孢子萌发产生芽孢囊,再由芽孢囊产生游动孢子,借风雨传播。自叶背气孔侵入,进行初次侵染。经过 7～12 天的潜育期,在病部产生孢囊梗及孢子囊,孢子萌发产生游动孢子进行再次侵染。病害的潜育期在感病品种上只有 4～13 d,抗病品种则需 20 d。孢子囊萌发适宜温度为 10～15 ℃。游动孢子萌发的适宜温度为 18～24 ℃。在地势低洼、架面通风不良、树势衰弱,有利于病害发生。本研究通过分析日平均温度、日平均相对湿度及相对湿度的持续时间与霜霉病发生发展的关系(Burruano,2000)制定了适应于霜霉病发生发展的气象等级指标(表 6-7)。

表 6-7 葡萄霜霉病发生发展气象条件等级的分值

取值	温度	相对湿度	持续时间
0	$T<15$ ℃或 $T>30$ ℃	$RH<70\%$	1 天
1	15 ℃$\leqslant T<20$ ℃	70%$\leqslant RH<80\%$	2 天
2	25 ℃$<T\leqslant30$ ℃	80%$\leqslant RH<90\%$	3 天
3	20 ℃$\leqslant T\leqslant25$ ℃	$RH\geqslant90\%$	大于 3 天

(2)霜霉病发生发展的预报模型

利用表 6-7 中,温度、空气相对湿度及持续时间,可构建设施葡萄霜霉病发生发展气象等级预报模型:

$$P=P_t+P_{RH}+P_d \qquad (6-1)$$

式中:P 为综合等级,P_t、P_{RH}、P_d 分别为气温、空气相对湿度和持续时间所对应的分值。再根据 P 值的大小确定霜霉病发病的气象条件等级。本研究将葡萄霜霉病发生气象条件适宜程度分为 4 个等级:当 $P=0$ 时,为气象条件不适宜该地区葡萄霜霉病发生,霜霉病发生程度为无发生;当 $0<P<3$,轻级,气象条件基本适宜该地区葡萄霜霉病发生;$3<P<6$,中级,为气象条件适宜该地区葡萄霜霉病发生,对应霜霉病发生程度为中等发生;$P>6$,重级,为气象条件较适宜该地区葡萄霜霉病发生,对应霜霉病发生程度为重发生。

(3)模型的检验

利用逐步回归模型对温室小气候预报结果和温室内葡萄霜霉病发生等级指标,对 2016 年南京温室大棚生产季内,即 2016 年 1 月—2016 年 8 月葡萄霜霉病逐日进行灾害平均等级计算,并与实际病害发生等级进行差值比对(图 6-17),结果显示该时期内温室大棚葡萄霜霉病预测等级与实际等级的差值有 194 d 为 0,即预测值与实际发生情况符合,占总检验样本数的 79.5%;有 47 d 预测等级结果与实际发生病害等级相差在 1 个级别内,占总检验样本数的 19.3%。有 3 d 预测等级结果与实际发生病害等级相差在 2 个级别内,占总检验样本数的 1.2%。达到了较好的预报效果。霜霉病发病期集中在 5—7 月,后期由于霜霉病不再发生,实测结果与预报结果产生一定的差异。

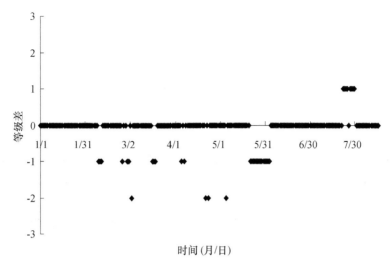

图 6-17　葡萄霜霉病预测等级与实际等级的差值

第7章　设施葡萄气象灾害风险评价

近50年来,中国极端天气气候事件的频率和强度出现了明显的变化,对我国农业生产造成了许多危害。当前,设施农业设施管理水平和产量效益水平尚处较低阶段,温室80%以上结构简易,抵御自然灾害能力较差。设施作物的产量及质量依然在很大程度上取决于外界的自然环境,低温、寡照、暴雪、大风、连阴雨、高温、干旱等自然灾害都会影响设施作物的生长。

7.1　设施葡萄主要气象灾害

我国是世界上受气象灾害影响最为严重的国家之一,气象灾害种类多,强度大,频率高、严重威胁人民生命财产安全和粮食安全,给国家和社会造成巨大损失。据统计,我国每年因为各种气象灾害造成的农作物受灾面积达5000万 hm²、影响人口达4亿人次、经济损失达2000多亿元。其中干旱、洪涝、低温冷冻害、高温热害及病虫害是影响我国农业生产的主要气象灾害,对国家农业可持续发展和粮食安全构成严重威胁。近50 a 来,中国主要极端天气气候事件的频率和强度出现了明显变化。华北和东北地区干旱趋重,长江中下游流域和东南地区洪涝加重,农业气象灾害已成为中国农业大幅度减产和粮食产量波动的重要因素。

近年来,设施农业发展迅猛,至今江苏省等气象部门尚未系统地开展设施农业气象灾害预警及防御技术研究。与国外相比,我国设施农业设施管理水平和产量效益水平尚处较低阶段,在气候变化的大背景下,我国处于季风气候区,气象灾害发生相当频繁,气候变化的异常,加剧了复合型气象灾害发生的频率,暴雪、低温、阴雨寡照、台风等灾害危害明显加重,开展设施农业气象灾害预警及防御技术研究、保障设施农业安全生产已经成为我国气象事业面临的迫切任务。党中央、国务院高度重视设施农业的发展,《国家中长期科学和技术发展规划纲要(2006—2020 年)》把农业精准作业与信息化列为重点领域优先主题。2008 年、2009 年中央一号文件均强调了推进设施农业的发展,2010 年中央一号文件提出健全农业气象服务体系和农村气象灾害防御体系。大力加强设施农业气象灾害预报预警及防御关键技术研究,对提升设施农业防灾减灾能力具有十分重要的意义。

(1)低温冻害

葡萄是一种耐寒性较强的物种,在越冬期间其营养器官耐寒性较强。一般在年极端最低气温高于−10 ℃的地区,都能安全越冬。但是,当冬季极端最低温度低于−10 ℃,且日最高气温<0 ℃连续3 d 以上时,葡萄的枝叶及新梢就会受到冻害。叶片受冻后常变成黄褐色,但若迅速冻结时仍能保持绿色,受冻严重时叶片往往脱落;枝条受冻后髓部组织最不抗冻,先变褐变黑,受冻重者质地变脆易折断,轻者发芽晚或叶片畸形变小;果枝受冻后常坐果不良而脱落;主枝分权处向内的一侧受冻后,由于木质部内部导管破裂,树液会从裂缝中流出,受冻严重时,主枝死亡;根茎是果树地上部分进入休眠较晚而解除休眠较早的部位,对外界温度条件较

为敏感,抗寒力较低,当地面小气候急剧变化时最容易受冻,表现为树皮先变色,随后局部或环状干枯,特别是新植的幼树,往往因根茎受冻而死;花芽受冻后,轻者春季发芽迟,萌发后花器不完全或呈畸形,有的则停留在某一发育阶段,重者春季不发芽,呈僵芽、干瘪状,鳞芽脱落,内部组织褐变;花处于蕾期或即将开放时,对温度更为敏感,抗寒力弱,花蕾或花朵受冻后先是花柄、花托变色,柱头枯黑或雌蕊变褐;幼果受冻后果个小,易脱落。若气温在 0 ℃以上,并持续多日,则会出现冷害或寒害。冷害是指葡萄受到 0 ℃以上低温伤害而使其细胞、组织受伤或死亡的现象,受冷害后正常生理活动受扰破坏,趋于紊乱,致使幼芽、幼花变色干枯,叶子柔软萎蔫,生长受阻或停止,春季落花落果,果实成熟品质差。葡萄设施大棚主要是靠白天吸收太阳能储热增温,夜间通过覆盖物进行保温。若遇到持续阴天或者强降温天气过程,白天大棚内吸收到的太阳能很少,棚内气温低,热量储存少,地温下降快,调节能力变弱,加之阴天作物光合弱,处于一种养分消耗状态,抗寒能力大大下降。

(2)高温热害

葡萄的成熟期在 7 月中旬至 9 月底,设施栽培品种相应提早 15 d 左右。各个种植区这一时段雨量充沛,温度适宜,空气湿度大,对葡萄着色和成熟有利。但多数年份气温较高,高温日数多,致使葡萄高温逼熟,产量与品质下降。葡萄盛花期若遇高温干旱,则会影响葡萄花粉扩散及授粉受精,对葡萄坐果影响严重;在果实发育期若遇高温干旱,则会影响果实的发育及品质形成,严重时甚至会大量落果;久旱后遇大雨和暴雨,也会发生大量生理性裂果现象,原因是土壤水分失调,气温急剧变化,造成果肉生长快于果皮生长,果肉涨破果皮而开裂,严重的裂成几块,而后发霉、腐烂。当日极端最高气温大于 35 ℃以后,葡萄果实表面易灼伤,尤其是朝阳的部位受伤明显,造成葡萄果实的品质和产量下降。此外,设施葡萄大棚的增温效应明显,3月、4 月份的晴天。棚内气温很快能达到 35 ℃以上,若此时不开棚进行通风降温,葡萄花或者幼果会掉落,造成葡萄减产,甚至绝收。5 月下旬一般设施葡萄大棚就会完全开棚,内外环境差异较小,此时若遇到高温强光照天气,葡萄果实也会被灼伤,影响其品质和产量。

(3)大风

风害可分寒风害和大风害两种。葡萄是雌雄异株果树,花期微风有利于花粉的散发和传播,提高坐果率。但是在 3 月底到 4 月上旬,正是江苏葡萄产区的开花期,这时从西北黄土高原吹来的带有黄色粉末的风(江苏果农称为"落黄沙"天气),并伴着低温、低湿,常使温度降到－2 ℃,相对湿度小于 30%,从而引起花器冻害,影响开花和着果。另一种风害称大风害,风力大于 8 级的大风,有可能把大树吹倒,枝条折断,果实掉落致使当年或次年葡萄产量降低。葡萄大风害主要发生在 7—9 月。台风和热带风暴登陆时,此时大棚薄膜被揭掉,完全打开,狂风暴雨常会使迎风葡萄的枝条、茎秆断折,部分地区整株树连根拔起,使次年产量下降,若遇强台风登陆,由于风压太大,常常会导致葡萄大棚坍塌。同时台风袭来,从破洞、未关闭的通风口等处进入室内造成鼓风毁膜,此外持续大风造成室内外压力差,使棚膜在拱架上不停地拍打,使薄膜破损,大风进入,造成揭膜,使葡萄受害。

(4)寡照

葡萄是喜光植物,对光的要求较高,光照时数长短对葡萄生长发育、产量和品质有很大影响。光照不足时,新梢生长细弱,叶片薄,叶色淡,果穗小,落花落果多,产量低,品质差,花芽分化不良。所以建园时,要求选择光照好的地方,并注意改善架面的风、光条件,同时,正确设计行向、行株距和采用合理的整形修剪技术。

7.2 气象灾害及对江苏省设施葡萄的影响

利用江苏省 1965—2011 年的气象数据,做出江苏省站点分布图,如图 7-1。根据各气象灾害(高温、低温、寡照、暴雨)等级划分标准,对江苏省气象灾害进行统计,并绘制其年发生频次的分布图,结果见图 7-1(c—f)。由图 7-1c 可以看出江苏省低温灾害发生的频次以西北部和高海拔地区较高,从北部向南部呈现递减的趋势,南部发生低温冻害的次数较少。葡萄虽然是耐低温的植物,但长期低温会造成其产量及品质大大降低,因此,应根据相应地区灾害发生频次,在搭建设施葡萄大棚时采取不同的构建方法,以确保葡萄免受冻害的影响。由图 7-1d 可以看出,江苏省高温灾害发生的频次以西南最高,向东北逐渐递减,东北大部分地区常年都不会出现高温灾害,适合葡萄的生长。高温多发区葡萄的产量及品质均会较东部地区差。

由图 7-1e 可以看出,江苏省寡照灾害发生的频次以南部海拔相对较高的地区为最多,其次是东南沿海也较多,这主要是南部春季多阴雨天气,沿海地区夏季时有台风登陆,造成此地区寡照灾害发生频次较高。长期连阴雨寡照会造成葡萄产量降低,品质下降。因此,寡照多发地区需重视寡照灾害的影响,做好相关防御工作。由图 7-1f 可以看出,江苏省暴雨灾害发生频次与寡照灾害发生频次分布相似,与高程分布相反,西北部高海拔地区发生暴雨灾害的频次较少,而西南部海拔相对较高的地区更容易发生暴雨灾害,要注意防御泥石流等次生灾害的发生,以免对设施葡萄产生重大影响。

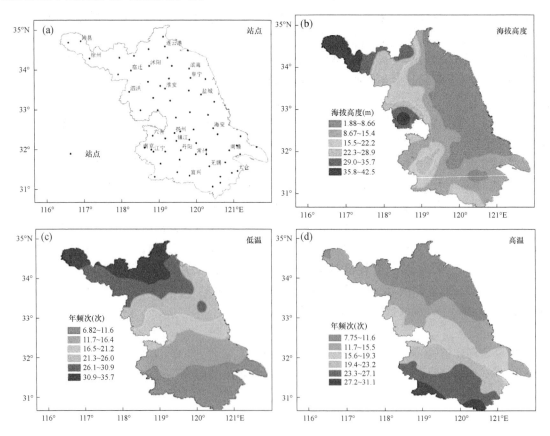

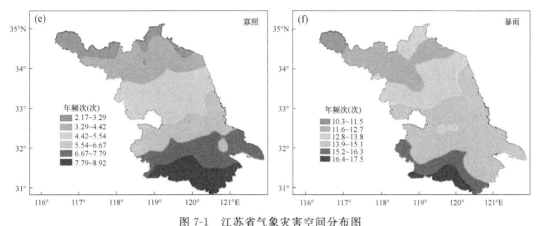

图 7-1　江苏省气象灾害空间分布图

7.3　江苏省设施葡萄气象灾害风险分布

葡萄与其他果树一样有一定的生长发育规律,其年周期随着气候变化而有节奏地通过生长期与休眠期,完成年周期发育。在生长期中进行萌芽、生长、开花、结果等一系列的生命活动,这种活动的各个时期称为物候期。已结果的植株,其生长物候期,一般分为5 个阶段。

设施葡萄萌芽期常遭受低温的困扰,因此对江苏葡萄种植萌芽期的低温灾害发生频率进行了区划分析,萌芽期灾害划分标准见表 7-1。葡萄萌芽期的最适昼/夜温度为 25/10 ℃,最适宜相对湿度为 60%～70%。

表 7-1　萌芽期灾害划分标准

萌芽期 (2 月上旬—3 月上旬)	低温灾害 (夜间平均温度/ ℃)	白天空气相对湿度
一级	6.0～8.0	<80%(低湿)
二级	4.0～5.9	>90%(高湿)
三级	2.0～3.9	
四级	<2	

7.3.1　萌芽期

(1)温度灾害发生频率分布区划

萌芽期 1 级低温灾害分布频率的分布特点是从北到南逐渐增大,区域差异较大(图 7-2)。在南京南部,宜兴和无锡大部分和南通全部基本处于较高的风险灾害区域,最高可达 0.315,在徐州的丰县附近出现了最低的 1 级风险频率,最低值约为 0.007,但是在苏州南部出现了一小部分灾害分布频率较低的区域。

萌芽期 2 级低温灾害的分布频率的分布特点是从南到北逐渐增大,其中在徐州、宿迁大部分地区,淮安北部地区出现了较高的灾害发生频率,最高可达 0.068,在连云港北部,淮安宿迁南部部分地区以及绝大部分的江苏省南部地区的 2 级灾害发生频率较低,最低值出现在连云港最北部地区,最低值约为 0.004。

　　萌芽期 3 级低温灾害分布频率整体趋势是从北到南逐渐降低,区域差异大但是在江苏南部灾害发生频率高低分布错杂。其中徐州全部,连云港北部,宿迁西部以及淮安南部出现了较高的灾害发生频率,最高值可达 0.193;江苏南部的灾害发生频率整体偏低,其中泰州中部,南京、常州和无锡南部,苏州和南通东部出现了较低的灾害发生频率,最低值为 0.022。

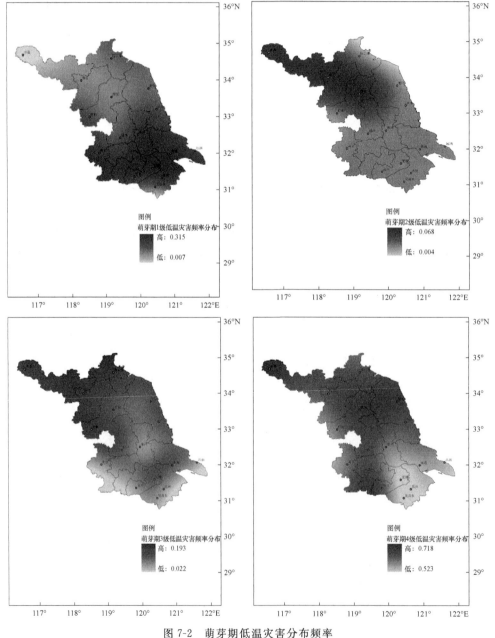

图 7-2　萌芽期低温灾害分布频率

萌芽期 4 级灾害发生频率的分布呈现出从东到西先降低然后升高,之后再降低的趋势。其中徐州东部丰县附近出现了最高的灾害发生频率,最高可达 0.718,盐城北部和南京常州的北部也出现了较高的灾害发生频率;苏州大部分地区,南通东部和北部出现了较低的灾害发生频率,最低为 0.523。

(2)萌芽期高湿灾害发生频率分布区划

萌芽期高湿灾害发生频率的分布呈现出从北到南逐渐增高的趋势,且区域差异较大,但是在江苏省东部出现了部分发生频率较高的地区(图 7-3)。南京和苏州南部,常州和无锡大部分地区,出现了较高的高湿灾害发生频率,最高达 0.548。宿迁北部,淮安北部和连云港大部分地区高湿灾害发生频率较低,最低值为 0.054。

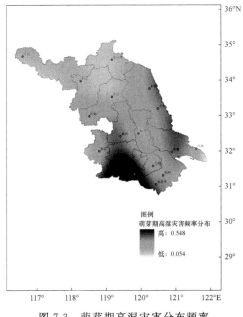

图 7-3　萌芽期高湿灾害分布频率

7.3.2　新梢生长期

设施葡萄新梢生长期常遭受低温、高温、寡照、湿度等气象因子的困扰,因此,对江苏葡萄种植萌芽期的低温、高温、寡照、低湿、高湿灾害发生频率进行了区划分析。新梢生长期灾害划分标准见表 7-2,葡萄新梢生长期的最适昼/夜温度为 25/10 ℃,最适宜相对湿度为 60%～70%。

表 7-2　新梢生长期灾害划分

新梢生长期 (3月上旬—4月下旬)	低温灾害 (夜间平均温度/ ℃)	高温灾害 (白天平均温度/ ℃)	寡照灾害	白天空气相对湿度
一级	6.0～8.0	30.0～34.9	以连续 3 d 无日照,或连阴 4 d 中有 3 d 无日照,且另外 1 d 日照时数≤3 h	<60%(低湿) 70%～80%(高湿)
二级	4.0～5.9	34.9～38.0	以连续 4～7 d 无日照或连续7 d 日照时数≤3 h 或1月内出现2次	80%～90%(高湿)

续表

新梢生长期 (3月上旬—4月下旬)	低温灾害 (夜间平均温度/℃)	高温灾害 (白天平均温度/℃)	寡照灾害	白天空气相对湿度
三级	2.0~3.9	38.0~40.0	以连续7~10 d无日照或连续10 d日照时数≤3 h或1月内出现2次	>90%(高湿)
四级	<2.0	>40.0	以大于10 d无日照或连续10 d以上日照时数≤3 h	

(1)新梢生长期湿度灾害分布区划

高湿灾害分布区划:新梢生长期1级高湿灾害发生频率的分布趋势整体呈现出从西北到东南先升高,然后降低,之后再升高的趋势,区域差异明显,1级湿度灾害发生频率整体较高(图7-4)。盐城北部,扬州中部,南通西部以及苏州南部边缘出现了较高的高湿灾害发生频率,最高可达0.346;南京西部,连云港北部,常州东部和无锡北部地区出现了较低的灾害发生频率,最低值为0.112。

低湿灾害分布区划:低湿灾害呈现出从西北到东南先升高,然后再降低的趋势,区域差异比较明显(图7-5)。其中连云港北部出现了低湿灾害发生频率的最高值,最高值可达0.552;在盐城和南通大部分地区,苏州东部地区出现了较低的灾害发生频率,最低值约为0.044。

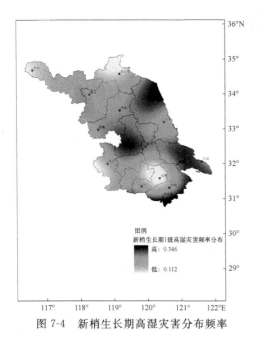

图7-4 新梢生长期高湿灾害分布频率

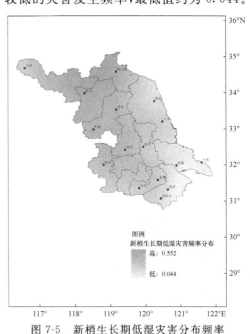

图7-5 新梢生长期低湿灾害分布频率

(2)新梢生长期温度灾害分布区划

低温灾害分布区划(图7-6):新梢生长期1级低温灾害分布频率呈现出从北到南逐渐升高的趋势,但是在江苏南部较高区域的中间部分,即泰州南部,常州东北部,苏州西部地区出现了一部分灾害发生频率较低的部分。淮安南部和扬州东部以及南京北部,苏州和南通东部地区出现了最高的灾害发生频率,最高可达0.320。徐州的中部地区以及泰州的中部地区是灾害发生频率最低的区域,最低值约为0.055。

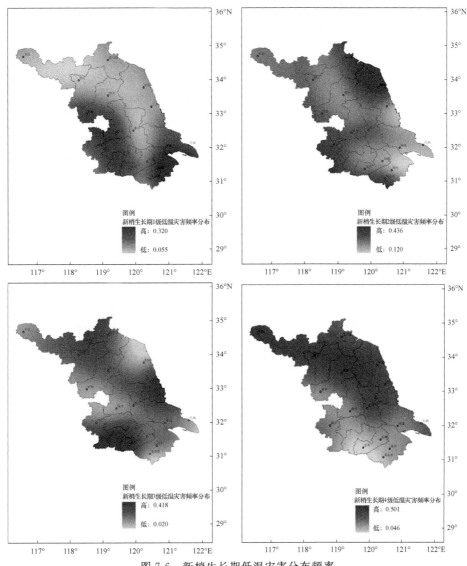

图 7-6　新梢生长期低温灾害分布频率

　　新梢生长期 2 级低温灾害发生频率分布趋势呈现出从东北到西南高低高的分布趋势,区域差异比较明显,且 2 级低温发生频率整体比较高。其中盐城东北部和南京西南部以及苏州南部边缘地区的灾害发生频率出现了最高值,最高值可达 0.436;苏州的东部地区出现了 2 级低温灾害发生频率的最低值,约为 0.120。

　　新梢生长期 3 级低温灾害发生频率未呈现出比较明显的分布规律,连云港西北部,徐州东部以及盐城东南部和南京、镇江的南部以及常州的大部分地区等表现出较高的低温灾害发生频率,其余地区则呈现出较低的灾害发生频率。其中南京和镇江南部以及常州的大部分地区以及盐城东南部出现了最高的低温灾害发生频率,最高值可达 0.418;盐城北部和宿迁南部扬州东部以及南京南部出现了最低的灾害发生频率,最低值约为 0.020。

　　新梢生长期 4 级低温灾害发生频率整体呈现从南到北逐渐升高的趋势,区域差异明显。其中徐州西北部的丰县地区出现了灾害分布频率的最大值,最高值可达 0.501;常州、无锡南部以及苏州西南部出现了最低值,最低值约为 0.046。

高温灾害分布区划(图 7-7):新梢生长期 1 级高温灾害发生频率从东北到西南呈现出高低高的分布规律,区域差异较大,但是整体发生频率偏低,但相对于 3 级 4 级高温灾害发生频率来说,仍然是比较高的。其中盐城东北部,南京东部出现了最高的 1 级高温灾害发生频率,最高值可达 0.092;泰州中部以及盐城东南部出现了最低的发生频率,低至 0.008。

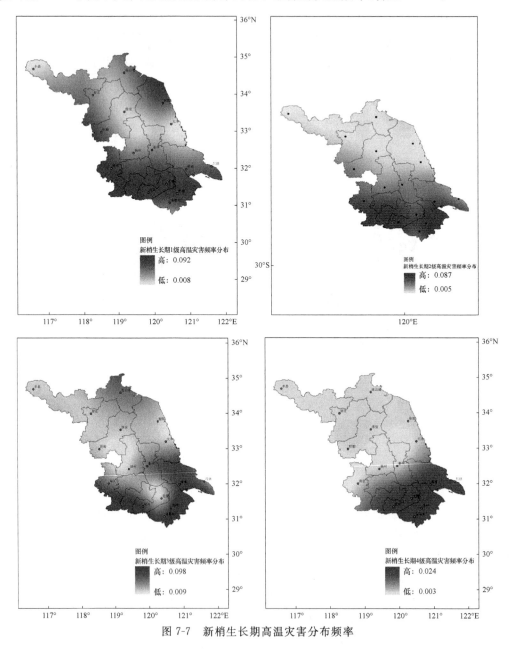

图 7-7 新梢生长期高温灾害分布频率

新梢生长期 2 级高温灾害发生频率呈现出从北到南逐渐增高的趋势,区域差异明显。其中在江苏南部地区,包括南京和镇江南部,常州大部,南通西南部,无锡和苏州全部地区,都位于一个 2 级高温灾害发生频率较高的地区,南京南部和苏州东部的灾害发生频率出现了最大值,最大值可达 0.087;江苏北部的 2 级高温发生频率普遍偏低,徐州丰县,连云港西南部地区出现了最低值,约为 0.005。

新梢生长期 3 级高温灾害发生频率呈现出从西北到东南逐渐升高的过程,在西北高温灾害频率偏低的地区,连云港北部出现一部分 3 级高温频率较高的地区,在 3 级高温灾害频率偏高的东南地区,在无锡和常州东北部,镇江大部分地区,泰州南部出现了一部分 3 级高温灾害偏低的地区。南京西南部和苏州东南部出现了高温灾害发生频率最高的地区,最高值可达 0.098;泰州中部和盐城东部以及扬州的西部的高温灾害发生频率比较低,约为 0.009。

新梢生长期 4 级的高温灾害发生频率分布呈现出比较明显的从西北到东南逐渐增高的特征,区域差异比较小,基本以南京,扬州,泰州以及大丰为分界线,分界线以南有较高的高温灾害发生频率,以北的高温灾害发生频率较小。其中,苏州以及无锡全部和南通东部有较高的高温灾害发生频率,最高值可达 0.024;南京西北部和扬州西部地区出现了高温灾害的最低值,最低值约为 0.003。

(3)新梢生长期寡照灾害发生频率分布区划(图 7-8)

新梢生长期 1 级寡照灾害发生频率整体呈现出从西北到东南先升高再降低的趋势,区域差异非常明显。其中南京、常州、无锡、苏州和南通等江苏南部城市地区出现了较高的灾害分布频率,最高值可达 0.441;连云港北部、徐州南部、连云港和宿迁地区的灾害发生频率相对于其他地区低,出现了最低值,最低值约为 0.195。

新梢生长期 2 级寡照灾害发生频率整体呈现出从西北到东南逐渐升高的趋势,但是在泰州南部和南通西南部地区的灾害发生频率低于周围地区,区域差异非常明显。其中南京、镇江、常州和南通东南部地区出现了较高的灾害分布频率,最高值可达 0.401;连云港北部、徐州东南部和宿迁西北部地区的灾害发生频率相对于其他地区低,出现了最低值,最低值约为 0.158。

新梢生长期 3 级寡照灾害发生频率整体呈现出从西北到东南逐渐升高趋势。其中南通中部地区和南京、常州以及苏州南部地区出现了较高的灾害分布频率,在南通中部出现了最高的灾害发生频率,最高值可达 0.461;徐州地区的灾害发生频率相对于其他地区低,最低值约为 0.117。

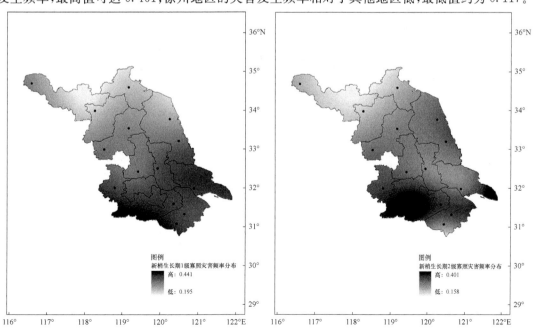

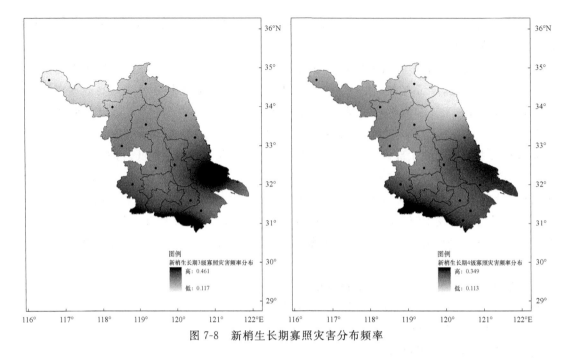

图 7-8　新梢生长期寡照灾害分布频率

新梢生长期 4 级寡照灾害发生频率整体呈现出从北到南逐渐增加的趋势。其中南京、常州、无锡、苏州和南通地区出现了较高的灾害分布频率,南通地区的灾害发生频率最高,最高值可达 0.349;连云港东南部和盐城北部地区的灾害发生频率相对于其他地区低,出现了最低值,最低值约为 0.113。

7.3.3　开花期

设施葡萄开花期常遭受温度、湿度和寡照气象因子的困扰,因此,对江苏葡萄种植开花期的高温、低温、寡照、低湿、高湿灾害发生频率进行了区划分析。开花期灾害划分标准见表 7-3,葡萄开花期的最适昼/夜温度为 25/10 ℃,最适宜相对湿度为 60%～70%。

表 7-3　开花期灾害划分

开花期 (4 月下旬—5 月上旬)	高温灾害 (白天平均温度/ ℃)	低温灾害 (白天平均温度/ ℃)	寡照灾害	白天空气 相对湿度
一级	30.0～32.0	18～20	以连续 3 d 无日照,或连阴 4 d 中有 3 d 无日照,且另外 1 d 日照时数≤3 h	<45%(低湿) 60%～70%(高湿)
二级	32.0～34.0	15～18	以连续 4～7 d 无日照或连续 7 d 日照时数≤3 h 或 1 月内出现 2 次	70%～80%(高湿)
三级	34.0～36.0	12～15	以连续 7～10 d 无日照或连续 10 d 日照时数≤3 h 或 1 月内出现 2 次	80%～90%(高湿)
四级	>36.0	<12	以大于 10 d 无日照或连续 10 d 以上日照时数≤3 h	>90%(高湿)

(1)开花期温度灾害发生频率分布区划

低温灾害分布区划(图 7-9):开花期 1 级低温灾害发生频率呈现出从东北到西南高低高分布趋势,但是,在西南的 1 级高温高发地区有一部分较低的区域即南京西南部存在,区域差异比较明显。其中盐城东北部和扬州中部地区出现了最高的 1 级低温灾害发生频率,最高值可达 0.205;在徐州的西南部和南京的西南部的低温灾害发生频率较低,约为 0.002。开花期 2 级低温灾害发生频率呈现出从北到南逐渐增大的趋势,但是局部地区反常的特点,在发生频率较高的江苏南部地区,无锡东北部,苏州西部以及南通中部地区呈现出异于周围低温灾害高发地区的特点,拥有比较低的低温灾害发生频率,江苏整体低温发生频率较高。常州西南部和苏州东部的 2 级低温发生频率出现了最高值,最高值可达 0.572,盐城中部地区出现了最低的低温灾害发生频率,最低值约为 0.003。

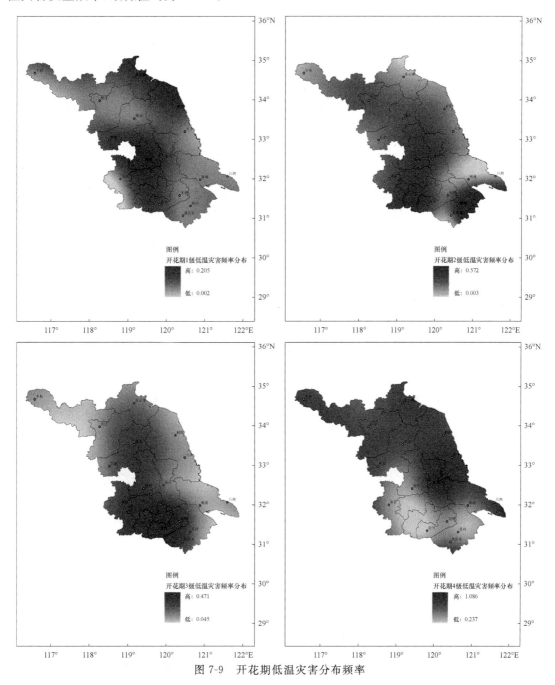

图 7-9　开花期低温灾害分布频率

　　开花期3级低温灾害发生频率的分布呈现出从西北和东北向南方逐渐增高的趋势,且全省3级低温灾害发生频率比较偏高,区域差异明显。无锡大部,常州全部以及苏州西部出现了的低温发生频率最高,最高可达0.471;徐州中部以及南通和盐城交界地带出现了比较低的低温灾害发生频率,最低值约为0.045。

　　开花期4级低温灾害发生频率呈现出从南到北逐渐升高的趋势,区域差异明显,且整体4级低温灾害发生频率偏高。其中泰州中部和盐城西南部以及南通东部出现了最高的低温灾害发生频率,最高可达1.086;常州西南以及苏州东部的4级低温灾害发生频率偏低,最低约为0.237。

　　高温灾害分布区划(图7-10):开花期1级高温灾害发生频率灾害分布整体呈现出从东北到西南高低高的趋势,但是苏州南部有一部分发生频率较低的区域,整体高温灾害发生频率偏高,且区域差异明显。其中盐城东北部和常州中部地区1级高温灾害发生频率偏高,最高值可达0.231;徐州东南部和苏州南部以及南通东部高温灾害发生频率出现较低值,最低值约为0.005。

　　开花期2级高温灾害发生频率分布呈现出从西北到东南逐渐升高的趋势,东南局部地区较低,区域差异比较明显。南京西南部出现了最高的2级高温灾害发生频率,最高值可达0.211;淮安市南部以及苏州南部出现了比较低的2级高温灾害发生频率,最低值约为0.001。

　　开花期3级高温灾害呈现出从西南到东北逐渐增高的趋势,区域差异比较小。其中盐城东北部出现了最高的3级高温灾害发生频率,最高值可达0.223;在徐州丰县附近和南通东部地区出现了最低值,约为0.005。

　　开花期4级高温灾害发生频率从东北到西南呈现出高低高的趋势,区域差异比较大。其中南京东部和盐城东北部出现了4级高温灾害发生频率的最高值,最高值可达0.209;苏州东南部边缘出现了4级高温灾害发生频率的最低值,约为0.009。

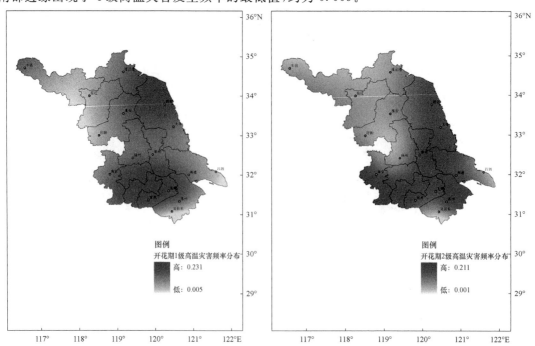

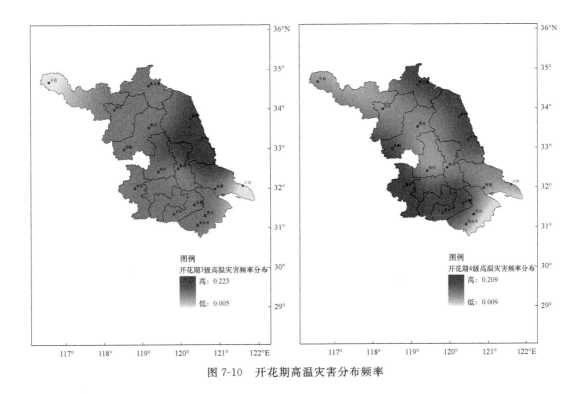

图 7-10　开花期高温灾害分布频率

（2）开花期湿度灾害发生频率分布区划

高湿灾害分布区划（图 7-11）：开花期 1 级高湿灾害分布并无明显的规律，徐州东部，宿迁西北部，盐城东北部，泰州北部和泰州中部以及苏州东南部边缘以外，均呈现比较低的高湿灾害发生频率，区域差异比较明显，而且全省 1 级高湿灾害发生比较频繁。宿迁西南部和徐州东部出现了 1 级高湿灾害的最高值，最高值可达 0.635；南京南部盐城东部和徐州丰县附近出现了 1 级高湿灾害的最低值，最低值约为 0.007。

开花期 2 级高湿灾害发生频率出现从南到北先降低，然后升高，之后再降低的趋势，区域差异比较明显。盐城东北部，南京南部以及常州大部和无锡西南部 2 级高湿灾害发生频率出现了最高值，最高值可达 0.345；扬州西部，连云港和徐州北部的 2 级高湿灾害发生频率比较低，最低值约为 0.034。

开花期 3 级高湿灾害发生频率分布呈现出从北到南低高低的分布趋势，全省整体 3 级高湿灾害发生频率比较高。其中南通东北部和盐城西南部出现了最高的高湿灾害发生频率，最高值为 0.619；徐州北部和南通东部出现了高湿灾害的最低值，最低值约为 0.156。

开花期 4 级高湿灾害分布频率整体分布趋势呈现出从西北到东南逐渐升高的趋势，但是在灾害发生频率较高的东南部中部有一部分灾害发生频率较低的地区，且整体发生频率比较高。无锡西南部，南通东部和盐城南部出现了 4 级灾害发生频率的最高值，最高值可达 0.853；盐城北部出现了灾害发生频率的最低值，约为 0.144。

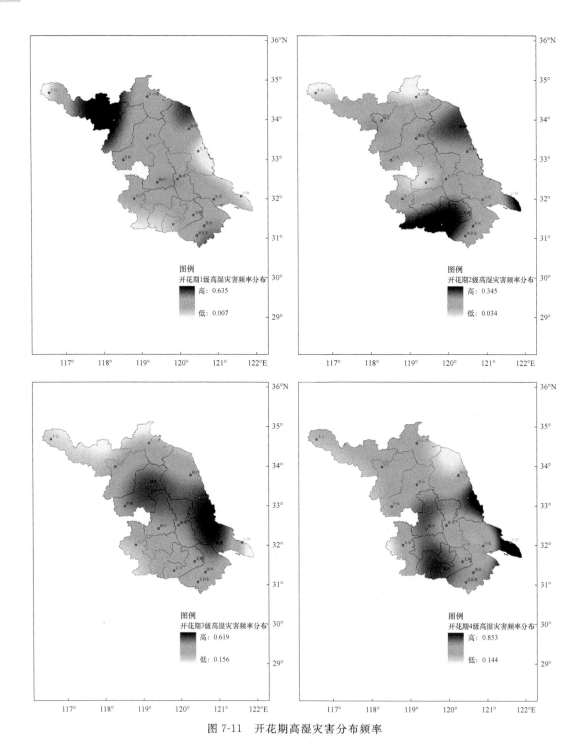

图 7-11　开花期高湿灾害分布频率

　　低湿灾害分布区划(图 7-12)：开花期低湿灾害发生频率区划分布呈现出从东南到西北逐渐升高，区域差异较小。其中徐州西部和连云港北部地区低湿灾害发生频率出现了最大值，最大值约为 0.776；南通东部出现了灾害发生频率的最低值，最低值约为 0.021。

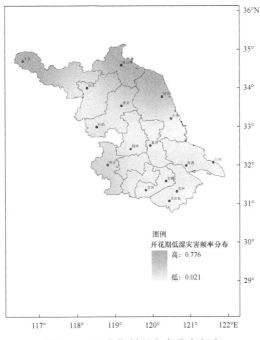

图 7-12　开花期低湿灾害分布频率

(3)开花期寡照灾害发生频率分布区划(图 7-13)

开花期 1 级寡照灾害发生频率的分布趋势整体呈现出从东北往西南逐渐升高的趋势,区域差异比较明显。南京南部和常州西南部地区的寡照灾害发生频率较高,最高可达 0.353;在盐城东北部和连云港地区灾害发生频率较低,盐城东北部地区的灾害发生频率最低,最低值约为 0.119。

开花期 2 级寡照灾害发生频率的分布趋势整体呈现出从北往南逐渐升高的趋势,区域差异比较明显。南京南部和常州西南部地区的寡照灾害发生频率较高,最高可达 0.401;在盐城东北部、连云港和徐州地区的灾害发生频率较低,盐城东北部地区的灾害发生频率最低,最低值约为 0.153。

开花期 3 级寡照灾害发生频率的分布趋势整体呈现出从北往南逐渐升高的趋势,但是南通中部灾害发生频率低于周围地区,区域差异比较明显。南京南部、常州西南部、无锡南部和苏州南部地区的寡照灾害发生频率较高,最高可达 0.367;在连云港和南通中部地区的灾害发生频率较低,最低值约为 0.081。

开花期 4 级寡照灾害发生频率的分布趋势整体呈现出从东北往西南先降低后升高的趋势,但南通中部地区的灾害发生频率低于周围地区,区域差异比较明显。南京南部、常州西南部和苏州东部地区的寡照灾害发生频率较高,最高可达 0.346;在盐城、徐州和南通中部地区的灾害发生频率较低,南通中部地区的灾害发生频率最低,最低值约为 0.104。

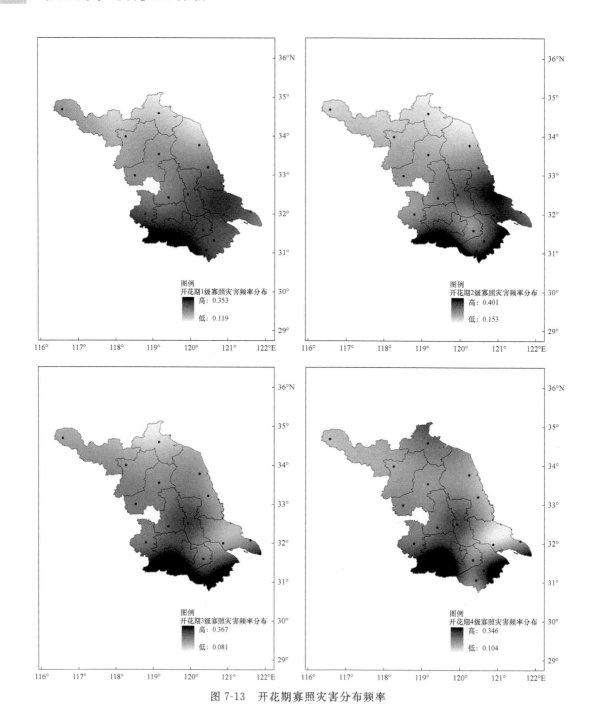

图 7-13　开花期寡照灾害分布频率

7.3.4　果实膨大期

　　设施葡萄果实膨大期常遭受高温、寡照和湿度等气象因子的困扰,因此,对江苏葡萄种植萌芽期的高温、寡照和高湿等灾害发生频率进行了区划分析,果实膨大期灾害划分标准见表 7-4。葡萄果实膨大期的最适昼/夜温度为 25/10 ℃,最适宜相对湿度为 60%～70%。

表 7-4　果实膨大期灾害划分

果实膨大期 （5 月上旬—6 月上旬）	高温灾害 （白天平均温度/℃）	寡照灾害	白天空气相对湿度
一级	30.0～34.9	以连续 3 d 无日照，或连阴 4 d 中有 3 d 无日照，且另外 1 d 日照时数≤3 h	＜60%（低湿） 80%～90%（高湿）
二级	34.9～38.0	以连续 4～7 d 无日照或连续 7 d 日照时数≤3 h 或 1 月内出现 2 次	＞90%（高湿）
三级	38.0～40.0	以连续 7～10 d 无日照或连续 10 d 日照时数≤3 h 或 1 月内出现 2 次	
四级	＞40.0	以大于 10 d 无日照或连续 10 d 以上日照时数≤3 h	

（1）果实膨大期高温灾害发生频率分布区划

高温灾害区划（图 7-14）：果实膨大期 1 级高温灾害发生频率分布没有明显的特点，主要有徐州东部，宿迁西北部以及南京北部和扬州东部两个高温灾害发生频率较高的两个中心，整体来讲，江苏省 1 级高温灾害发生频率偏高，区域差异明显。南京东北部和扬州西南部交界地带出现了 1 级高温灾害发生频率的最高值，最高值可达 0.465；泰州中部，南通东部，连云港东南部以及江苏南部边缘地带出现了较低的 1 级高温灾害发生频率，最低值约为 0.014。

果实膨大期 2 级高温灾害发生频率整体较高，只有江苏省北部边缘地带，盐城东部部分地区以及苏州东部地区有一部分高温灾害发生频率较低的地区，江苏省 2 级高温灾害发生频率比较高。苏州西部南通中部以及徐州北部地区出现了高温灾害发生频率的最高值，最高值可达 0.192；其中苏州东部以及江苏省北部的高温灾害发生频率值比较低，最低约为 0.03。

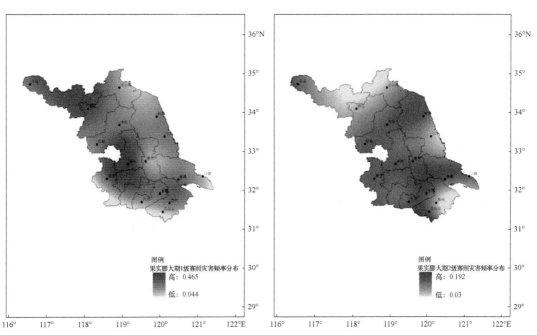

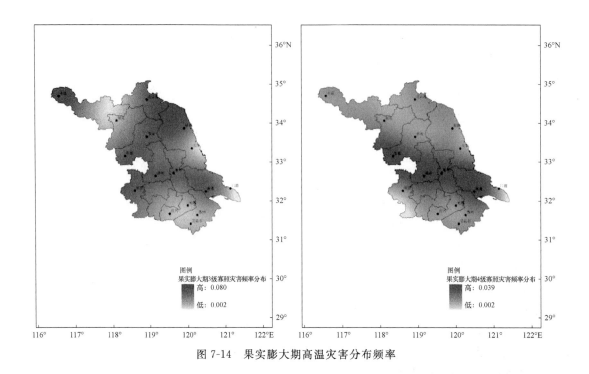

图 7-14　果实膨大期高温灾害分布频率

果实膨大期 3 级高温灾害发生频率呈现出从西北到东南先降低然后升高之后再降低的趋势,3 级高温灾害发生频率相对于其他等级来说偏低。其中徐州西部丰县地区出现了 3 级高温灾害发生频率的最高值,最高值可达 0.080,徐州东部和南通东部出现了高温灾害发生频率的最低值,最低值约为 0.002。

果实膨大期 4 级高温灾害发生频率从北到南呈现出高低高的分布,发生频率在四个等级中最低。其中淮安西南部,扬州中部,泰州中部以及南通北部出现了高温灾害发生频率的最高值,最高值可达 0.039。南京南部以及南通东部出现了 4 级高温灾害发生频率的最低值,最低值约为 0.002。

(2)果实膨大期湿度灾害发生频率分布区划

高湿灾害区划(图 7-15):果实膨大期 1 级高湿灾害发生频率的分布区划呈现出从北到南先升高然后降低,之后再升高的趋势,且全省范围来看,1 级高湿灾害发生频率偏高。其中盐城南部,南通东部和苏州东南边缘地带是 1 级高湿灾害多发地带,最高值可达 0.578;徐州西部和连云港北部是高湿灾害发生频率较低的地带,最低值约为 0.022。

果实膨大期 2 级高湿灾害呈现出从西北到东南逐渐升高的趋势,且全省 2 级高湿灾害发生频率都偏高,区域差异显著。南通和苏州东部是 2 级高湿灾害发生频率最高的地带,最高值可达 0.556;连云港北部和无锡北部出现是 2 级高温灾害发生频率较低的地带,最低值约为 0.023。

低湿灾害区划(图 7-16):果实膨大期低湿灾害从东北到西南呈现出先降低再升高然后再降低的趋势,区域差异明显。其中连云港北部低湿发生频率出现了最大值,最大值约为 0.533;苏州东部和南京西南部出现了低湿灾害发生频率的最低值,最低值约为 0.021。

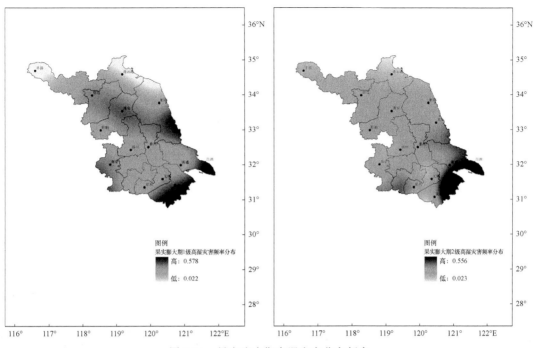

图 7-15　果实膨大期高湿灾害分布频率

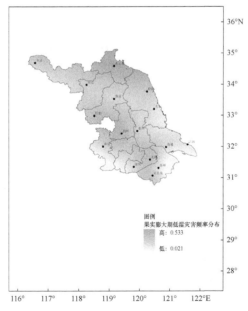

图 7-16　果实膨大期低湿灾害分布频率

7.3.5　果实成熟期

设施葡萄成熟期常遭受高温的困扰,因此,对江苏葡萄种植成熟期的高温、寡照灾害发生频率的进行了区划分析。葡萄成熟期的最适昼/夜温度为 36/28 ℃,最适宜相对湿度为 50%～

60%。具体指标见表 7-5。

表 7-5　成熟期灾害划分

成熟期 （6 月上旬—8 月中旬）	高温灾害 （室内白天平均温度/℃）	寡照灾害	白天空气湿度
一级	30.0～34.0	以连续 3 d 无日照，或连阴 4 d 中有 3 d 无日照，且另外 1 d 日照时数≤3 h	<50%（低湿） 65%～75%（高湿）
二级	34.0～38.0	以连续 4～7 d 无日照或连续 7 d 日照时数≤3 h 或 1 月内出现 2 次	75%～80%（高湿）
三级	38.0～40.0	以连续 7～10 d 无日照或连续 10 d 日照时数≤3 h 或 1 月内出现 2 次	80%～90%（高湿）
四级	>40.0	以大于 10 d 无日照或连续 10 d 以上日照时数≤3 h	>90%（高湿）

（1）成熟期高温灾害发生频率分布区划（图 7-17）

成熟期 1 级高温灾害发生频率分布特点是从西到东，先降低后增加，但在南通东部地区的灾害发生频率较低，区域差异明显。其中徐州、连云港北部、盐城东南部、南京南部和苏州东南部灾害分布频率较高，苏州东南部地区的灾害发生频率最高，最高值可达 0.637；盐城北部、淮安、无锡北部和南通东部地区的灾害发生频率相对于其他地区低，出现了最低值，最低值约为 0.098。

成熟期 2 级高温灾害发生频率分布特点是从北到南，先增加后降低，区域差异比较明显。其中南京、无锡、镇江和南通西北部灾害分布频率较高，最高值可达 0.510；淮安、宿迁、徐州丰县和南通东南部灾害发生频率较低，最低值约为 0.075。

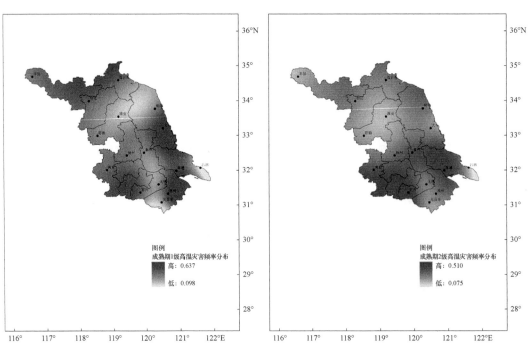

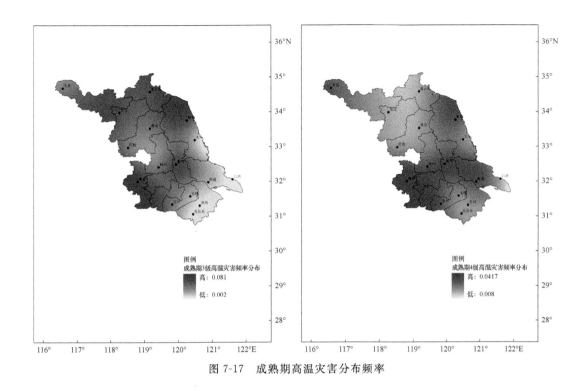

图 7-17　成熟期高温灾害分布频率

成熟期 3 级高温灾害发生频率分布特点是从西北到东南逐渐降低,区域差异明显。其中徐州、连云港、盐城北部、宿迁、淮安和南京灾害分布频率较高,最高值可达 0.081;盐城东南部、南通、苏州地区的灾害发生频率相对于其他地区低,出现了最低值,最低值约为 0.002。

成熟期 4 级高温灾害发生频率分布呈现从西北到东南,先增加后降低的趋势,区域差异比较明显。其中南京、镇江、无锡、泰州、盐城北部和徐州丰县地区灾害分布频率较高,南京地区的灾害发生频率最高,最高值可达 0.0417;连云港西北部、淮安、徐州东南部、苏州和南通东部地区的灾害发生频率相对于其他地区低,最低值约为 0.008。

(2)成熟期高湿灾害发生频率分布区划(图 7-18)

成熟期 1 级高湿灾害发生频率分布从西北到东南,先降低后增加,但在扬州西部地区的灾害发生频率高于周围地区。其中徐州西北部、苏州东南部和扬州西部地区出现了较高的灾害分布频率,苏州地区的灾害发生频率最高,最高值可达 0.429;南通西部和南京西南边缘地区的灾害发生频率相对于其他地区低,出现了最低值,最低值约为 0.003。

成熟期 2 级高湿灾害发生频率分布从西北到东南,先略微降低后增加,但在扬州西部地区的灾害发生频率高于周围地区,区域差异明显。其中徐州东北部、苏州东南部和扬州西部地区出现了较高的灾害分布频率,苏州地区的灾害发生频率最高,最高值可达 0.626;南通西部地区的灾害发生频率相对于其他地区低,出现了最低值,最低值约为 0.011。

成熟期 3 级高湿灾害发生频率分布从西北到东南,先略微降低后增加,再快速降低,区域差异明显。其中徐州西部、南京西南部、泰州南部和南通地区出现了较高的灾害分布频率,泰州南部地区的灾害发生频率最高,最高值可达 0.714;扬州和苏州东南部地区的灾害发生频率相对于其他地区低,出现了最低值,最低值约为 0.002。

成熟期 4 级高湿灾害发生频率分布是从西北到东南,先增加后降低,且区域差异明显。其中盐城、淮安东北地区出现了较高的灾害分布频率,盐城地区的灾害发生频率最高,最高值可达 0.435;苏州东南部和徐州北部地区的灾害发生频率较低,最低值约为 0.056。

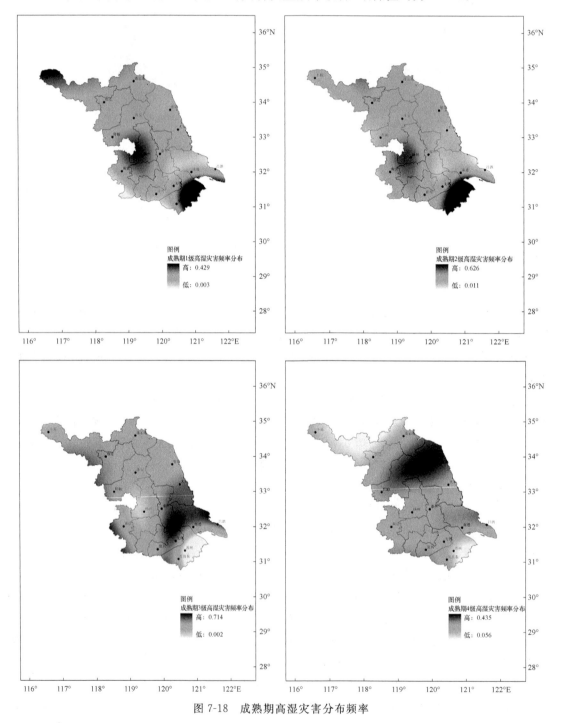

图 7-18　成熟期高湿灾害分布频率

（3）成熟期低湿灾害发生频率分布区划

成熟期低湿灾害发生频率分布特点是从西北到东南逐渐降低（图 7-19）。其中徐州、宿迁和淮安盱眙地区的灾害发生的分布频率较高，徐州丰县地区的灾害发生频率最高，最高值可达 0.029；南京、镇江、常州、无锡、苏州和南通地区的灾害发生频率较低，约为 0.002。

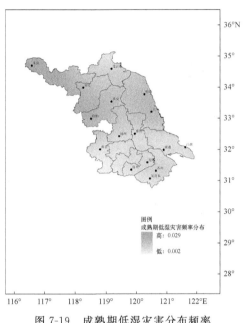

图 7-19　成熟期低湿灾害分布频率

（4）成熟期寡照灾害发生频率分布区划（图 7-20）

成熟期 1 级寡照灾害发生频率的分布趋势整体呈现出从西北往东南逐渐升高的趋势，但是在南京南部边缘地区出现了一部分发生频率较低的区域，总体区域差异不大。苏州和南通大部分地区有较高的寡照灾害发生频率，最高可达 0.241；在徐州和南京南部边缘地区灾害发生频率较低，最低值约为 0.023。

成熟期 2 级寡照灾害发生频率的分布趋势整体呈现出从西北往东南逐渐升高的趋势，但是在盐城东北部边缘地区出现了一部分发生频率较低的区域，总体区域差异比较明显。苏州和南通地区有较高的寡照灾害发生频率，最高可达 0.271；在徐州和盐城东北部边缘地区灾害发生频率较低，最低值约为 0.008。

成熟期 3 级寡照灾害发生频率的分布趋势整体呈现出从北往南逐渐升高的趋势，总体区域差异比较明显。苏州和南通地区有较高的寡照灾害发生频率，苏州东南地区的寡照灾害的发生频率最高，约为 0.343；在徐州、连云港和盐城东北部边缘地区灾害发生频率较低，最低值约 0.045。

成熟期 4 级寡照灾害发生频率的分布趋势整体呈现出从北往南逐渐升高的趋势，总体区域差异比较明显。苏州东部和南通东南地区有较高的寡照灾害发生频率，最高可达 0.437；在徐州和盐城东北部边缘地区灾害发生频率较低，最低值约 0.119。

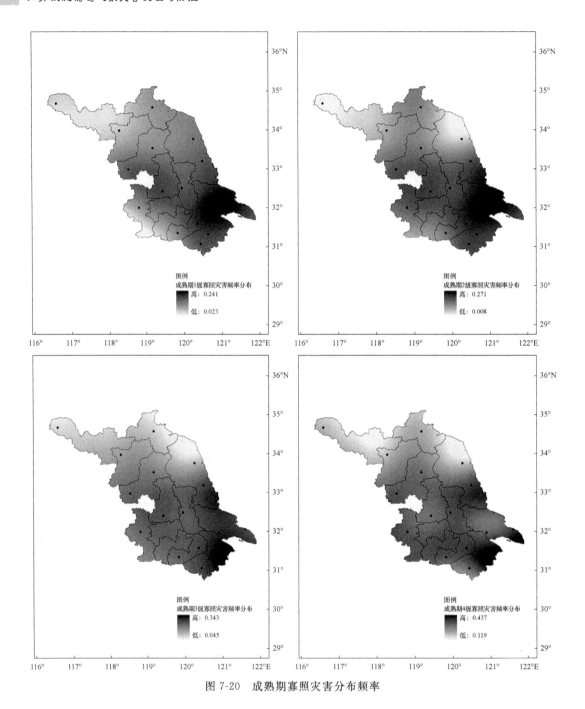

图 7-20　成熟期寡照灾害分布频率

7.4　江苏省设施葡萄气象灾害风险评价

7.4.1　江苏省设施葡萄高温灾害风险区划

2月,江苏省高温灾害发生频率较低,总体分布呈现从北往南逐渐增加的趋势(图 7-21)。高温灾害频率最多的区域主要分布在南京、常州、无锡和苏州等江苏南部城市,该区域发生 1

级、2 级、3 级和 4 级高温灾害的频率较其他地区高,分别为 0.0421、0.046、0.030 和 0.0261。江苏省其他地区发生高温灾害的频率较低,泰州、扬州和南通西北部的灾害频率最低,发生 1 级、2 级、3 级和 4 级高温灾害的频率分别为 0.002、0.006、0.006 和 0.004。

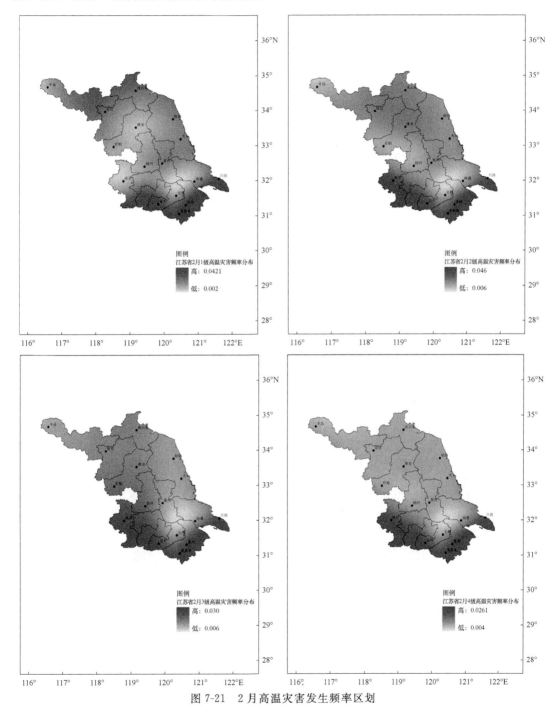

图 7-21　2 月高温灾害发生频率区划

　　3 月,江苏省高温灾害发生频率较低,总体分布呈现从北往南逐渐增加的趋势(图 7-22)。高温灾害频率最多的区域主要分布在无锡、苏州和南通东南部地区,该区域发生 1 级、2 级、3

级和 4 级高温灾害的频率较其他地区高,分别为 0.043、0.035、0.025 和 0.048。江苏省其他地区发生高温灾害的频率较低,泰州、扬州和南通西北部的灾害频率最低,发生 1 级、2 级、3 级和 4 级高温灾害的频率分别为 0.006、0.002、0.007 和 0.002。徐州地区发生 2 级和 3 级的高温灾害的频率较高,而发生 1 级和 4 级高温灾害的频率较低。

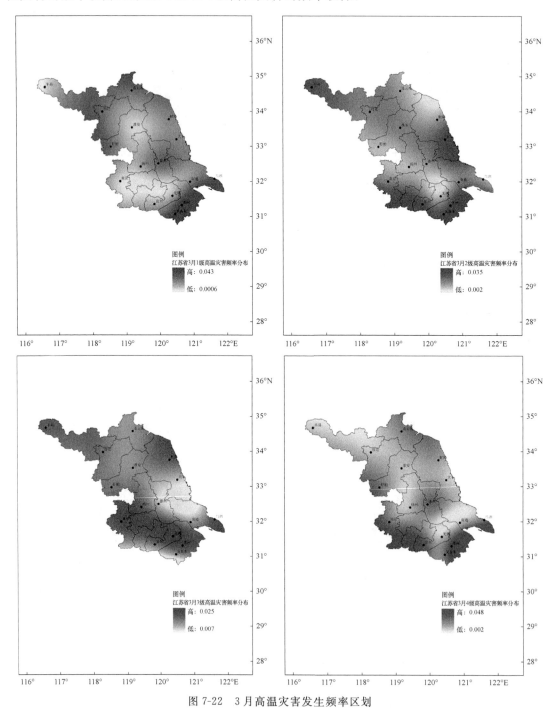

图 7-22   3 月高温灾害发生频率区划

4 月,江苏省高温灾害发生频率较低,但高于 3 月的灾害发生频率,总体分布呈现从北往南逐渐增加的趋势(图 7-23)。高温灾害频率最多的区域主要分布在连云港西北部、无锡、苏州和南通东南部地区,该区域发生 1 级、2 级、3 级和 4 级高温灾害的频率较其他地区高,分别为 0.094、0.107、0.064 和 0.060。江苏省其他地区发生高温灾害的频率较低,泰州、扬州和无锡北部的灾害频率最低,发生 1 级、2 级、3 级和 4 级高温灾害的频率分别为 0.0178、0.027、0.019 和 0.017。徐州地区发生 2 级和 3 级的高温灾害的频率较高,而发生 1 级和 4 级高温灾害的频率较低。

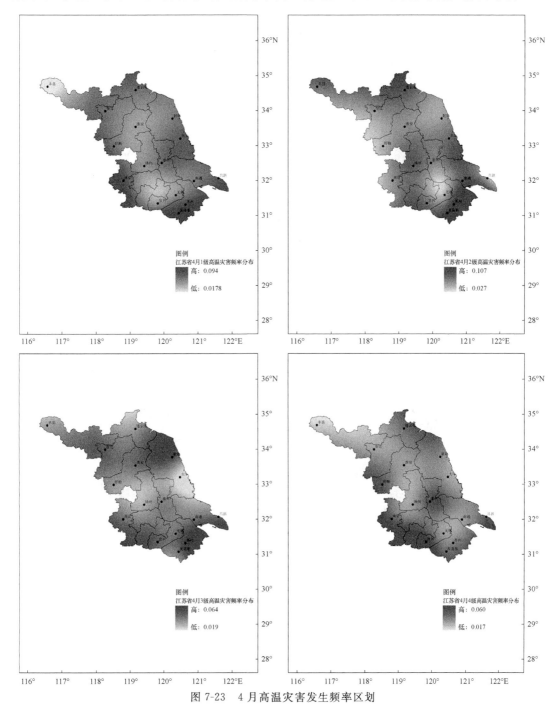

图 7-23 4 月高温灾害发生频率区划

5月,江苏省高温灾害发生频率高于 4 月的灾害发生频率,区域差异较为明显(图 7-24)。1级高温灾害主要发生在苏南地区和江苏中北部地区,2级高温灾害多发生在苏州南部、男童、扬州、连云港等地,3级高温灾害主要发生在苏南地区,4级高温灾害多发生在江苏中东部地区,西南和西北地区灾害较少。各个级别频次最高均在 0.3 左右,最低为 0.1～0.2 左右。

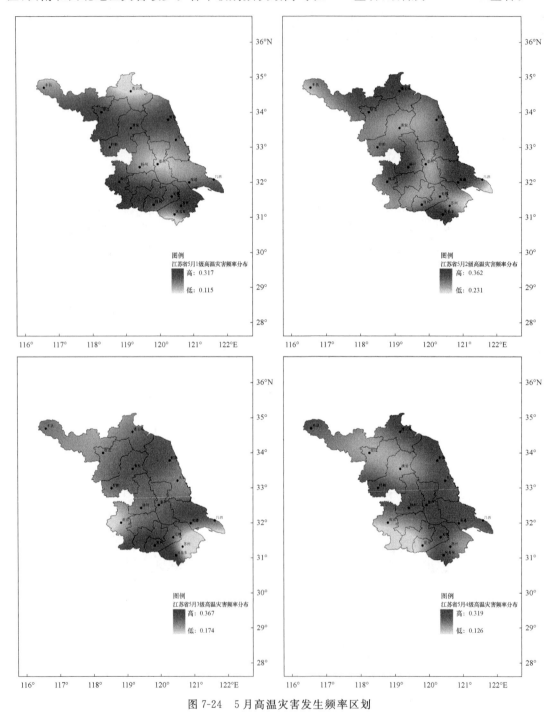

图 7-24　5月高温灾害发生频率区划

6月,江苏省高温灾害发生频率较高,总体分布呈现从北往南逐渐增加的趋势(图7-25)。高温灾害发生频率最多的区域主要分布在盐城东部、无锡、苏州和南通东南部地区,该区域发生1级、2级、3级和4级高温灾害的频率较其他地区高,分别为0.484、0.587、0.547和0.475。徐州地区发生高温灾害的频率较低,分别为0.269、0.328、0.321和0.257。

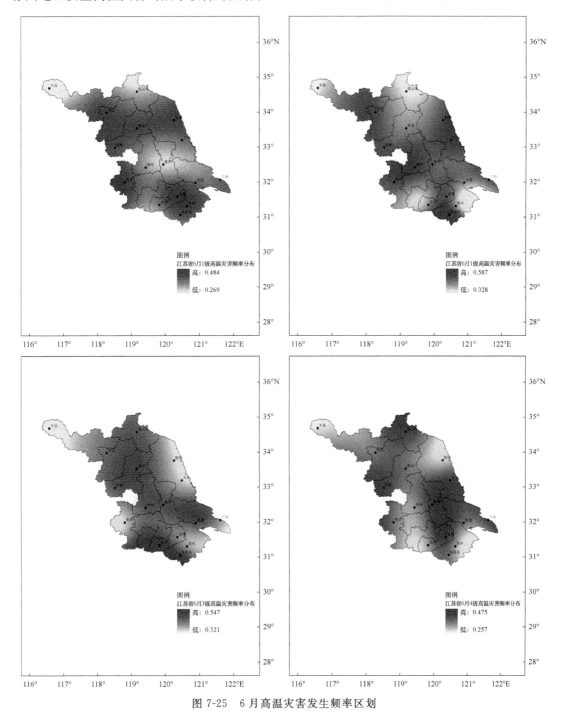

图 7-25 6 月高温灾害发生频率区划

　　7月,江苏省高温灾害发生频率较高,总体分布呈现从西北往东南先增加后降低,再增加的趋势,区域差异比较明显(图7-26)。高温灾害频率最多的区域主要分布在盐城东部、宿迁、苏州和南通东南部地区,该区域发生1级、2级、3级和4级高温灾害的频率较其他地区高,分别为0.447、0.418、0.463和0.486。徐州地区发生高温灾害的频率较低,分别为0.102、0.220、0.119和0.114。

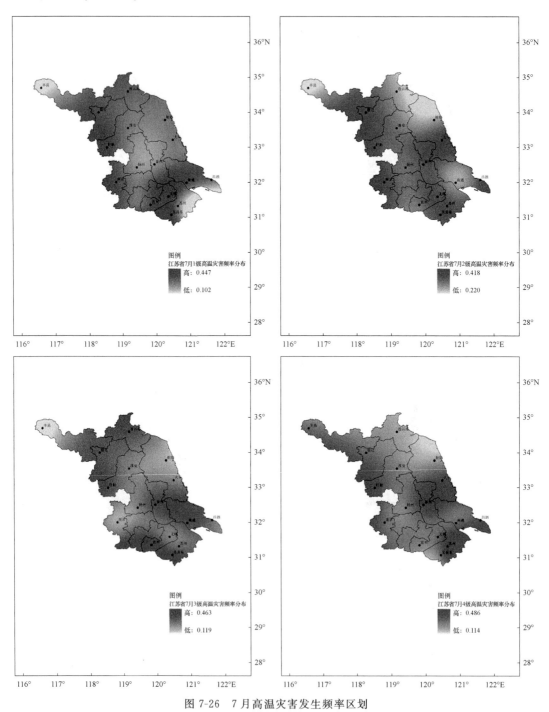

图 7-26　7月高温灾害发生频率区划

8月,江苏省高温灾害发生频率较高,全省受到不同等级的高温灾害,区域差异明显(图 7-27)。徐州、宿迁、连云港和淮安等苏北地区受到 1 级和 2 级高温灾害较多,频率分别为0.659 和 0.572,受到的 3 级和 4 级高温灾害较少;而南京、无锡、常州和苏州等地区受到的 3级和 4 级的高温灾害频率较高,分别为 0.569 和 0.635。

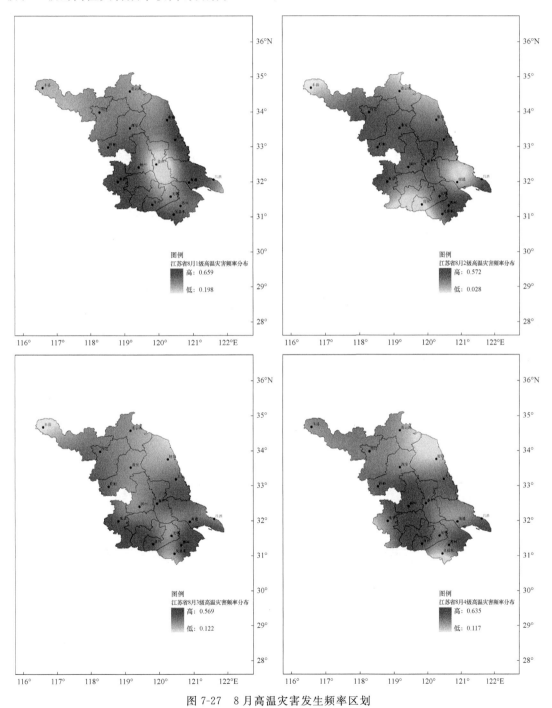

图 7-27　8 月高温灾害发生频率区划

7.4.2 江苏省设施葡萄低温灾害风险区划

2月,江苏省低温灾害发生频率较高,总体分布呈现从北往南逐渐降低的趋势(图 7-28)。低温灾害频率最多的区域主要分布在徐州、宿迁西北部和连云港北部,该区域发生 3 级和 4 级低温灾害的频率最高,分别为 0.532 和 0.121。苏州南部和南通东南部地区发生 1 级低温灾害的频率较高,约为 0.352,但是发生 2 级以上的低温灾害的频率较小。

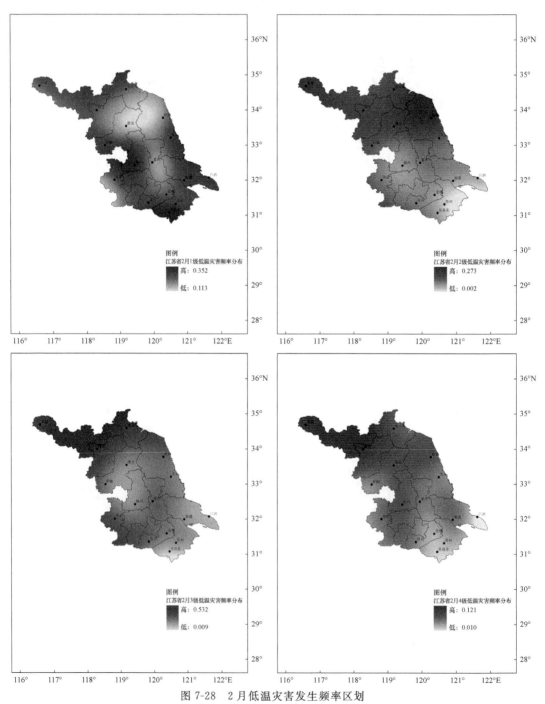

图 7-28 2月低温灾害发生频率区划

3月,江苏省低温灾害发生频率较高,总体分布呈现从西北往东南逐渐降低的趋势(图7-29)。低温灾害频率最多的区域主要分布在徐州、宿迁西北部和盐城东部地区,该区域发生1级、2级、3级和4级低温灾害的频率最高,最高值分别为0.273、0.035、0.311和0.156。苏州、无锡和常州等江苏南部城市,发生2级低温灾害的频率较高,而发生3级和4级低温灾害的频率较低,约为0.005和0.004。

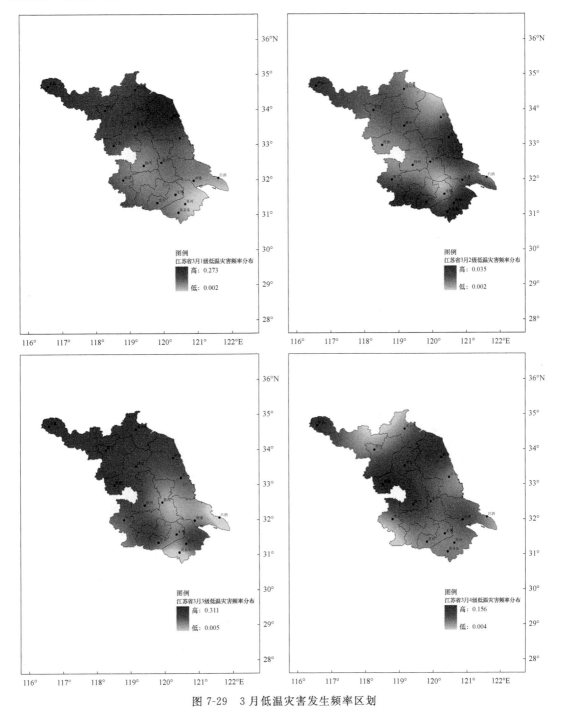

图 7-29　3月低温灾害发生频率区划

4月,江苏省低温灾害发生频率较低,总体分布呈现从西北往东南先降低后增加,再增加的趋势(图7-30)。低温灾害频率最多的区域主要分布在徐州、淮安和盐城东部地区,该区域发生1级、2级、3级和4级低温灾害的频率最高,最高值分别为0.156、0.111、0.059和0.023。苏州、南京、无锡和常州等江苏南部城市,发生低温灾害的频率较低,分别为0.004、0.004、0.006和0.015。

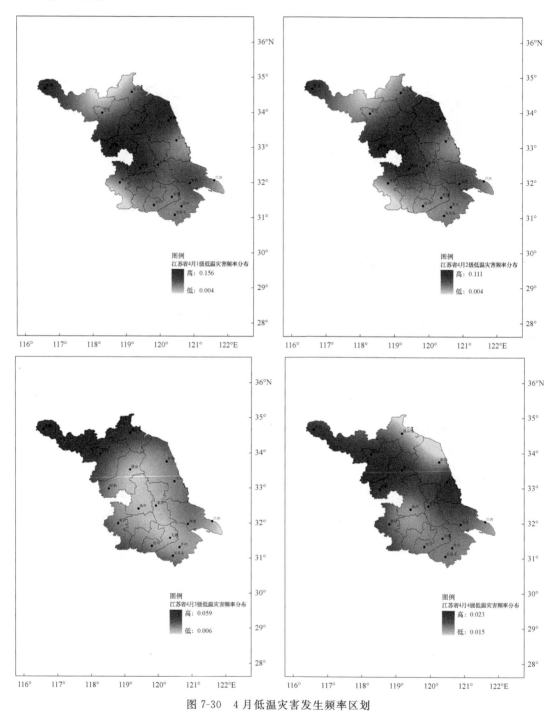

图7-30 4月低温灾害发生频率区划

7.4.3 江苏省设施葡萄大风灾害风险区划

1级大风灾害发生频率的分布特点是从西北到东南先降低,后升高的趋势,其中徐州、宿迁大部分地区和盐城北部出现了较高的灾害发生频率,最高值出现在徐州南部地区,最高可达0.656,在扬州、泰州和南通北部的江苏中部地区的1级大风灾害发生的频率较低,最低值约为0.397(图7-31)。

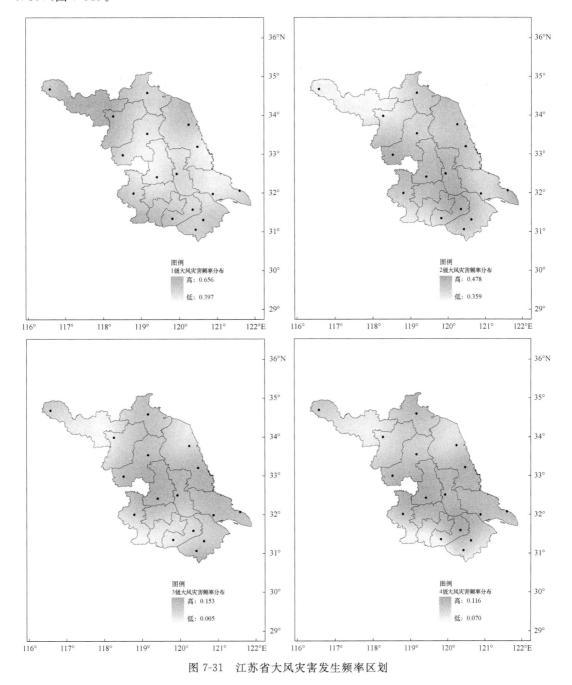

图 7-31 江苏省大风灾害发生频率区划

2 级大风灾害的分布频率的分布特点是从西北到东南先升高,然后再降低的趋势,区域差异比较明显。其中在泰州南部地区、无锡北部地区、南通东南地区和淮安西南地区出现了较高的二级风灾发生频率,最高可达 0.478;徐州和宿迁北部的 2 级大风灾害发生频率较低,最低值为 0.359。

3 级大风灾害的分布频率的分布特点是从西北到东南先略有降低再逐渐增加,西南到东北先增加后降低的趋势,区域差异比较明显。其中在扬州、泰州、南通和盐城南部地区出现了较高的 3 级大风灾害发生频率,最高可达 0.153;徐州南部和南京南部地区的 3 级大风灾害发生频率最低,最低值为 0.005。

4 级大风灾害的分布频率的分布特点是从西北到东南先略有降低逐渐增加,西南到东北先增加后降低的趋势,区域差异比较明显。其中在扬州、泰州、南通和盐城南部等江苏中部地区出现了较高的 4 级大风灾害发生频率,最高可达 0.116;徐州南部、南京南部和常州南部地区的 4 级大风灾害发生频率最低,最低值为 0.070。

第8章 设施葡萄气象灾害防控技术

气象灾害是自然灾害中最为常见的一种灾害,在各类自然灾害中占 70% 以上,我国是世界上受气象灾害影响最为严重的国家之一,气象灾害种类多、强度大、频率高,严重威胁着农业生产,给国家和社会造成巨大的损失。

设施葡萄栽培是指不适宜于葡萄生长和发育的季节或地区,利用温室、塑料大棚和避雨棚等保护设施,改善或控制环境内因子(包括光照、温度、湿度和 CO_2 浓度、土壤、水分和肥料等),为葡萄生长提供适宜的环境条件,实现设施葡萄在严寒季节的超时令、反季节栽培,进而达到葡萄生长人工调节栽培模式。设施葡萄栽培是依靠科技进步而形成的农业高新技术产业,是葡萄由传统栽培向现代化栽培发展的重要转折,是实现葡萄高产、优质、安全、高效的有效途径之一。我国大棚栽培始于 20 世纪 50 年代。南方大棚葡萄栽培始于 20 世纪 80 年代,先后在上海、浙江、苏南开始逐步发展,进入 21 世纪各地发展较快。近二三十年来,随着人民生活水平的提高以及优质高效安全栽培技术的发展,使我国葡萄设施栽培得到迅速发展,截至 2013 年我国设施葡萄栽培面积超过 13.3 万 hm^2,是世界最大的设施葡萄生产国(穆维松 等,2014)。但与国外相比,我国设施农业管理水平和产量效益水平尚处于较低阶段,设施葡萄栽培产业发展的各个环节还存在一些有待解决的问题,尤其是在气候变化的大背景下,我国处于季风气候区,气象灾害发生相当频繁,气候变化异常,加剧了复合型气象灾害发生的频率,暴雪、低温、阴雨寡照、台风等气象灾害明显加重。开展设施农业气象灾害预警及防御研究,保障设施农业安全生产,是我国气象事业面临的迫切任务之一。

8.1 设施葡萄种植环境调控技术

日光温室是在人工控制下创造适于蔬菜、水果、花卉和畜禽水特产生长发育环境条件的一种保护设施。日光温室最大的特点是不进行或基本不进行人工加温,完全或基本上是靠太阳辐射能来提高温度和满足生物对光的需要。其生产活动是在一个相对比较封闭的条件下进行的。日光温室的环境与加温温室不同,与露地差别更明显,但它也不可能摆脱开自然条件的影响和制约。

首先,日光温室是在秋、冬、春,特别是在严冬这个外界温度条件不能满足生物正常生长发育的季节里进行的。光照的强弱、日照百分率的高低就直接影响到日光温室的生产活动。日光温室里的环境条件有着自己特定的变化规律,了解这些变化规律,掌握调控方法,依据生物各个生育阶段对温、湿、光、气等条件的要求进行科学有效的运作,从而保证它们正常地生长发育,这是日光温室生产者应该具备的基本技能。也是日光温室生产获得成功和取得优质高产最基本的条件。

塑料大棚内的温度、湿度、光照、气体等综合环境条件,相对外界综合环境条件而言,称为塑料大棚小气候。大棚葡萄的生产管理,就是在这种人造的小气候条件下进行的。由于塑料大棚置身于大自然中,大自然中的环境条件必然会对大棚中的环境条件有所影响。所以,大棚的管理就是根据葡萄生长发育对各种环境条件的需求,做好调整利用、兴利废弊的工作。

8.1.1 温度调控

(1)覆膜、揭膜的时间

按照不同的栽培模式,大棚覆膜时间有早有晚。日光节能型温室覆膜最早,塑料大棚促成栽培在1月底到2月上旬,避雨栽培在葡萄发芽后的次月上旬(露地栽培葡萄发芽期在3月底至4月初)。

揭膜时间也是根据栽培模式而定。日光节能型温室因为采用超早型栽培,早熟品种6月初开始成熟,7月中旬采收结束,随之揭膜。塑料大棚促成栽培的中熟品种8月中旬采收结束,随之揭膜。避雨栽培的晚熟品种,延迟采收到10月上旬,采收后随之揭膜。南方降雨量较多,又属雨热同期,在7月份梅雨后的伏旱天气中,不能采用揭膜措施降温,否则果实会病害蔓延,颗粒无收。

(2)葡萄需冷量与打破休眠

通常所说的葡萄休眠是指葡萄枝蔓休眠,而不是指葡萄种子休眠。打破休眠,提早发芽,促进萌芽率的提高与整齐度是我国南方暖湿地区葡萄促成栽培的关键技术之一。一般认为葡萄冬季休眠需冷量约为7.2℃以下1000~2000 h。若在休眠不足的情况下覆膜进行促成栽培,往往会造成萌芽率低、萌芽、开花不整齐等生理障碍。

寒温带的葡萄一年内四季分明,春萌、夏茂、秋实、冬眠,年复一年。这是葡萄在长期进化过程中形成的对环境条件的适应性,其冬眠现象,是为了适应严寒低温所表现出的一种特性。葡萄休眠分为两个阶段:自然休眠和被迫休眠。自然休眠是指在短日照和低温条件下进行的,进入自然休眠状态后,即使给予适于树体活动的温度、水分和光照等环境条件,也不能萌发生长,必须满足它一定的低温量(需冷量)的要求才能解除休眠状态,开始生长发育。被迫休眠是指通过自然休眠的葡萄植株,已经具备萌发生长所需的内部生理活动能力,但外界温度仍较低(10℃以下),不适宜萌芽生长,被迫继续休眠状态。打破休眠的方法:自然休眠时,在环境温度适宜时,采取石灰氮与水1:4的比例混合搅拌,把上面的澄清液涂抹在枝芽上,即可打破自然休眠,促使葡萄提前萌芽生长。被破休眠时,只要提高环境温度,随时可以解除休眠,葡萄正常萌芽生长。

(3)温度与果实发育的关系

葡萄促成栽培是南方地区设施栽培的一种主要的形式。在促成栽培条件下,温室管理对葡萄的生长发育与品质形成有很大的影响。果实成熟期日较差对葡萄浆果品质的提高很重要。试验证明,在这一时期的温度平均日较差大棚比露地高,从一般的概念出发,似乎有利于果实品质的提高,但进一步分析发现,大棚与露地平均最低温度相差不大。大棚平均最高温度明显高于露地,接近或超过35℃;通过光合测定发现≥35℃的高温使叶片的净光合速率大幅度降低、这无疑会给大棚葡萄同化物的积累造成很大的影响,而光合同化物的积累与果实的品质又密切相关。

从生产实际中看出,大棚葡萄温度与果实生长发育的关系是复杂的,设施栽培能够提高果实品质的原因是多方面的。品种不同、管理水平的高低、年份间天气的好坏都有一定的影响,目前的研究还远不能回答这个问题。

(4)不同生长期温度调控目标

催芽期,大棚覆膜以后到发芽期,这个阶段的温度管理比较安全,主要是控制白天的最高温度不要超过 25 ℃,夜间温度一般在 7～8 ℃。如果使萌芽期提早,可以通过覆盖地膜,或在葡萄架上面再用一层塑膜覆盖,但意义不是很大。因为南方沿海一带的气候与内陆不一样,海洋性气候是春天升温比较慢,2—3 月份的气温还会变幻无常,所以凭经验是覆盖后 20～30 d 发芽比较安全。

新梢生长期,此期指大棚葡萄发芽后到开花前的一般时间。这个时期的温度管理从葡萄新梢的要求来说,夜间要维持在 10 ℃ 以上,白天控制在 25 ℃ 左右,随开花期的接近,夜温、昼温再提高到 15～30 ℃。在特殊天气出现的年份中,3—4 月份的下雨天气总在 10 d 以上,所以在新梢生长初期(发芽后的一段时间),白天的气温还是不能太高,最好控制在 25 ℃,夜间10 ℃ 以上。如遇高温天气,要及时通风降温,使葡萄的新梢缓慢生长,以渡过这温度最不稳定的一个阶段。等临近开花期,昼夜温度再有所提高。

开花期,大棚葡萄开花的适温是在 25～30 ℃,温度低,花期长,对坐果及其他管理都不利。上海大棚葡萄的开花期一般在 4 月下旬至 5 月初,自然界中的晴天天气,温度有时会超过34 ℃,所以大棚内 35 ℃ 的高温天气可能发生。花期的温度主要是降低白天的气温,接近30 ℃ 时就要及时降温。

幼果生长期,葡萄果实叶片枝梢同步生长阶段,为了保证枝、叶、果的健壮生长,白天温度仍不能超过 30 ℃,夜间保持在 16～20 ℃。这一阶段南方有些地区进入梅雨,温度不会太高,但有些地方已出现高温,应注意防范。

果实成熟期,果实软化以后到成熟再到采收,这个时期主要是防止高温。7 月份是南方大部分地区的高温季节。一般平均气温在 27 ℃ 以上,最高气温超过 35 ℃,所以利用一切有效方法降低白天的最高温度,使最高气温降低在 30 ℃ 左右,是大棚此期温度管理的主要目标。

(5)不同生长期温度调控方法

覆膜后至萌芽前,白天大棚气温超过 25 ℃ 时打开裙膜(底膜)降温。

萌芽后至开花前是大棚温度管理比较复杂的阶段。此期既可能发生冻害,又可能发生热害。所以萌芽后的最高温度要控制,目的是控制新梢徒长,加强防御低温冻害。随新梢生长的速度加快,大棚温度逐渐升高,这个时期的温度管理仍然是既防灾害性降温天气,又防高温伤害。如遇突发低温时,要及时灌水或叶面喷施磷酸二氢钾,或在葡萄园上风处点柴放烟等,均能减轻或防御冻害。

临近开花期,冻害已经不会发生,这个阶段主要是防止高温。花前高温对开花坐果十分不利。所以白天天气晴好时在上午八点钟左右就要打开裙膜通风降温。维持白天 25～30 ℃,夜间仍要放下裙膜保温,使其达到 20 ℃ 左右的气温。

开花期,为促使大棚葡萄开花整齐,温度是很重要的。90 年代初期,因大棚温度管理的经验不足,花期前去掉裙膜,开花期长达 13 d,早开花的果实大如黄豆,晚开花的还没有结果,最后导致果实成熟期也不一致。这个期间的夜温比较容易保持,只要放下裙膜保温即可。重要的是白天的最高温度不能太高。在遇到高温时,应打破花期禁止浇水的惯例,提高大棚湿度,以缓解干热气候造成的危害。

果实成熟期,葡萄开花后温度的提高能促使葡萄提早成熟。所以在开花期与幼果膨大期促成栽培的大棚仍要用裙膜保温一段时间,等夜温稳定在 18~20 ℃左右时,再去掉裙膜。这个阶段正处在栽培模式的转换期,是由促成栽培变为避雨栽培。所以会出现一段裙边白天收晚上放的过程,这对于温度的管理是必须的。

到果实软化期以后,主要是防止高温。此时促成栽培已变成避雨栽培,有棚顶通风装置的可在气温 30 ℃时就开始放风降温,没有棚顶通风设施的大棚,可利用地面覆草,降低地温,以减轻高温对枝叶的危害。

大棚葡萄温度管理主要靠覆膜、揭膜来调节。大棚内生长的葡萄由于一直在温度高于露地的条件下生长,所以对高温的适应性比露地葡萄也有所提高。总之大棚的温度管理,各个阶段的特点是:萌芽期以前,主要是防高温,控制萌芽时间不宜太早,调控措施比较简单。萌芽后主要是防低温对新梢冻害,在开花以后到果实软化以前有一个由促成变为避雨的模式转换期和过渡期,其调控措施比较复杂。其后阶段主要防止高温,虽然目标比较单一,但由于客观环境的制约,其调控措施难度很大。

8.1.2 湿度调控

(1)温室大棚空气湿度的一般规律

空气湿度是反映空气中水汽含量多少的指标。表示空气湿度的物理量的大小,我们经常接触到的是相对湿度和绝对湿度。绝对湿度是表示单位体积中所含水汽的质量,多用 g/m^3 做单位。相对湿度是空气中实际水汽压与同温度下的饱和水汽压的百分比,生产上应用较多。日光温室内的空气湿度具有以下特点:

日光温室内空气的绝对湿度和相对湿度一般均大于露地。由于温室空间小,气流比较稳定,温度较高,蒸发量大,环境密闭,不易和外界空气对流等原因,温室内会经常出现露地栽培下很少出现的高湿条件。在露地,除雨天或日出前的短暂时间外,空气相对湿度极少超过90%。而在温室里,特别是在冬季很少通风的情况下,即使在晴天也经常出现 90%左右的相对湿度,而且每天常保持在 8~9 个小时以上。夜间、阴天,特别是在温度低的时候,空气的相对湿度经常处于饱和或接近饱和状态。这种高湿的条件,几乎对所有的葡萄品种都是不适宜的,不仅易使作物的茎叶生长过旺造成徒长,影响作物开花结实,而且还容易导致某些病害的发生和蔓延。

在密闭的条件下,影响湿度变化的原因有两个方面:一是取决于地面蒸发和叶面蒸腾量的大小;二是取决于温度的高低。蒸发和蒸腾量大时,空气的绝对湿度和相对湿度就要高。在温室中,如果空气中含有水汽质量相同,温度升高,相对湿度就变小。虽然温度升高时,地面的蒸发和叶面蒸腾也在不断地增强,空气中的水蒸气不断地得到补充,但是空气中水汽的增加远远不及由于温度升高而引起的饱和水汽压的增加来得快,因此,空气的相对湿度仍然在降低之中。

温室的湿度变化也存在着季节和日变化。温室空气相对湿度的变化,往往是低温季节大于高温季节,夜间大于白天。在中午前后,温室气温高,空气相对湿度较小。夜间气温迅速下降,空气相对湿度也迅速增大。阴天空气湿度大于晴天,浇水之后湿度最大,以后逐渐下降,灌水前最低。放风后湿度也要下降。在春季,白天相对湿度一般在60%~80%,夜间在90%以上。其变化规律是:揭苫时最大,以后随温度升高,相对湿度下降,到13—14时下降到最低值以后随温度下降开始升高,盖苫后相对湿度很快上升到90%以上,直到次日揭苫。

温室内空气湿度的变化依温室面积、空间大小变化而变化。日光温室设施大,容积大,使得空气相对湿度较大且变化较大,反之,空气湿度不仅易达到饱和而且其日变化也剧烈。

(2)各生长阶段的调控目标与方法

设施葡萄各发育阶段温度和湿度控制指标见表8-1。催芽期,棚内高湿有利于保温,也有利于萌芽。为提高棚内湿度,大棚覆膜前1周要灌足水。覆膜后保持密闭状态。发芽前相对湿度低于80%时要在葡萄树上面喷水。土壤干燥,也可以浇少量水,但发芽时湿度不能太高,超过90%时要开膜换气。发芽后到开花前,此期大棚空气相对湿度维持在60%~70%之间。如湿度太高,会引起梢尖及芽眼溃烂。如果在湿度大、气温高的情况下,还会造成新梢徒长,容易诱发病害。所以这个生长阶段除做到及时通风降湿外,还要保持土壤适当干燥,花前浇水要注意防止两碰头的天气(即棚内浇水后,又遇天气下雨)。开花期相对湿度应维持在50%左右,湿度大,花冠不易脱落,影响授粉受精,同时会导致灰霉病、轴枯病的发生。湿度调控的方法主要是及时放风、控制浇水。花期遇大风大雨天气应封闭大棚。如果遇上高温干旱天气,一般情况下棚内不浇水,可采用树体喷水的方法提高湿度。喷水时加入适量硼砂或磷酸二氢钾。幼果生长期,因为坐果后枝、叶、果都处于旺盛生长期,需肥量、需水都显著提高,这个阶段内的大棚湿度应比花期有所提高,大棚相对湿度应维持在70%~80%之间。除在坐果后结合追肥浇一次中水外,到果实着色以前,均采用小水勤浇的方法。果实成熟期,葡萄自着色以后,大棚湿度要求开始降低,维持在大于花期而低于幼果期的水平。湿度大,推迟果实成熟,使病害发生加剧。土壤水分过大时还会造成裂果、烂果等生理性病害;但是过于干燥,对葡萄的成熟与着色也不利,色、香、味的形成会受到抑制。调节湿度的方法是控制浇水次数和限制浇水量,采用土壤覆草法,既能保持土壤的湿度,控制空气湿度,又能使地温下降,果实一旦采收结束,应尽早揭膜。

从催芽到果实采收,大棚湿度的调控目标始终是向着由高向低走的趋势,但在开花后的幼果生长期,出现一个偏高的阶段,花期与果实成熟期都属于偏低的状态,但因为自然环境的多变,大棚湿度与温度的管理一样,其模式不是一成不变,特别是根据当年、当时、当地的具体情况,采取必要措施,调整好大棚的湿度管理。

表 8-1 大棚温度、湿度控制指标

生育期	温度(℃)		相对湿度(%)	栽培管理要点
	日温	夜温		
催芽期	20~25	5~7	80~90	防止湿度过大,白天揭膜通风,湿度不够时采取在树上喷水
发芽展叶期	25~28	10~12	60~70	注意防寒流及连续阴雨造成的危害,土壤及时中耕,干燥时浇水
展叶—新梢生长期	25~28	12~15	60~70	及时抹芽,适当控制水分,白天30℃时及时通风降温

续表

生育期	温度（℃）		相对湿度（%）	栽培管理要点
	日温	夜温		
开花前	25～28	15～17	50～60	控制温度,多通风换气,适当灌水
开花期	25～30	17～18	50	维持较低的湿度。充分利用光照,防止白天 30 ℃以上的高温
幼果期	25～30	18～20	60～70	及时追肥、浇水、疏果、套袋、防止高温伤害
果实软化期	25～30	18～20	50～60	补充钾肥,适当灌水,防高温伤害
着色—采收	28～36	20～22	50～60	适量浇水,采收前 15 天停止浇水,防止 35 ℃以上高温,及时采收

8.1.3　光照调控

日光温室是在人工控制下创造适合作物生长发育环境条件的一种保护设施,但它也不可能摆脱开自然条件的影响和制约。首先,日光温室生产是在秋、冬、春,特别是在严冬这个外界温度条件不能满足生物正常生长发育的季节里进行的。光照的强弱、日照百分率的高低就直接影响到日光温室的生产活动。日光温室里的环境条件有着自己特定的变化规律,了解这些变化规律,掌握调控方法,依据作物各个生育阶段对温、光、气等条件的要求进行科学有效的运作,从而保证它们正常地生长发育,这是日光温室生产者应该具备的基本技能,也是日光温室生产获得成功和取得优质高产最基本的条件。

(1)温室大棚空气光照减少的原因

不透明部分的遮荫:太阳光投射到不透明的物体上时,会在其相反面方向上形成阴影,随着太阳的移动和变化,阴影也随着不停地变化。日光温室自身的不透明部分包括后墙、山墙、后屋面、拱杆、横梁和立柱。东、西山墙在午前和午后会形成三角形的阴影区。早晨揭开草苫后,太阳光透射到温室内,在东山墙内侧产生三角形阴影,随着太阳升高,阴影逐渐缩小,到太阳光正南时,该阴影消失。午后,随着太阳光西斜,西山城内侧开始出现阴影,并且阴影不断增大,直到盖苫为止。东西山墙的阴影区对温室有一定的影响,但只影响到山墙内侧 2 m 左右的空间。对温室内经常造成遮荫的拱杆、立柱、横梁,一般柱式日光温室遮荫面为 15%～20%。

前屋面薄膜对光的吸收和反射:太阳光线照射到日光温室前屋面上,首先被薄膜吸收掉一部分。如果薄膜已被灰尘污染或附着水雾,吸收量就会明显增大。太阳光透入室内少的根本原因是反射损失,因为只有太阳光垂直照射到前屋面薄膜上,即入射角等于 0°时,绝大部分太阳光才可以透入温室里。实际上不论什么结构的温室,无论怎样来设计温室的采光屋面角,若达到光线完全进到温室内几乎是不可能的。因为太阳高度角一年之中随季节不断变化、一天之中也在不停地变化着。而日光温室前屋面采光角是固定的,不可能随着太阳光线的变化而变换角度,所以薄膜对入射光的反射是不可避免的。

薄膜的材料对透光率的影响:目前日光温室前屋面覆盖的塑料薄膜,主要由聚乙烯和聚氯乙烯两种树脂做成,其透光率是不同的。同是 0.1 mm 厚的新膜,聚氯乙烯膜的初始透光率为 91%,聚乙烯膜透光率为 84%～89%。在入射角大于 0°时,就有 10%的光线被薄膜以吸收为主的方式拦截。实际上入射角一般情况下很难达到 0°,只要入射角大于 0°,就有反射产生,如果加上反射损失,进到温室里的阳光还要减少。在薄膜内侧有水滴附着时,水滴的吸收和漫反射还要使阳光进一步损失。

(2)大棚增光措施

大棚葡萄生产是在冬季、春季、夏季进行,塑料大棚保温栽培发芽期是在早春季节。因此,自发芽后的光照管理应成为大棚葡萄每年光照调控的重要阶段。

控制好揭放草帘的时间:对于日光节能型温室来说,晴天时太阳升起的时候就要揭开草帘,同时用扫帚或布条扫除塑料膜面上灰尘。下午等看不到阳光后再覆盖草帘。有时候阴天,并不下雨,白天也要揭开草苫让大棚葡萄透光。在南方地区的 3—4 月份,阴雨天较多,只要不是下雨,打开草苫后植株就能得到一些光照。

挂反光幕或地面铺设反光膜:在日光节能温室中利用聚酯镀铝膜做反光幕,将射入温室后墙太阳光反射到前部,能增加光照 25%左右。另外,挂反光幕后,墙体贮热能力下降,使大棚温差加大,有利于果实的生长、发育、提高品质。在塑料大棚树冠下铺设反光膜,时间是在果实成熟前 1 个多月。反光膜将太阳直射到地面上的光,由反光膜反射到树冠的下部和中部的叶片上,增加光合作用,使树冠中下部光照度提高,对提高果实品质很有好处。反光膜铺设后对葡萄管理会带来一些不便,如浇水、施肥等,所以在铺膜前必须做好准备。

综合措施:适当留梢、留叶、留果,及时进行夏季修剪,合理绑扎新梢;经常打扫、清洗塑膜上的灰尘和杂物。晴天干旱时,3～4 天冲洗一次;降低土壤湿度,及时通风换气;选用 8 丝以下的无滴长寿塑膜。年年换新,不用旧膜;大棚内如无地膜覆盖,要及时松土、中耕。

8.1.4 CO_2 调控

塑料大棚常是密闭状态,其内部空气组成与外界不同。这种不同主要表现在 CO_2 浓度过低与大棚内气流不畅容易产生有害气体。大气中 CO_2 的含量通常为 0.03%,即为 300 微升/升。这个数值虽然能够保证植物的正常生育,但并不是植物进行光合作用的最适界限。一般来讲,如果提高 CO_2 浓度,则可以大大增加光合作用的强度,促进增产。

(1)大棚内 CO_2 含量变化特征

从季节上讲,是前高后低。因为冬春密闭时间长,通风少,光合作用低,以及土壤中有机物的分解与葡萄本身的呼吸作用等,所以 CO_2 浓度高,以后随葡萄自身的生长发育,光合作用强度的提高,使棚内 CO_2 的浓度总体下降(表 8-2)。在同一天内,早上大棚内 CO_2 的含量高,最多可达 1000 微升/升,大棚通风以后,CO_2 的浓度开始下降,其原因一方面是随着光照、温度的提高,一部分 CO_2 被光合作用所利用,原因二是棚内外 CO_2 互换,棚内的 CO_2 流失到外界。但棚内 CO_2 浓度过低后,外界空气中的 CO_2 又会补充到棚内来。

表 8-2　设施内环境因素及葡萄光合速率日变化状况

测定项目	测定时间						
	06:00	08:00	10:00	12:00	14:00	16:00	18:00
光照强度(1×10^2 勒克斯)	21	191	582	599	545	240	32.4
温度(℃)	13.2	22.3	29.5	29.5	27.2	23.9	21.0
相对湿度(%)	100	90	90	72	50	66	94
CO_2 浓度(微升/升)	793	336	146	287	276	368	630
净光合速率(毫克/(分米^2·时))	12.4	23.6	15.1	7.1	0.5	0.4	11.7

由于大棚内 CO_2 的减少,葡萄一天中进行有效光合作用的时间缩短,有时在见光 $1\sim2$ h 就可能下降到大多数葡萄植物的 CO_2 补偿点以下。这时若不及时补充 CO_2,合成物质就会减少,进而影响葡萄的正常生长、发育。

由于大棚始终处于密闭半密闭的状态,使其有害气体多于外界环境。有害气体浓度高了以后,如不采取相应的措施,则会造成葡萄的伤害。

塑料大棚中的有害气体最主要是肥料分解中产生的氨气及加温燃料中产生的一氧化碳和二氧化硫气体。防止毒气和二氧化硫的主要措施是避免一次性施用过量的速效氮肥,禁止在土表施肥。施肥后随之盖土和浇水,加温时采用优质煤或利用热风炉燃油的方法,一旦发现有毒气体的危害,应尽快打开棚门及裙膜通风。

(2)CO_2 的补充方法

用人工方法来补充 CO_2 供应葡萄吸收,通常称为 CO_2 施肥,CO_2 施肥在一些国家已成为设施葡萄生产的常规技术。增产增效显著,但在我们国家目前应用得还较少,值得今后在生产中推广应用。CO_2 的施肥方法很多,但必须考虑实际生产条件与成本,比较容易的办法是运用碳酸氢铵加硫酸生成的 CO_2 施肥方法。CO_2 作为气肥,硫酸铵可作为氮肥施用。

具体做法是:每 666.7 m² 大棚内均匀取 $10\sim20$ 个点,用废弃的塑料瓶或瓷碗等吊在棚内各点的空中(因 CO_2 比空气重,塑料容器要吊在离地面 1m 高左右的地方)。然后先将工业用硫酸稀释,即在耐酸的缸盆桶中加适量清水,稀释成 $5\sim7$ 倍溶液,一次稀释 $3\sim5$ 天用酸量,再将一日用量的硫酸铵稀释后分别放入盛有稀硫酸的容器中。放入的速度不能过快。全部放入不得低于 15 min 为宜。为使每 666.7 m² 土地上的大棚 CO_2 达到 1100 ml/m³,需浓硫酸 2.05 kg,碳酸氢铵 3.47 kg。配制时注意千万不能把水倒入硫酸中,而是将工业浓硫酸按水量的 $1/7\sim1/5$ 缓慢沿器皿边缘倒入水中,边搅边倒,使 CO_2 均匀地释放。CO_2 施肥时期从葡萄发芽后开始,一般到裙膜去掉结束,每天的施用时间是日出后 $0.5\sim1$ h,阴天应减半。当大棚内 CO_2 自然增加时,应停止施用,要想终止 CO_2 施肥,须逐日开始减少施用量,以免突然停止后,发生不良影响。另外,大棚内多施有机肥,也是补充 CO_2 比较现实的方法,据介绍,1 吨有机物最终能释出 1.5 吨的 CO_2,施入土壤中的有机肥和覆盖地面的稻草、麦草等能产生大量的 CO_2。因此,结合秋施基肥,多施有机肥,既能增加土壤养分,又能改良土壤,还能达到补充 CO_2 的目的。目前市场上还有现成的 CO_2 肥料,以及现成的 CO_2 发生器,这给大棚葡萄的 CO_2 施肥提供了许多便利的条件。

8.2 灾害性天气及对策

日光温室蔬菜和水果生产,主要是在冬季和早春进行的,即使当地光热资源较好,阴雨(雪雾)天气很少,日照百分率高,也难免出现灾害性天气。日光温室在不加温条件下进行生产,遇到灾害性天气,如果不采取相应的对策,往往会遭受损失。

灾害性天气主要有大风、暴风雪、寒流强降温、连续阴天和久阴或雪后骤晴。

(1)大风天气

白天遇到大风天气,如果压膜不紧,随着风速的加大,前屋面上空气压强变小,室内空气压强加大,就产生了举力,使屋面薄膜鼓起。由于风速的变化,空气压强也随着变化,就出现了薄膜鼓起落下的上下摔打现象,时间长了会使薄膜破损。如不及时采取措施,薄膜被大风揭开,作物就要受到损害。所以遇到大风天,一旦出现薄膜有鼓起现象时,当即紧压膜线,或放下部分(半卷)草苫压在温室前屋面的中部。注意把整个草苫一放到底的压在棚膜上,很容易被大风吹走草苫,起不到压膜防风的作用。温室前屋面弧度小,压膜线压不牢,最好用竹竿或木杆压膜。

夜间遇到大风天气,容易把草苫吹得七零八落,使前屋面薄膜暴露出来,加速了温室散热,发生冻害。严重时薄膜破损,会遭受更严重的损失。所以管理日光温室,必须时刻注意天气变化,遇到大风的夜间要把草苫压牢,已经被风吹开的应及时拉回到原来的位置,最好在温室前底脚横盖底脚草苫,再用木杆或石块压牢。

(2)暴风雪

降雪天气,一般温度不很低时,为了防止草苫被浸湿,可将其卷起。等雪停后,清除积雪再放下。降雪同时降温的情况下,不宜卷起草苫。严寒冬季有时出现暴风雪天气,不但雪量大,北风也很强烈,大量的雪花被大风吹在前屋面上越积越厚,如不及时采取措施,会把温室的拱架压垮,造成严重后果。遇到这种天气时,应及时用刮雪板把积雪刮下来,防止积雪过厚。特别是夜间遇到暴风雪时,更应注意及时清除积雪。

(3)寒流强降温

在严寒的冬季,寒流强降温天气是不可避免的。20世纪80年代中期以前,曾多次试验利用日光温室不加温生产喜温果菜,都没能成功,失败原因是由于遇到寒流强降温受冻害。在持续晴天下,即使遇到寒流强降温,由于温室里热容量大,1~2 d室内气温也不会降到适宜温度以下。但是,连阴天或降雪后又遇有寒流强降温天气,温室内贮存的热量很少,容易受冻害。遇到这种情况,必须采取补救措施。可根据温室的保温性和栽培作物,临时扣中小棚,棚面再增加纸被、无纺布、整块旧塑料布、草苫等。高秆作物不便于扣中小棚时,可随时辅助加温。用火炉加温必须有烟囱,不向室内排烟。用炭火盆加温,在室外生火,当木炭完全烧成红色已不冒烟时,再移入室内。辅助加温只要保证作物不受冷害即可,切不可把室内气温提得太高。室温太高,作物呼吸消耗过多,影响正常生育。温室遭受冻害多在温室的前部。作物受害是由两个方面造成的,一是前底脚外不设防寒沟,地温向室外传导,引起地温下降。二是前部空间小,热容量小,气温下降导致地温进一步下降。

(4)连续阴天

日光温室的热能完全来自太阳辐射,一旦遇到阴天,温室不能得到有效的热量补给,作物较少有光合产物的输出,只能靠体内贮存的营养物质维持生命,只有消耗,没有积累。这样的情况时间短时常可恢复,但如果时间过长,或由于地、气温逐渐下降,使作物遭受低温冷害,乃至发生冻害。

遇到阴天,只要温度不是很低,就应该揭开草苫。一般阴天,或有短时间露出太阳,室内温度就会有一定程度的升高。另外,散射光仍可用来进行光合作用,有时尚能达到光补偿点以上。如果在温室后部张挂反光幕,在阴天时也会起到一定的增光和提高温度的作用。黄淮海地区日照百分率低,每年冬季、早春经常出现连续阴天,但由于降温较轻,温度不是很低,除了遇到寒流强降温天气外,连阴天坚持揭开草苫,虽然作物的生长发育会受到一定的影响,但是度过灾害天气以后仍能恢复。冬季阴雨(雪雾)天气较多的低纬度地区,应提早覆盖薄膜,使土壤中蓄积较多的热量。冬季遇到连阴天时,由于地温较高,在一定程度上能提高保温效果,减少低温冻害的发生。

(5)连阴或雪后骤晴

日光温室冬季有时遇到连续阴雨(雪雾)天气,天气突然转晴、揭开草苫后,叶片会出现萎蔫现象,特别是叶片较大的葡萄。原因是连续阴天时,室内气温和地温都很低,根系活动很微弱,吸收能力锐减。晴天后,光照充足,气温上升很快,空气湿度下降,叶面水分蒸腾量大,根部吸水满足不了地上蒸腾的水分消耗,就会出现萎蔫现象。开始是暂时萎蔫,如果不及时采取措施,得不到恢复,就会成为永久性萎蔫。在温室遇到连阴或雪后骤晴时,揭开草苫后必须注意观察。发现叶片萎蔫,立即把草苫盖上一部分,等到叶片恢复正常后再揭开草苫。再出现萎蔫时又把另一部分草苫盖上,如此反复,直到不再出现萎蔫为止。反复揭盖草苫期间,可用喷雾器向叶片喷洒清水和营养液。用1‰葡萄糖溶液喷洒叶片,效果更好。连阴天到来之前,用医用维生素 B1、B6 和酰胺等量混合 800 倍液,另按 5 kg 溶液中加 1 支医用青霉素(可杀死冰点细菌)喷洒植株,可大大提高植株耐低温能力。

8.3 设施葡萄气象灾害预警技术——以低温寡照灾害为例

8.3.1 长期预警

低温寡照是设施作物常见的气象灾害,如何进一步减少低温寡照灾害给日光温室蔬菜生产造成的损失,最根本的方法就是分析各地低温寡照灾害发生的风险性,对于低温寡照灾害风险高的区域建议日光温室不要种植对温光条件要求较高的果菜类蔬菜,从种植上进行预警,躲避低温寡照的伤害,达到对日光温室低温寡照灾害的预警,这是设施农业走可持续发展的有效措施之一。

各地发生低温寡照灾害的风险性分析采用黄崇福等提出的基于信息扩散理论的风险评估方法(黄崇福 等,1998)。信息扩散是一种对样本进行集值化的模糊数学处理方法,它为了弥补信息不足而考虑优先利用样本的模糊信息,从而对样本进行集值化。步骤如下:

设过去年内灾害分别为 $l_1, l_2, \cdots, l_n$,称

$$L = \{l_1, l_2, \Lambda, l_n\} \tag{8-1}$$

假定生产损失为 l,则 $l \in [0,1]$,把 l 分成 100 等份,即 $l = \{0.01, 0.02, 0.03, \cdots, 0.99, 1\}$,

设第 t 年的生产损失率的样本观测数据为 x_j，则 $j=1,2,3,\Lambda,n$，把损失率按照下式扩散到整个样本空间 L 中：

$$g_{x_j}(l)=\frac{1}{h\sqrt{2\pi}}e^{-\frac{(x_j-l)^2}{2h^2}} \tag{8-2}$$

式中，h 为组间宽度，也叫信息扩散系数，h 值大小的选取可以根据一个经验公式来选取（Goodwin et al.，1998）：

$$h=\begin{cases} 0.8146(b-a) & n=5 \\ 0.5690(b-a) & n=6 \\ 0.4560(b-a) & n=7 \\ 0.3860(b-a) & n=8 \\ 0.3362(b-a) & n=9 \\ 0.2986(b-a) & n=10 \\ 2.6851(b-a)/(n-1) & n\geqslant11 \end{cases} \tag{8-3}$$

式中，n 为样本个数，b 为样本中的最大值，a 为样本中的最小值。

使

$$C_i=\sum_{i=1}^{n}g_{x_j}(l) \tag{8-4}$$

则 C_i 的模糊子集的隶属函数为：

$$\mu_{x_j}=\frac{g_{x_j}}{C_i} \tag{8-5}$$

利用上式则可计算出 x_j 的归一化信息分布 μ_{x_j}，然后对 μ_{x_j} 进行归一化处理，可以得到较好的区域产量风险损失率。令

$$r(l_n)=\sum_{n=1}^{m}\mu_{x_j} \tag{8-6}$$

$$R=\sum_{i=1}^{n}r(l_n) \tag{8-7}$$

式中 R 为 l_n 点上区域产量损失的样本数的总和，在理论上有 $R=j$，但是由于计算中存在有误差，最后的计算结果可能 R 与 j 不等，因此，本文采用理论值 j。

$$p(l_n)=\frac{r(l_n)}{R} \tag{8-8}$$

$$P(l_n)=\sum_{i=1}^{n}p(l_n) \tag{8-9}$$

则 $P(l_n)$ 为所求的低温寡照灾害风险估计值，即超越 l_n 的概率是多少（超越概率）。

8.3.2 中期预警

为了加强对低温寡照灾害天气的预报能力，有必要认清其高空环流形势，总结出其特征，当环流形势满足其特征时，提前进行预报，使日光温室葡萄有针对性地进行管理，提高气象服务的时效性。

聚类分析是研究多要素或多个变量的客观分类方法，其原则是根据某些相似性的指标进

行聚类(魏淑秋,1985)。相似系数主要研究要素场不同时间点之间的相似程度,衡量第 i 个时间点与第 j 个时间点之间相似程度,用 $a_{ij}=\arccos s_{ij}$ 表示,其中

$$s_{ij}=\frac{\sum\limits_{k=1}^{p}x_{ik}x_{jk}}{\sqrt{\sum\limits_{k=1}^{p}x_{ik}^2 \sum\limits_{k=1}^{p}x_{jk}^2}} \tag{8-10}$$

式中, x_{ik} 为第 i 个时间的 k 点的要素值, x_{jk} 为第 j 个时间的 k 点的要素值, p 为空间点的总数。

应用聚类分析方法对挑选出的中度及以上低温寡照灾害每个过程逐日的欧亚范围内的高空环流格点图进行归类,归纳出造成较重低温寡照天气的高空百帕环流形势。

8.3.3 短期预警

低温寡照灾害短期预警是在目前低温寡照灾害的基础上,根据未来 1~5 天气预报结果,结合低温寡照灾害指标,判定未来 1~5 天低温寡照灾害的等级。未来天气预报采用气象台每天 16 时发布的未来 1~5 天逐日的滚动天气预报。

短期低温寡照灾害预警涉及两部分,一是到目前为止已经出现的低温寡照灾害程度 A,另一部分为未来天气预报 B,即未来 1~5 天低温寡照灾害等级 Z 同时是 A 和 B 两个因素的函数,即

$$Z=f(A)+f(B)+R \tag{8-11}$$

式中, R 为修正值, R 可以根据情况进行修正,订正值为 $[-1,1]$ 。

A 是寡照过程持续天数 x_1 、寡照过程中室外日平均气温的最低值 x_2 、日平均气温 $\leqslant-1$ ℃的天数 x_3 、逐日日照时数的累积量 x_4 的函数,即 $A=0.46x_1+0.28x_2+0.16x_3+0.1x_4$ 。 A 与 $f(A)$ 的关系见表 8-3。

表 8-3 A 与 $f(A)$ 的关系

A 的取值	<0.5	0.5~0	0~0.5	>0.5
$f(A)$ 赋值	0	1	2	3

未来天气预报中影响温室内灾害程度的要素有天气现象 x_5 和温度 x_6 两个因素,即

$$B=af(x_5)+bf(x_6) \tag{8-12}$$

如果预报天气现象涉及阴或雨或雪或雾,或者其中的组合,则认为是寡照天气,此时日照时数小于 3 h,否则认为日照时数 $\geqslant3$ h,不为寡照天气。未来 1~5 天的日照时数与 $f(x_5)$ 对应关系见表 8-4。

表 8-4 未来 1~5 天的日照时数与 $f(x_5)$ 对应关系

	1 天预警		2 天预警		3 天预警		4 天预警		5 天预警	
日照时数(h)	<3	≥3	<6	≥6	<9	≥9	<12	≥12	<15	≥15
$f(x_5)$ 赋值	1	0	1	0	1	0	1	0	1	0

对于外界温度的预报,如果未来温度没有升温,则认为有影响,否则认为无影响,未来 1~5 天温度预报 ΔT 与 $f(x_6)$ 的关系见表 8-5。

表 8-5　未来 1～5 天温度预报 ΔT 与 $f(x_6)$ 的关系

	1 天预警		2 天预警		3 天预警		4 天预警		5 天预警	
温度预报 ΔT(℃)	≤0	>0	≤0	>0	≤0	>0	≤0	>0	≤0	>0
$f(x_6)$ 赋值	1	0	1	0	1	0	1	0	1	0

因为寡照是否持续是低温寡照灾害程度加深与否的决定因素,所以定义式(8-12)中 $a=0.8$,$b=0.2$,即:$B=0.8f(x_5)+0.2f(x_6)$

B 与 $f(B)$ 的关系见表 8-6。

表 8-6　B 与 $f(B)$ 的关系

B	≥0.8	<0.8
$f(B)$	1	0

将表 8-3 和表 8-6 中数值带入式(8-11)中,得到 Z 值,根据 Z 值大小将设施葡萄低温寡照灾害等级分为轻、中、重、特重 4 级,值越小,灾害越轻。Z 为 4 时为特重低温寡照灾害。

8.4　设施葡萄大棚气象灾害监测预警系统

8.4.1　系统结构与功能

加强设施葡萄气象灾害监测预警,是设施葡萄产业持续发展的需要,也是气象为设施农业服务的一个重要方面。而现代信息技术,特别是地理信息技术和基于网络的远程监控技术的快速发展,使得对大棚内气象灾害的分布区域和范围、持续时间和强度等的实时动态监测预警成为可能。建立在温室小气候预报的基础上,我们利用地理信息系统和远程监控技术,结合低温、高温、低湿、高湿、寡照等气象灾害指标和未来天气预报数值预报产品,针对江苏省设施葡萄大棚常见气象灾害进行监测预警,并应用地理信息技术,进行灾害的区域分布和强度监测,从而为防灾减灾提供技术及数据基础,并开发了灾害预警服务系统。本系统针对设施葡萄气象业务服务的需求特点,集成创新,较完整地构建了集自动监测、数据远程采集、大棚小气候模拟、产品制作与发布、灾害预警于一体的设施葡萄大棚气象监测与灾害预警系统,较好地解决了葡萄生育期服务的需要,有利于开展更精细化的设施葡萄专业气象服务。

8.4.2　灾害监测预警系统功能结构

设施葡萄大棚气象要素监测与灾害预警系统包括信息采集、数据管理、数据分析与产品制作、信息发布等 4 个部分,最终向各类用户服务,系统结构框图见图 8-1 所示。信息采集主要由大棚内外的自动气象站组成小气候监测子系统,为系统提供葡萄大棚小气候状况,采集的要素包括温湿度、辐射、地温等基本气象要素的实时监测数据;数据管理通过基本数据库服务器和 Web 服务器组成,分别承担对系统资料的存储分发和信息发布的功能,Web 服务器提供了设施农业气象信息网和基于 WebGIS 的日光温室气象信息的发布;数据分析与产品制作子系统(数据处理)则包含了数据预处理以及大棚小气候预报、灾害预警、手机短信制作等功能,是系统的控制终端;信息发布是将系统基本产品按照服务平台的发布要求,制作成适合手机短信平台、网站等发布需要的信息,并为用户提供及时服务。

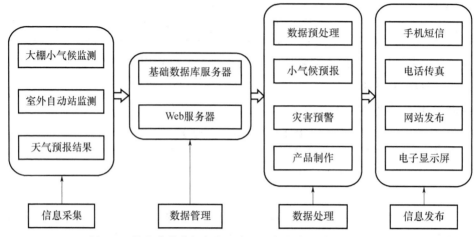

图 8-1　设施葡萄大棚气象要素监测与灾害预警系统结构图

(1)设施小气候监测子系统

近年来,随着区域气象观测站网的建设,各地已经建成较高密度的自动气象站,从而能实时掌握室外环境的气象变化状况,但对葡萄大棚内的小气候变化状况缺乏了解,需要建立针对大棚内状况的实时自动气象监测站网,从而达到对各地设施葡萄大棚内气象要素实时监测和准确预报预警服务。本系统在设施葡萄规模较大的区县,选择有代表性设施葡萄大棚,安装小气候自动监测仪器,同步开展相应的生物学观测,实时监测温室大棚内气象变化状况及其对葡萄的影响。大棚内监测的气象要素包括温度、湿度、地温、总辐射、有效光合辐射、CO_2 等,设备采用 GPRS 无线传输方式。大棚小气候监测子系统主要目标是针对远程无人值守场所的环境因子进行监测,并实现数据的采集、远程传输、存储管理与分发。从结构上划分,系统由 3 部分组成:终端数据采集与发送模块、服务器端数据接收存储模块、基于 Web 的数据管理模块。该系统硬件主要包括各类传感器、具有嵌入系统和 TCP/IP 协议的数据采集模块、GPRS/CDMA 无线模块、计算机主机和服务器等。传感器数量和种类可根据项目的需要增加或裁减,传感器数据经无线网络(GPRS/CDMA)传输至本地服务器,按站点按要素进行入库操作,后续操作在本地进行。与此同步的区域自动站观测数据、天气预报等资料通过内网调用,提供远程下载和浏览等功能。

(2)葡萄设施大棚气象灾害预警子系统

葡萄设施大棚气象灾害预警子系统包括大棚小气候条件的预报和灾害预报预警制作等功能模块,是系统的核心。

大棚小气候预报:设施葡萄大棚日常气象服务主要包括基于 1～3 天数值天气预报结果,对大棚内小气候状况未来变化进行预测,也就是进行大棚气象条件预报;以及在灾害性天气发生时发布设施葡萄大棚气象灾害预警。

气象灾害预报预警:气象灾害预报、预警系统实现每天发布各地设施葡萄大棚气象变化实况、未来 1～3 天气象条件预报与管理措施,遇到灾害性天气发布灾害预警。其原理是建立设施葡萄大棚气象灾害类型和指标库,根据灾害等级以及气象灾害对设施葡萄生产管理的可能危害程度,启动灾害预警流程,并随时发布大棚气象灾害预警服务。目前,主要的灾害包括大风、强降温、持续低温、连阴天、暴雪、冰雹等灾害天气预报,以及出现以后的持续时间,预警产品有灾害类型、等级、危害程度与决策建议。该软件功能模块主要包括灾害指标库的建立与维护、预警信息的制作等两部分组成。

(3)服务产品制作与发布

服务产品制作与发布系统将陆续建立手机、网站、电话、电子显示屏等服务媒体组成的产品发布服务平台,实现全天候全方位服务产品实时发布,基本满足设施葡萄种植用户灾害预警服务的需要。

(4)监察与审计安全框架构建

系统能够对照我国用户部门的层次结构,设立多级别的分组用户权限管理框架,实现业务化管理模式。系统拥有完善的日志监察和审计功能,实现方便的操作回访和故障查找工作,具有操作监管和反查功能。

因整个业务系统采用 B/S 结构,且全天候面向高度开放的互联网提供服务,所以必须对系统实行严格的安全管理和流程监控,达到实时管理、权限控制、操作审计、故障排查这些针对系统安全方面的特殊要求。

8.4.3 预警系统先进性技术

为了可以全天候面向高度开放的互联网提供稳定、安全、高效的服务,系统采用如下先进技术。

(1)Ajax 异步实时刷新技术

使用 XHTML+css 表来来表示页面信息;使用 JS 语言操作 Document Object Model 进行动态显示与交互;使用 XML 编程 和 XSLT 进行 Data 交换及相关操作;使用 XML 编程 HttpRequest-object 与 Web 服务器进行异步 Data 交换。实现用户操作信息的异步实时无刷新技术。

(2)WebGIS 技术

WebGIS,即互联网地理信息系统,以互联网为环境,以 Web 页面作为 GIS 软件的用户界面,把 Internet 和 GIS 技术结合在一起,为设施葡萄预警系统提供 GIS 功能。

(3)FLEX 技术

Flex 采用 GUI 界面开发,使用基于 XML 的 MXML 语言,本系统综合利用 flex 技术和 arcgis for flex 技术实现农业气象信息的地理化显示。

(4)多维数据可视化技术

系统提供多种数据管理功能,数据质量级别管理,对不同的用户操作做出不同级别的差别控制;提供多种数据查询显示功能,如 2D,3D 图形显示。提供饼图、直方图、雷达图、线图、面图等图形。

(5)数据瓦片技术

数据瓦片服务器技术(数据缓存技术)可以预先创建不同类型的静态数据。在服务器中存放预先生成的大量的数据瓦片。客户端只要访问对应地址就可以直接下载并访问,而不需要从数据库中重新读取数据并在线计算。这可以显著地提高下载速度并降低服务器数据维护的开销,提高用户体验度。

8.4.4 灾害预警系统功能实现

设施葡萄预警系统是面向用户的开放性系统,为保证整个业务系统的开放性,稳定性,及其较大并发访问量等要求,综合考虑各方面因素对系统采用 B/S 结构。借鉴.Net 体系结构在大型 B/S 业务系统方面的成功案例以及气象局其他基于 Asp.Net 的 B/S 系统良好运行经验,决定对本业务系统采用如下架构(表 8-7)。

表 8-7 设施葡萄气象灾害监测预警业务系统架构

	技术方案	优点
操作系统平台	Windows 操作系统	稳定高效
数据库	Oracle For Windows	主流的大型数据库,成熟稳定,并发访问性能良好,业界口碑较好
Web 和应用服务器	IIS 服务器	稳定,可靠
编程语言	C# 语言	面向对象高级语言,运行效率较高,对大型系统体系结构描述清晰,有 Web 服务等技术可对业务系统进行无缝扩充

(1)系统功能架构图

系统进行"框架结构抽取"和"正交化"分析设计,即对系统从功能模块和层次结构两个方向进行"纵,横"划分,保证得到的各部分功能互不相交。系统框架结构示意图如图 8-2 所示。

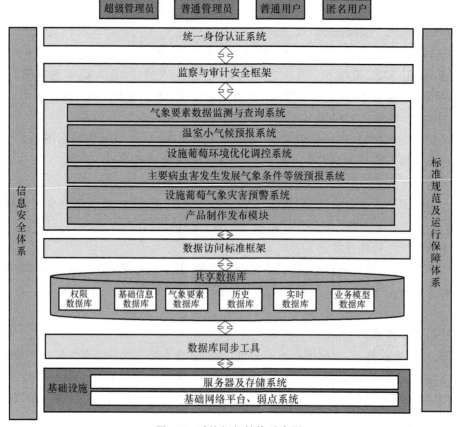

图 8-2 系统框架结构示意图

各层和各功能模块之间的这种"正交"性保证了彼此之间高度的耦合,可以为系统划分保留较好的规范和扩展性。

稳定的系统框架无论对需求描述还是系统开发都是有重要意义的,也可以保证后期的维护和扩展在框架稳定的基础上进行,极大减少后期重复工作量。

(2)系统数据库描述

设施葡萄预警系统涉及的数据包括在线采集数据、历史气象数据、统计分析数据、模型库、指标库等,经详细分析相互耦合性,合理划分为如下子数据库:

① 基础信息数据库

② 系统权限管理数据库

③ 气象要素数据库

④ 历史数据库

⑤ 实时数据库

⑥ 模型、指标、资源数据库

(3)平台运行界面

气象要素实时监测:能够展示已部署监测点的地理位置和多种气象要素实时监测,如图 8-3 所示。

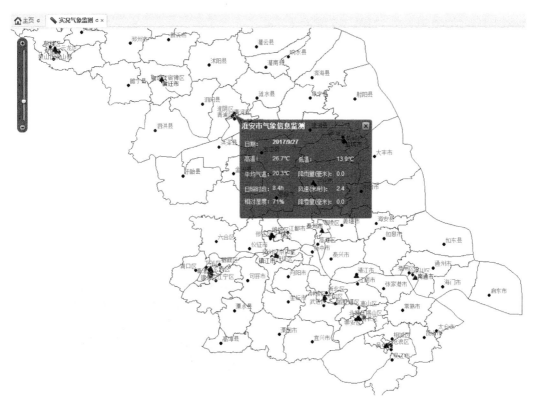

图 8-3　气象要素实时监测界面

小气候预报系统—数据查询:根据用户设定的参数,如日期范围,地区等,对神经网络预测的数据进行查询展示,画出相应的图形。操作界面如图 8-4。

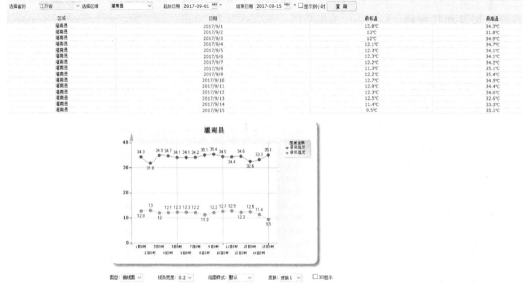

图 8-4 小气候预报系统—数据查询界面

小气候预报系统—基于神经网络小气候预报展示:根据用户的操作,对神经网络预测数据在地图上形象直观的展示。如图 8-5 所示。

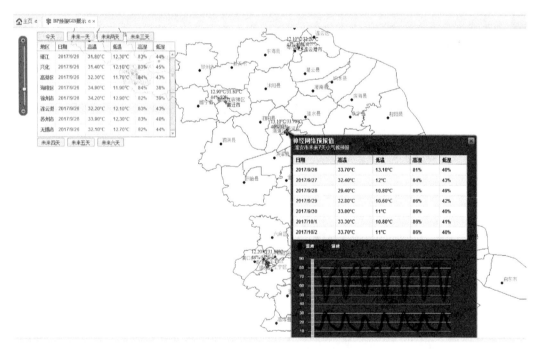

图 8-5 基于神经网络的小气候预报模型界面

设施葡萄气象灾害预警:系统在获取短期天气预报后,运用小气候预报模型,模拟出大棚内气象要素状况,结合灾害指标库,可以绘制出区域灾害预警等级图(如图 8-6 所示)。

图 8-6　设施葡萄寡照灾害预警界面

设施葡萄病虫害潜势预报：系统在获取短期天气预报后，运用小气候预报模型，模拟出大棚内气象要素状况，结合病虫害指标库，可以绘制出区域葡萄病虫害潜势预报等级图(图 8-7)。

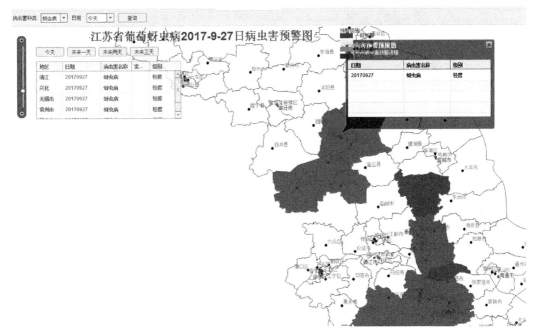

图 8-7　设施葡萄病虫害预警界面

室内环境调控:根据站点获取当前实测数据或小气候预报数据,结合专家库给出合理科学处理措施(如图 8-8 所示)。

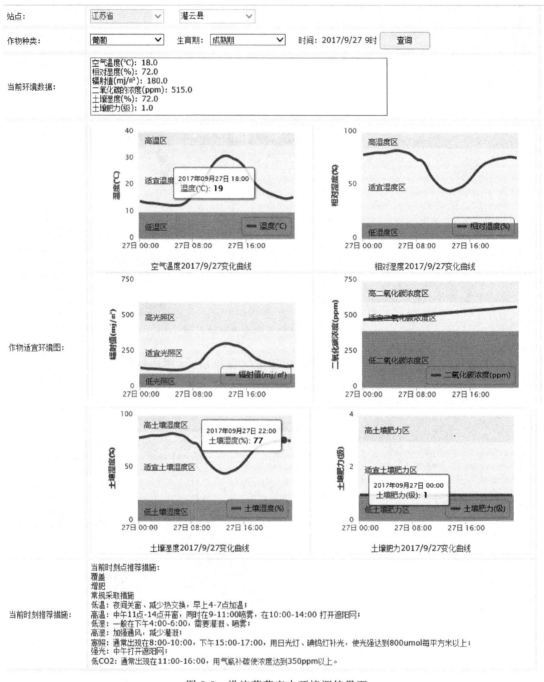

图 8-8 设施葡萄室内环境调控界面

葡萄适应性评价:根据实测或者小气候预报数据,结合作物生长指标模型、实时绘制设施葡萄室内气象条件适应评价图(如图 8-9 所示)。

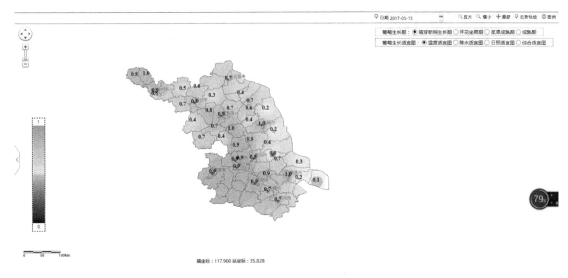

图 8-9　设施葡萄小气候适应性评价界面

信息发布平台(图 8-10)：发布平台包括网页、手机 APP、短消息、邮件、微信等。

内容包括：信息公告、气象灾害预警、环境调控、病虫害预警、气象信息监控等。

信息公告是对设施普通相关的信息进行展示，单击信息条目就可阅读相关信息。

葡萄大棚

1.5米空气温度	19.7℃	1.5米空气温度范围	19.7℃[11:00]~29.8℃[10:37]
1.0米空气温度	13.3℃	1.0米空气温度范围	13.3℃[11:00]~19.0℃[10:50]
空气湿度	13.3%	最低空气湿度	35%[10:58]
地表温度	13.0℃	地表温度范围	13.0℃[11:00]~19.0℃[10:23]
20cm地温	11.2℃	20cm土壤湿度	20%
总辐射	3	总辐射累计/极大值	2 /10[10:29]
棚内有效辐射	245	有效辐射累计/极大值	78/ 328 [10:44]
CO2浓度	374	CO2浓度范围	300[10:28] /409 [10:01]

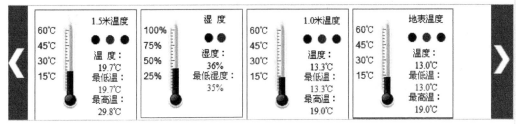

图 8-10 设施葡萄气象服务信息发布平台

参考文献

艾琳,张萍,胡成志,2004. 低温胁迫对葡萄根系膜系统和可溶性糖及脯氨酸含量的影响[J]. 新疆农业大学学报,27(4):47-50.

采利尼格尔,1986. 木本植物耐阴性的生理学原理[M]. 北京:科学出版社.

陈兵,李少昆,王克如,等,2007. 作物病虫害遥感监测研究进展[J]. 棉花学报,19(1):5763.

陈德兴,王天铎,1990. 叶片叶肉结构对环境光强的适应及对光合作用的影响[J]. 应用生态学报,1(2):142-148.

陈洁云,2003. 葫芦科植物病毒研究[D]. 杭州:浙江大学.

陈晴,孙忠富,2005. 基于作物积温理论的温室节能控制策略探讨[J]. 农业工程学报,21(3):158-161.

陈人杰,2002. 温室番茄生长发育动态模拟系统[D]. 北京:中国农业科学院.

陈书涛,王让会,许遐祯,等,2011. 气温及降水变化对江苏省典型农业区冬小麦、水稻生育期的影响[J]. 中国农业气象,32(2):235-239.

陈威霖,江志红,黄强,2012. 基于统计降尺度模型的江淮流域极端气候的模拟与预估[J]. 大气科学学报,35(05):578-590.

陈伊娜,卢章明,谢静杰,等,2015. 高温高湿生态区稻谷储存期间品质变化研究[J]. 粮食储藏,44(05):31-36.

程方民,钟连进,孙宗修,2003. 灌浆结实期温度对早籼水稻籽粒淀粉合成代谢的影响[J]. 中国农业科学(05):492-501.

崔振洋,李晓亮,王伟,1994. 马尔可夫链预测模型及其在农业病虫害预报中的应用[J]. 山西农业大学学报(自然科学版)(1):96-98.

德拉霍夫斯卡娅,1965. 植物保护预测预报[M]. 北京:农业出版社.

杜飞,邓维萍,梅馨月,等,2012. 避雨栽培对葡萄果腐病的防治效果及其微气象原理[J]. 经济林研究,30(03):43-50+65.

范银贵,2002. 空间插值方法在绘制降雨量等值线图中的应用[J]. 水利水电科技进展,22(3):48-50.

房经贵,章镇,2001. 江苏发展葡萄的条件和策略[J]. 中外葡萄与葡萄酒(3):7-8.

封志明,杨艳昭,丁晓强,等,2004. 气象要素空间插值方法优化[J]. 地理研究,23(3):357-364.

冯先伟,陈曦,包安明,等,2004. 水分胁迫条件下棉花生理变化及其高光谱响应分析[J]. 干旱区地理,2(27):250-255.

符国槐,张波,杨再强,等,2011. 塑料大棚小气候特征及预报模型的研究[J]. 中国农学通报,27(13):242-248.

葛道阔,金之庆,2009. 气候及其变率变化对长江中下游稻区水稻生产的影响[J]. 中国水稻科学,23(01):57-64.

耿婷,付伟,陈长青,2012. 近20年来江苏省冬小麦生育进程和产量对气候变暖的响应[J]. 麦类作物学报,32(6).

郭安红,王纯枝,李轩,等,2012. 东北地区落叶松毛虫灾害气象风险区划初步研究[J]. 灾害学(02):24-28.

郭修武,傅望衡,王光洁,1989. 葡萄根系抗寒性的研究[J]. 园艺学报(1):17-22.

郭延平,张良诚,沈允钢,1998. 低温胁迫对温州蜜柑光合作用的影响[J]. 园艺学报(2):8-13.

国家发展和改革委员会应对气候变化司,2013. 中华人民共和国气候变化第二次国家信息通报[M]. 北京:中国经济出版社.

韩春丽,孙中海,王艳,等,2008. 不同光强对纽荷尔脐橙叶片 PSⅡ功能和光能分配的影响[J]. 果树学报,25(1):40-44.

何英彬,陈佑启,唐华俊,2007. 基于 MODIS 反演逐日 LAI 及 SIMRIW 模型的冷害对水稻单产的影响研究[J]. 农业工程学报,23(11):188-194.

贺普超,2003. 中国野葡萄资源与利用[C]//葡萄研究论文选集. 中国园艺学会:3.

胡小平,梁承华,杨之为,等,2001. 植物病虫害 BP 神经网络预测系统的研制与应用[J]. 西北农林科技大学学报自然科学版,29(2):73-76.

胡小平,杨之为,李振岐,等,2000. 汉中地区小麦条锈病的 BP 神经网络预测[J]. 西北农业学报,9(3):28-31.

胡毅,向卫国,赵纯波,等,1994. 四川省稻瘟病发病率及其等级预报初探[J]. 成都信息工程学院学报(4):60-67.

黄爱军,陈长青,类成霞,等,2011. 江淮地区农业气候资源演变特征及作物生产应对措施[J]. 南京农业大学学报,34(5):7-12.

黄崇福,刘新立,周国贤,等,1998. 以历史灾情资料为依据的农业自然灾害风险评估方法[J]. 自然灾害学报(02):4-12.

黄川容,杨再强,刘洪,等,2012. 北京日光温室风灾风险分析及区划[J]. 自然灾害学报,21(03):43-49.

黄麟,张晓丽,石韧,2006. 森林病虫害遥感监测技术研究的现状与问题[J]. 遥感信息:71-75.

黄卫东,1994. 温带果树花芽孕育激素调控的研究进展[C]//中国园艺学会首届青年学术讨论会论文集. 中国国艺学会:8.

惠竹梅,房玉林,郭玉枝,等,2007. 水分胁迫对葡萄幼苗 4 种主要生理指标的影响[J]. 干旱地区农业研究,25(3):146-149.

江敏,金之庆,石春林,等,2009. 气候变化对福建省水稻生产的阶段性影响[J]. 中国农学通报,25(10):220-227.

姜会飞,温德永,李楠,等,2010. 利用正弦分段法模拟气温日变化[J]. 气象与减灾研究,33(03):61-65.

肯吉古丽·苏力旦,齐曼·尤努斯,等,2014. 干旱胁迫条件下两个葡萄品种光合荧光特性的研究[J]. 新疆农业大学学报(3):191-196.

孔云,王绍辉,沈红香,等,2006. 不同光质补光对温室葡萄新梢生长的影响[J]. 北京农学院学报(03):23-25.

李春喜,王绍中,代西梅,等,2000. 不同小麦品种内源激素变化动态及其与分蘖发生关系的研究[J]. 华北农学报(04):79-83.

李国,牛锦凤,2006. 鲜食葡萄枝条中氧化酶活性变化规律及抗寒性比较[J]. 北方园艺(3):21-22.

李怀方,刘凤权,郭小密,2001. 园艺植物病理学[M]. 北京:中国农业大学出版社.

李会杰,2013. 蔬菜工厂化育苗发展前景广阔[J]. 现代农村科技(21):19-19.

李宁静,赵永生,朱映峰,2010. 浅谈设施农业病虫害监测与防治[J]. 新疆农业科技(04):38.

李书民,2000. 光质调控薄膜在设施园艺生产中的应用[J]. 中国蔬菜,1(s1):54-57.

李文丹,雒珺瑜,张帅,等,2016. 高温胁迫对棉花内源激素的影响[J]. 中国棉花,43(06):14-16+18.

李晓仁,李虹,魏文生,2000. 日光温室病虫害发生原因浅析与综合防治对策[J]. 北方园艺(4):45-46.

李兴国,2008. 细胞分裂素调节拟南芥花发育的研究[D]. 泰安:山东农业大学.

李岩,徐志胜,谭国飞,2015. 芹菜热激转录因子基因 AgHSFB2 的克隆及不同温度处理下的表达响应[J]. 南京农业大学学报,38(03):360-368.

李永秀,罗卫红,倪纪恒,等,2005. 用辐热积法模拟温室黄瓜叶面积、光合速率与干物质产量[J]. 农业工程学报,21(12):131-136.

李章成,周清波,吕新,等,2008. 冬小麦拔节期冻害后高光谱特征[J]. 作物学报,34(5):831-837.

林晓东,1997. 激素调节花芽分化的研究进展[J]. 果树学报(4):269-274.

刘慧,郝敬虹,韩莹琰,等,2014. 高温诱导叶用莴苣抽薹过程中内源激素含量分析[J]. 中国农学通报,30(25):97-103.

刘群龙,王朵,吴国良,等,2011. 硒对酥梨叶片衰老及抗氧化酶系统的影响[J]. 园艺学报,38(11):2059-2066.

刘寿东,杨再强,苏天星,等,2010. 不同光质对温室甜椒光合特性的影响[J]. 大气科学学报,2010,33(5):600-605.

刘炜,常庆瑞,郭曼,等,2010. 小波变换在土壤有机质含量可见/近红外光谱分析中的应用[J]. 干旱地区农业研究,28(5):241-246.

鲁金星,姜寒玉,李唯,2012. 低温胁迫对砧木及酿酒葡萄枝条抗寒性的影响[J]. 果树学报(6):1040-1046.

吕永来,2015. 2014 年全国各省(区、市)水果产量完成情况分析[J]. 中国林业产业(12):24-27.

罗月越,2015. 江苏草莓栽种技术研究[J]. 中国农业信息(19):19-20.

马飞,许晓风,张夕林,等,2002. 神经网络预警系统及其在害虫预测中的应用[J]. 应用昆虫学报,39(2):115-119.

马轩龙,李春娥,陈全功,2008. 基于 GIS 的气象要素空间插值方法研究[J]. 草业科学,11:13-19.

穆维松,高阳,王秀娟,等,2014. 我国设施葡萄生产的成本收益比较研究[J]. 中外葡萄与葡萄酒(03):20-24.

潘敖大,曹颖,陈海山,等,2013. 近 25 a 气候变化对江苏省粮食产量的影响[J]. 大气科学学报,36(2):217-228.

潘文,张晓珊,丁晓纲,等,2012. 氮素营养对美丽异木棉等 4 个树种幼苗生长及光合特性的影响[J]. 中国农学通报,28(31):41-45.

潘耀平,戴忠良,秦文斌,等,2002. 早熟大白菜品种筛选试验[J]. 江苏农业科学(06):58-59.

濮梅娟,2001. 江苏省决策气象服务手册[M]. 北京:气象出版社.

朴一龙,曾照旭,姜明亮,等,2012. 秋冬温度骤降对鲜食葡萄抗寒性的影响[J]. 北方园艺(12):32-34.

齐冬梅,张顺谦,李跃清,2013. 长江源区气候及水资源变化特征研究进展[J]. 高原山地气象研究,33(04):89-96.

秦大河,陈振林,罗勇,等,2007. 气候变化科学的最新认知[J]. 气候变化研究进展,3(2):63-73.

曲泽洲,1993. 中国果树志[M]. 北京:中国林业出版社.

芮东明,刘照亭,刘伟忠,等,2012. 镇江市葡萄产业现状及发展对策[J]. 江苏农业科学,40(11):166-167.

商兆堂,2009. 江苏气候变化及其对小麦单产的影响分析[J]. 中国农业气象,30(s2):185-188.

邵宗泽,董建华,1992. 利用半薄切片切取超薄切片的简单方法[J]. 植物生态学报(英文版)(2):159-160.

施泽平,郭世荣,康云艳,等,2005. 基于生长度日的温室甜瓜发育模拟模型的研究[J]. 南京农业大学学报,28(2):129-132.

舒英杰,王爽,陶源,等,2014. 生理成熟期高温高湿胁迫对春大豆种子活力、主要营养成分及种皮结构的影响[J]. 应用生态学报,25(05):1380-1386.

苏小玲,2009. 不同光质对葡萄试管苗生长及内源激素含量变化的影响[D]. 兰州:甘肃农业大学.

眭晓蕾,蒋健箴,王志源,等,1999. 弱光对甜椒不同品种光合特性的影响[J]. 园艺学报,26(5):314-318.

孙晓东,张再兴,杜尊伟,等,2005. 普米族聚居区绦虫病流行危险因素分析[J]. 中国公共卫生,21(3): 316-317.

陶俊,张上隆,2003. 园艺植物类胡萝卜素的代谢及其调节[J]. 浙江大学学报(农业与生命科学版),29(5): 585-590.

陶龙兴,王熹,廖西元,等,2006. 灌浆期气温与源库强度对稻米品质的影响及其生理分析[J]. 应用生态学报 (04):4647-4652.

田淑芬,2009. 中国葡萄产业态势分析[J]. 中外葡萄与葡萄酒(1):64-66.

涂育合,2008. 雷公藤的叶型变异[J]. 亚热带农业研究,4(1):21-24.

王斌,赵慧娟,巨波,等,2011. 高温高湿对沼泽小叶桦光合和生理特征的影响及其恢复效应[J]. 中国农学通 报,27(28):47-52.

王春艳,庞艳梅,李茂松,等,2013. 干旱胁迫对大豆气孔特征和光合参数的影响[J]. 中国农业科技导报,15 (01):109-115.

王丰,程方民,刘奕,等,2006. 不同温度下灌浆期水稻籽粒内源激素含量的动态变化[J]. 作物学报(01): 25-29.

王馥棠,王石立,赵宗慈,2003. 气候变化对农业生态的影响[M]. 北京:气象出版社.

王海波,王宝亮,王孝娣,等,2010. 我国葡萄产业现状及存在问题及发展对策[J]. 中国果树(6):69-71.

王海波,王孝娣,王宝亮,等,2009. 中国设施葡萄产业现状及发展对策[J]. 中外葡萄与葡萄酒(9):61-65.

王海波,王孝娣,王宝亮,等,2011. 设施葡萄常用品种的需冷量、需热量及2者关系研究[J]. 果树学报,28 (01):37-41.

王纪华,赵春江,郭晓维,等,2001. 用光谱反射率诊断小麦叶片水分状况的研究[J]. 功国农业科学,34(1): 104-107.

王冀川,马富裕,冯胜利,等,2008. 基于生理发育时间的加工番茄生育期模拟模型[J]. 应用生态学报,19(7): 1544-1550.

王建芳,包世泰,2006. 面向对象解译方法在遥感影像地物分类中的应用[J]. 热带地理,26(3):234-238.

王建华,毛忠良,吴国平,等,2011. '美绿'西兰花在云南江川地区的表现及栽培技术[J]. 南方农业,5(06): 18-19.

王晶晶,莫伟平,贾文锁,等,2013. 干旱条件下葡萄叶片气孔导度和水势与节位变化的关系[J]. 中国农业科 学,46(10):2151-2158.

王景宏,杨智青,吴祥,等,2008. 盐城市葡萄产业发展现状及前景展望[J]. 江西农业学报,20(10):41-44.

王磊,白由路,陈仲新,等,2004. 低温胁迫下的夏玉米苗期高光谱特征[J]. 农业网络信息,4:27-33.

王丽雪,李荣富,马兰青,等,1994. 葡萄枝条中淀粉、还原糖及脂类物质变化与抗寒性的关系[J]. 内蒙古农业 大学学报(自然科学版)(4):1-7.

王丽雪,李荣富,张福仁,1996. 葡萄枝条中蛋白质、过氧化物酶活性变化与抗寒性的关系[J]. 内蒙古农业大 学学报(自然科学版)(1):45-50.

王连喜,秦其明,张晓煜,2003. 水稻低温冷害遥感监测技术与方法进展[J]. 气象,29(10):3-7.

王庆材,孙学振,郭英,等,2005. 光照对棉花生长与棉纤维发育影响的研究进展[J]. 中国棉花,32(1):8-10.

王淑杰,王家民,李亚东,等,1996. 可溶性全蛋白、可溶性糖含量与葡萄抗寒性关系的研究[J]. 北方园 艺(2).

王淑杰,王家民,李亚东,等,1998. 氨基酸种类、含量与葡萄抗寒性关系的研究[J]. 中外葡萄与葡萄酒(1): 3-5.

王淑杰,王连君,王家民,等,2000. 抗寒性不同的葡萄品种叶片中氧化酶活性及变化规律[J]. 中外葡萄与葡萄酒(3):29-30.

王文举,张亚红,牛锦凤,等,2007. 电导法测定鲜食葡萄的抗寒性[J]. 果树学报,24(1):34-37.

王文丽,贾生海,张芮,等,2018. 不同生育期水分胁迫对设施延后栽培葡萄生理生长及产量的影响[J]. 安徽农业科学(20):41-44.

王西成,钱亚明,赵密珍,等,2014. 设施葡萄萌芽调控中需冷量和需热量及其相互关系[J]. 植物生理学报,50(03):309-314.

王西成,吴伟民,赵密珍,等,2015. 激素调控葡萄果实发育与成熟的生理与分子机制研究进展[J]. 江西农业大学学报(4):604-611.

王燕凌,廖康,刘君,等,2006. 越冬前低温锻炼期间不同品种葡萄枝条中渗透性物质和保护酶活性的变化[J]. 果树学报,23(3):375-378.

王玉国,荆家海,王韶唐,1991. 水分胁迫条件下高粱叶片的渗透调节及其对气孔导度和蒸腾速率的影响[J]. 华北农学报,1991,6(1):68-73.

王悦娟,2012. 温室蔬菜病虫害防治技术[J]. 现代农业(2):24-25.

王跃进,贺普超,张剑侠,1999. 葡萄抗白粉病鉴定方法的研究[J]. 西北农业大学学报,27(5):6-10.

王壮伟,朱方林,吴伟民,等,2015. 宿迁市葡萄产业现状与未来发展方向[J]. 江苏农业科学,43(1):450-452.

魏淑秋,1985. 应用贝叶斯(Bayes)准则研究作物生态适应性[J]. 北京农业大学学报(02):197-203.

吴韩英,寿森炎,朱祝军,等,2001. 高温胁迫对甜椒光合作用和叶绿素荧光的影响[J]. 园艺学报,28(6):517-521.

吴雪霞,查丁石,朱宗文,等,2013. 外源24-表油菜素内酯对高温胁迫下茄子幼苗生长和抗氧化系统的影响[J]. 植物生理学报,49(9):929-934.

吴月燕,2004. 两个不同葡萄种对高湿弱光气候的表现[J]. 生态学报(01):156-161.

吴月燕,杨祚胜,丁伟红,2005. 高湿弱光对葡萄叶片光合生理生化指标的影响[J]. 浙江农业学报(01):9-12.

武高林,陈敏,杜国祯,2010. 三种高寒植物幼苗生物量分配及性状特征对光照和养分的响应[J]. 生态学报,30(01):60-66.

武辉,戴海芳,张巨松,等,2014. 棉花幼苗叶片光合特性对低温胁迫及恢复处理的响应[J]. 植物生态学报,38(10):1124-1134.

向导,王进,田娅,等,2012. 新疆天山北坡中部不同品种葡萄根系抗寒性的生理生化指标[J]. 北方园艺(3):8-10.

向卫国,何树林,1995. 用神经网络法进行稻飞虱发生量及程度的预报[J]. 成都信息工程学院学报(2):144-148.

小林章,曲泽洲,冯学文,1983. 适地适栽果树环境论:日本的风土条件与果树栽培[M]. 北京:农业出版社.

谢晓金,李秉柏,李映雪,等,2010. 抽穗期高温胁迫对水稻产量构成要素和品质的影响[J]. 中国农业气象,31(3):411-415.

邢浩,2018. 臭氧与光照胁迫对葡萄叶片生理功能的影响[D]. 泰安:山东农业大学.

熊福生,宋平,高煜珠,1994. C_3植物叶片谷胱甘肽含量对光合逆境条件的反应[J]. 江苏农业学报(1):7-12.

熊雪梅,2005. 植物病害预测预报方法及主要问题[C]//中国农业工程学会. 农业工程科技创新与建设现代农业——2005年中国农业工程学会学术年会论文集第五分册. 中国农业工程学会:5.

熊雪梅,姬长英,2002. 人工神经网络方法在黄瓜霜霉病预报中的应用[J]. 农机化研究(1):113-115.

徐国彬,罗卫红,陈发棣,等,2006. 温度和辐射对一品红发育及主要品质指标的影响[J]. 园艺学报,33(1):

168-171.

徐小利,姬燕,1992. 叶面积对红提葡萄浆果重及品质的影响[J]. 河南农业大学学报(3):315-319.

徐小利,罗国光,张丙发,1992. 葡萄新梢生长势及叶面积对浆果产量和品质的影响[J]. 河南农业科学(08):30-33.

徐小万,曹必好,陈国菊,等,2008. 高温高湿对辣椒抗氧化系统的影响及不同品种抗氧化性差异研究[J]. 华北农学报(01):81-86.

薛思嘉,杨再强,朱丽云,等,2018. 黄瓜花期高温胁迫对叶片衰老特性和内源激素的影响[J]. 生态学杂志,37(02):409-416.

杨阿利,2011. 设施葡萄延迟栽培调亏滴灌试验研究[D]. 兰州:甘肃农业大学.

杨东清,王振林,倪英丽,等,2014. 高温和外源ABA对不同持绿型小麦品种籽粒发育及内源激素含量的影响[J]. 中国农业科学,47(11):2109-2125.

杨其长,2002. 中国设施农业的现状与发展趋势[J]. 农业机械(01):36-37.

杨沈斌,申双和,赵小艳,等,2010. 气候变化对长江中下游稻区水稻产量的影响[J]. 作物学报,36(9):1519-1528.

杨再强,黄海静,金志凤,等,2011. 基于光温效应的杨梅生育期模型的建立与验证[J]. 园艺学报,38(7):1259-1266.

杨再强,罗卫红,陈发棣,等,2007. 温室标准切花菊发育模拟与收获期预测模型研究[J]. 中国农业科学,40(6):1229-1235.

杨再强,张静,江晓东,等,2012. 不同R:FR值对菊花叶片气孔特征和气孔导度的影响[J]. 生态学报,32(07):2135-2141.

姚小英,张岩,马杰,等,2008. 天水桃产量对气候变化的响应[J]. 中国农业气象,29(2):202-204.

易照勤,祝文博,王占斌,等,2013. 2种山葡萄与杨树品种抗寒性生理变化比较[J]. 延边大学农学学报,35(3):243-248.

余绍合,1990. 葡萄白粉病与气象条件的关系[J]. 沙漠与绿洲气象(11):18-21.

袁财富,杨红云,肖自芬,2010. 蔬菜常见生理性病害的识别与防治[J]. 西北园艺:蔬菜专刊(5):39-40.

袁昌梅,罗卫红,张生飞,等,2006. 温室网纹甜瓜叶面积与光合生产模拟模型研究[J]. 南京农业大学学报,29(1):7-12.

查倩,奚晓军,蒋爱丽,等,2016. 高温胁迫对葡萄幼树叶绿素荧光特性和抗氧化酶活性的影响[J]. 植物生理学报(4):525-532.

翟盘茂,潘晓华,2003. 中国北方近50年温度和降水极端事件变化[J]. 地理学报,58(增刊):1-10.

战吉宬,黄卫东,王秀芹,等,2005. 弱光下生长的葡萄叶片蒸腾速率和气孔结构的变化[J]. 植物生态学报,29(1):26-31.

张剑侠,吴行昶,杨亚州,等,2011. 引进美国制汁葡萄品种抗寒性的综合评价[J]. 北方园艺(24):1-5.

张静辉,2011. 如何区分真菌、细菌和病毒性病害[J]. 河北农业(3):32-32.

张俊环,黄卫东,2003. 植物对温度逆境的交叉适应性及其机制研究进展[J]. 中国农学通报,19(2):95-95.

张留江,李荣博,刘蕴贤,2010. 设施农业发展与蔬菜病虫害防治策略[J]. 天津农业科学(02):149-151.

张文娥,潘学军,王飞,2007. 葡萄枝条水分含量变化与抗寒性鉴定[J]. 中国果树(1):14-15.

张雪芬,余卫东,王春乙,2012. 基于作物模型灾损识别的黄淮区域冬小麦晚霜冻风险评估[J]. 高原气象,31(1):277-284.

张延龙,牛立新,1997. 中国葡萄属植物叶片气孔特征的研究[J]. 植物研究,17(3):315-319.

张艳敏,毛志泉,陈晓流,等,2012. 早熟甜樱桃新品种"泰山蜜脆"[J]. 中国果业信息,39(7):64-64.

张永涛,2018. 高海拔区日光温室温度与葡萄生长的相关性研究[J]. 甘肃农业科技(07):59-62.

张子山,张立涛,高辉远,等,2009. 不同光强与低温交叉胁迫下黄瓜 PSⅠ与 PSⅡ的光抑制研究[J]. 中国农业科学,42(12):4288-4293.

张宗磊,缪启龙,王喜林,2011. 江苏省 GEF 项目区气候变暖的农业效应[J]. 气象与减灾研究,34(2):58-62.

赵光强,2006. 弱光对葡萄生长发育影响机理的研究[J]. 潍坊学院学报,6(6):99-101.

郑云普,徐明,王建书,等,2015. 玉米叶片气孔特征及气体交换过程对气候变暖的响应[J]. 作物学报,41(04):601-612.

周人纲,樊志和,李晓芝,等,1994. 小麦的热击蛋白及耐热性的获得[J]. 华北农学报(S1):75-79.

周曙东,周文魁,2009. 气候变化对长三角地区农业生产的影响及对策[J]. 浙江农业学报,21(4):307-310.

朱宝,孙佳丽,胡荣辰,等,2012. 近 50 年江苏农业气候资源的变化特征分析[R]. 长三角气象科技论坛.

朱敏,袁建辉,2013. 1961—2010 年江苏省农业气候资源演变特征[J]. 气象与环境学报,29(3):69-77.

朱鑫,沈火林,程杰山,等,2006. 高温胁迫对芹菜幼苗生长及生理指标的影响[J]. 中国农学通报(03):225-228.

朱业玉,宋丽莉,姬兴杰,等,2017. 基于分段三次样条函数逐时气象资料模拟方法研究[J]. 气象与环境学报,33(02):44-52.

Abdrakhamanova A,Wang Q Y,Khokhlova L,et al,2003. Is microtubule disassembly a trigger for cold acclimation[J]? Plant & Cell Physiology,44(7):676.

Ann G D F,Sharkey T D,2003. Stomatal conductance and photosynthesis[J]. Annual Reviews of Plant Physiology,33(33):317-345.

Blanke M M,Cooke D T,2004. Effects of flooding and drought on stomatal activity,transpiration,photosynthesis,water potential and water channel activity in strawberry stolons and leaves[J]. Plant Growth Regulation,42(2):153-160.

Blum A,2011. Plant breeding for water-limited environments[J]. Agricultural Science & Technology,3(12):44-50.

Burruano S,2000. The life-cycle of Plasmopara viticola,cause of downy mildew of vine [J]. Mycologist,14(4):179-182.

Cadwell K,Brown W,Porcari J P,1994. The effects of transdermal nicotine delivery on the cardiovascular responses to exercise [J]. Journal of Cardiopulmonary Rehabilitation,14(5).

Ceccato P,Flasse S,Tarantola S,et al,2001. Detecting vegetation leaf water content using reflectance in the optical domain[J]. Remote Sensing of Environment,77:22-33.

Cowan A K,Cripps R F,Richings E W,et al,2001. Fruit size:Towards an understanding of the metabolic control of fruitgrowth using avocado as a model system[J]. Physiologia Plantarum,111(2):127-136.

Dalla M A,Magarey R D,Orlandini S,2005. Modelling leaf wetness duration and downy mildew simulation on grapevine in Italy[J]. Agricultural & Forest Meteorology,132(1-2):84-95.

Dayan E,Keulen H V,Jones J W,et al,1993. Development,calibration and validation of a greenhouse tomato growth model:I. Description of the model[J]. Agricultural Systems,43(2):145-163.

Deng Y,Li C,Shao Q,et al,2012. Differential responses of double petal and multi petal jasmine to shading:I. Photosynthetic characteristics and chloroplast ultrastructure[J]. Plant Physiology & Biochemistry Ppb,55(2):93-102.

During H,2016. Evidence for osmotic adjustment to drought in grapevines (Vitis vinifera L.)[J]. Vitis,23(1):1-10.

Easterling D R, Evans J L, Groisman P Y, et al, 2000. Observedvariability and trends in extreme climate events: A briefrevie[J]. Bulletin of the American Meteorological So-ciety, 81(3):417-425.

Essemine J, Ammar S, Bouzid S, 2010. Impact of heat stress on germination and growth in higher plants: physiological, biochemical and molecular repercussions and mechanisms of defence[J]. Journal of Biological Sciences, 10(6):119-30.

Fisher R F, 1996. Broader and deeper: the challenge of forestry education in the late 20th century[J]. Journal of Forestry, 94(3):4-8.

Flore J A, 1980. The effect of light on cherry trees[J]. Annual Report Michigan State Horticultural Society.

Franco J A, Martínezsánchez J J, Fernández J A, et al, 2006. Selection and nursery production of ornamental plants for landscaping and xerogardening in semi-arid environments[J]. Journal of Horticultural Science & Biotechnology, 81(1):3-17.

Fu Q J, Wang B L, Chen Y, et al, 2010. Effects of high temperature stress on growth and activities of antioxidant enzymes in leaves of Salvia splendens. [J]. Acta Agriculturae Zhejiangensis, 22(5):628-633.

Gachons C P D, Leeuwen C V, Tominaga T, et al, 2005. Influence of water and nitrogen deficit on fruit ripening and aroma potential of Vitis vinifera L cv Sauvignon blanc in field conditions[J]. Journal of the Science of Food & Agriculture, 85(1):73-85.

Gheerbrant E, Thomas H, Sen S, et al, 1995. Nouveau primate Oligopithecinae (Simiiformes) de l' Oligocène inférieur de Taqah, Sultanat d'Oman[J]. Comptes Rendus De Lacadémie Des Sciences. série. sciences De La Terre Et Des Planètes, 321:425-432.

Goodwin B K, Ker A P, 1998. Nonparametric Estimation of Crop Yield Distributions: Implications for Rating Group-Risk Crop Insurance Contracts [J]. American Journal of Agricultural Economics, 80:139-153.

Goovaerts P, 2000. Geostatistical approaches for incorporating elevation into the spatial interpolation of rainfall [J]. Journal of Hy-dmlogy, 228:113-129.

Guglielmi N, 2002. Asymptotic Stability Barriers for Natural Runge-Kutta Processes for Delay Equations[J]. Siam Journal on Numerical Analysis, 39(3):763-783.

Gulen H, Eris A, 2004. Effect of heat stress on peroxidase activity and total protein content in strawberry plants[J]. Plant Science, 166(3):739-744.

Hardie W J, Considine J A, 1976. Response of grapes to water-deficit stress in particular stages of development [J]. American Journal of Enology & Viticulture, 27(2):55-61.

IPCC, 2007. Sum mary for policymakers of climate change 2007: The physical science basis[M]. Contribution of work-ing group ito the fourth assessment report of the interg-overnmental panel on climate change. Cambridge: Cambridge University Press.

John R C, 2000. Exploitation of Data of Alloy Corrosion in High Temperature Gases[J]. Materials Science Forum: 369-372, 881-922.

Kobayashi T, Kanda E, Kitada K, et al, 2001. Detection of rice panicle blast with multispectral radiometer and the potential of using airborne multispectral scanners[J]. The American Phytopathological society, 91(3): 316-323.

Koblet W, Keller M, Candolfi-Vasconcelos, 1996. Effects of training system, canopy management practices, crop load and rootstock on grapevine photosynthesis [A]. InProc. Workshop Strategies to Optimize Wine Grape Quality, Conegliano, Italy (pp. 133-140).

Larsen R U, Birgersson A, Nothnagl M, et al, 1998. Modelling temperature and flower bud growth in November cactus (Schlumbergera truncata,Haw.)[J]. Scientia Horticulturae,76(3):193-203.

Leung P S C,Chu K H,1998. Molecular and Immunological Characterization of Shellfish Allergens[M]// New Developments in Marine Biotechnology. Springer US:155-164.

Liu X,Huang B,2005. Root physiological factors involved in cool-season grass response to high soil temperature[J]. Environmental & Experimental Botany,53(3):233-245.

Maatallah S,Nasri N,Hajlaoui H,et al,2016. Evaluation changing of essential oil of laurel (Laurus nobilis L.) under water deficit stress conditions[J]. Industrial Crops & Products,91: 170-178.

Marcelis L F M,Gijzen H,1998. Evaluation under commercial conditions of a model of prediction of the yield and quality of cucumber fruits[J]. Scientia Horticulturae,76(3-4):171-181.

Marcelis L F M, Heuvelink E, Goudriaan J, 1998. Modelling biomass production and yield of horticultural crops:a review[J]. Scientia Horticulturae,74(1-2):83-111.

Marshall J G, Rutledge R G, Blumwald E, et al,2000. Reduction in turgid water volume in jack pine, white spruce and black spruce in response to drought and paclobutrazol[J]. Tree Physiology,20(10):701-707.

Miller G,Mittler R, 2006. Could heat shock transcription factors function as hydrogen peroxide sensors in plants? [J]. Annals of Botany,98(2):279-288.

Naeem F I,Ashraf M M,Malik K A,et al,2004. Competitiveness of introduced Rhizobium strains for nodulation in fodder legumes[J]. Pakistan Journal of Botany,36(1):159-166.

Nguyen M A,Ortega A E,Nguyen K Q,et al,2016. Evolutionary responses of invasive grass species to variation in precipitation and soil nitrogen. Journal of Ecology,104(4):979-986.

Patakas A,Nikolaou N,Zioziou E,et al,2002. The role of organic solute and ion accumulation in osmotic adjustment in drought-stressed grapevines[J]. Plant Science,163(2): 361-367.

Patakas A,Nortsakis B,1999. Mechanisms involved in diurnal changes of osmotic potential in grapevines under drought conditions[J]. Journal of Plant Physiology,154(5-6): 767-774.

Patrick M,Bartier,1996. Multivariate interpolation to incorporate thematic surface data using inverse distance weighting(IDW)[J]. Computer & Geosciences,22(7):795-799.

Peng S,Huang J,Sheehy J E,et al,2004. Rice yields decline with higher night temperature from global warming [J]. Proceedings of the National Academy of Sciences,101(27): 9971-9975.

Powles S B,Cornic G,Louason G,1984. Photoinhibition of in vivo photosynthesis induced by strong light in the absence of CO_2:An appraisal of the hypothesis that photorespiration protects against photoinhibition [J]. Physiologie Vegetale,22(4):437-446.

Prasad M V S N,Ratnamala K,Chaitanya M,et al,2008. Terrestrial communication experiments over various regions of Indian subcontinent and tuning of Hata's model[J]. annals of telecommunications-annales des télécommunications,63(3-4):223-235.

Reddy A R,Chaitanya K V,Vivekanandan M,2004. Drought-induced responses of photosynthesis and antioxidant metabolism in higher plants[J]. Journal of Plant Physiology,161(11):1189.

Renee A N,Nemeth J,1985. Defection of Mountain Pine Beetle Infection Using Landsat MSS and Simulated Them atic Map-per Data[J]. Canadian Journal of Remote Sensing,11(1):50-58.

Roberts E H,1988. Temperature and seed germination[J]. Symposia of the Society for Experimental Biology, 42(42):109.

Ryser J P,Schwarz J J,Perret P,et al,1996. Potassium deficiency of vine[J]. Revue Suisse De Viticulture Arboriculture Horticulture.

Sakaguchi S,1981. Hybrid variety of self-fertilizing crops[J]. Seeds & Seedlings in Japan.

Salinas T,Duchêne A M,Delage L,et al,2006. The voltage-dependent anion channel,a major component of the tRNA import machinery in plant mitochondria[J]. Proceedings of the National Academy of Sciences,103 (48):18362-18367.

Sara T,Cornelis van L,2013. Impact of soil texture and water availability on the hydraulic control of plant and grape-berry development[J]. Plant and Soil(1-2):215-230.

Shu X,Zhang Q F,Wang W B,2014. Effects of temperature and light intensity on growth and physiology in purple root water hyacinth and common water hyacinth（Eichhornia crassipes）[J]. Environmental Science & Pollution Research,21(22):12979-12988.

Smith D H,1977. Plant disease and weather[R]. Symposium on Agricultural Meteorology of the National Weather Services. Texas A&M Univ:53-56.

Snyder E,1937. Grape development and improvement[J]. Grape development and improvement.

Song Y,Xiaojun L I,Jiang T,2017. Effects of vegetation coverage change on net primary productivity of Heihe River Basin during 2008-2014[J]. Research of Soil & Water Conservation.

Stocker T,2014. Climate change 2013：the physical science basis：Working Group I contribution to the Fifth assessment report of the Intergovernmental Panel on Climate Change[M]. Cambridge University Press.

Talanova V V,Akimova T V,Titov A F,2003. Effect of whole plant and local heating on the ABA content in cucumber seedling leaves and roots and on their heat tolerance[J]. Russian Journal of Plant Physiology,50 (1):90-94.

Tang W L,2006. Investigation on Marketing Strategies for Grape Wine Industry in China to Deal with Global Competition[J]. Liquor-Making Science & Technology.

Tel'Kovskaya O V,Yan'kov V V,1989. Three-dimensional magnetic self-insulation and stochastic behavior[J]. Soviet Physics Doklady,34:711.

Thomas J C,Adams D G,Keppenne V D,et al,1995. Manduca sexta encoded protease inhibitors expressed in nicotiana tabacum [J]. Plant Physiology & Biochemistry,33(33):614.

Valladares F,Pearcy R W,2002. Drought can be more critical in the shade than in the sun：a field study of carbon gain and photoinhibition in a Californian shrub during a dry El Niño year[J]. Plant Cell & Environment, 25(6)：749-759.

Vercesi A,2000. Concimi organici a terreno e foglie in viticoltura[J]. Informatore Agrario,56:83-92.

Wahid A,Gelani S,Ashraf M,et al,2007. Heat tolerance in plants：An overview[J]. Environmental & Experimental Botany,61(3):199-223.

Wahid A,Ghazanfar A,2006. Possible involvement of some secondary metabolites in salt tolerance of sugarcane. [J]. Journal of Plant Physiology,163(7):723-730.

Wei Z,Liu Y,Xu D,et al,2013. Application and comparison of winter wheat canopy resistance estimation models based on the scaling-up of leaf stomatal conductance[J]. Chinese Science Bulletin,58(23):2909-2916.

Zhang J,Jia W,Yang J,et al,2006. Role of ABA in integrating plant responses to drought and salt stresses[J]. Field Crops Research,97(1):111-119.